HR-Analytics

Wirtschaftspsychologie

HR-Analytics

Dr. Greta Ontrup, Prof. Dr. Vera Hagemann, Prof. Dr. Annette Kluge

Begründer der Reihe:

Prof. Dr. Heinz Schuler

Greta Ontrup
Vera Hagemann
Annette Kluge

HR-Analytics

Eine Einführung in ganzheitliches, datengestütztes Personalmanagement

hogrefe

Dr. Greta Ontrup. Seit 2018 wissenschaftliche Mitarbeiterin am Lehrstuhl für Arbeits-, Organisations- und Wirtschaftspsychologie an der Ruhr-Universität Bochum. Forschungsschwerpunkte: Teamarbeit in Organisationen, HR-Analytics, Proaktivität in Arbeitsteams.

Prof. Dr. Vera Hagemann. Seit 2018 Professorin für Wirtschaftspsychologie und Personalwesen an der Universität Bremen. Forschungsschwerpunkte: Teamarbeit, Personalentwicklung, Feedback, Human-AI Teaming, HR-Analytics.

Prof. Dr. Annette Kluge. Seit 2014 Professorin für Arbeits-, Organisations- und Wirtschaftspsychologie an der Ruhr-Universität Bochum. Forschungsschwerpunkte: Lernen und Vergessen als Voraussetzung für Veränderungen in Organisationen, Kompetenzerwerb und -erhalt im Rahmen von Safety Management, Digitalisierung und Digitale Assistenz, menschenzentrierte KI-Entwicklung und HR-Analytics.

Bibliografische Information der Deutschen Nationalbibliothek
Die Deutsche Nationalbibliothek verzeichnet diese Publikation in der Deutschen Nationalbibliografie; detaillierte bibliografische Daten sind im Internet über http://dnb.dnb.de abrufbar.

Hogrefe Verlag GmbH & Co. KG
Merkelstraße 3
37085 Göttingen
Deutschland
Tel. +49 551 999 50 0
Fax +49 551 999 50 111
info@hogrefe.de
www.hogrefe.de

Umschlagabbildung: © iStock.com by Getty Images / peshkov
Satz: Sabine Rosenfeldt, Hogrefe Verlag GmbH & Co. KG, Göttingen
Druck: mediaprint solutions GmbH, Paderborn
Printed in Germany
Auf säurefreiem Papier gedruckt

1. Auflage 2024

(E-Book-ISBN [PDF] 978-3-8409-3112-3; E-Book-ISBN [EPUB] 978-3-8444-3112-4)
ISBN 978-3-8017-3112-0
https://doi.org/10.1026/03112-000

Vorwort

Liebe Leserin, lieber Leser,

als Wissenschaftlerinnen interessiert uns, was in Organisationen passiert, wie sich Arbeitsinhalte und Arbeitsprozesse verändern und was dies mit den Menschen in Organisationen macht. Gleichzeitig bereiten wir als Dozentinnen unsere Studierenden auf die Arbeitswelt von morgen vor und möchten ihnen zukunftsrelevantes Wissen und Fertigkeiten für ihre Tätigkeiten in Personalabteilungen, Beratungen, etc. vermitteln. Dabei fragen wir uns regelmäßig: Was für Wissen und Fertigkeiten sollten wir vermitteln? Was „braucht" die Arbeitswelt von morgen?

Seit einigen Jahren sehen wir, dass in Wissenschaft und Praxis die Bedeutsamkeit von datengestützten Personalmanagementpraktiken diskutiert wird. Unter dem Begriff HR-Analytics werden auf Daten gestützte Personalentscheidungen als der „Game Changer" für das Personalmanagement propagiert: Mehr strategischer Einfluss der Personalabteilung und Entscheidungen von höherer Qualität, das sind einige der versprochenen positiven Effekte von HR-Analytics. Gleichzeitig wird vor negativen Effekten gewarnt: Reduzieren wir Menschen auf Zahlen, wenn wir HR-Analytics anwenden und entmenschlichen wir so die Arbeit der Personalabteilung?

Wir sind davon überzeugt, dass beide Seiten der Medaille wichtig sind und beleuchtet werden sollten. Datengestütztes Personalmanagement kann strategisch zum Unternehmenserfolg beitragen – aber nur, wenn es aus arbeits- und organisationspsychologischer Sicht ganzheitlich gestaltet wird.

Wie eine ganzheitliche Gestaltung von HR-Analytics aussehen kann, möchten wir Ihnen in diesem Buch vermitteln. Einer Sorge möchten wir direkt begegnen: Auch wenn es um den Einsatz von Daten und Technologien im Personalmanagement geht, ist dies weder ein statistik- noch ein technologiezentriertes Buch. Im Fokus steht für uns die sinnvolle und verantwortungsvolle Anwendung von HR-Analytics. Wir möchten Ihnen Grundwissen vermitteln, um aus arbeits- und organisationspsychologischer Perspektive Sinnhaftigkeit, Möglichkeiten und Rahmenbedingungen von HR-Analytics zu reflektieren: Unter welchen Bedingungen und für welche Fragestellungen kann HR-Analytics funktionieren? Wie kann den Bedürfnissen aller beteiligter Personengruppen Rechnung getragen werden? Welche Kompetenzen sind notwendig, um HR-Analytics durchzuführen? An welchen Anwendungsbeispielen können wir uns orientieren? Für uns als Wissenschaftlerinnen ist es dabei folgerichtig, dass wir zur Beantwortung dieser Fragen in die wissenschaftliche Literatur schauen. Wir werden Ihnen Einblicke in zentrale arbeits- und organisationspsychologische Erkenntnisse geben, um Ihnen so Orientierungshilfen an die Hand zu geben.

Wir möchten Dr. Marc Hesenius einen Dank aussprechen, der uns mit seiner technischen Expertise unterstützt und so verhindert hat, dass sich bei den technischen Beschreibungen von KI, Big Data, etc. Fehler einschleichen. Danke auch an Paula Volkmann und Thomas Schmitz, die uns gerade im Endspurt mit dem Buch großartig unterstützt und sehr viel Fleißarbeit abgenommen haben.

Unser Ziel ist es, Ihnen mit diesem Buch einen Überblick, konkrete Handlungsanweisungen und Anwendungsbeispiele für menschzentriertes HR-Analytics und Ihr erstes HR-Analytics-Projekt mitzugeben. Wir stellen uns vor, dass Sie als Praktiker:innen, als Studierende, als Wissenschaftler:innen und als Interessierte in diesem Buch Anregungen finden, um den Diskurs um HR-Analytics gestalterisch zu prägen. Inspiriert wurden wir beim Schreiben dieses Buches unter anderem von Yuval Noah Harari, der das Buch *Eine kurze Geschichte der Menschheit* mit dem Satz beendet: „Was wollen wir wollen“? Wir glauben, dass dies eine Frage ist, die wir uns auch für datengestütztes Personalmanagement stellen sollten: Unabhängig der technischen Möglichkeiten – was wollen wir wollen? Wir wünschen uns eine Zukunft des Personalmanagements, der es gelingt, gleichzeitig auf Daten und auf den Menschen zu schauen.

Wir hoffen, Sie haben beim Lesen so viel Freude, wie wir beim Schreiben.

Bochum und Bremen, im Herbst 2023

Greta Ontrup,
Vera Hagemann und
Annette Kluge

Inhaltsverzeichnis

Teil I: Grundlagen

1 HR-Analytics und Künstliche Intelligenz im Personalmanagement: Möglichkeiten und strategische Ausrichtung

1.1 Einführung

"Reasons Why Employees Hate HR": Die Human Resource (HR)-Abteilung trägt nicht zum Unternehmenserfolg bei. HR arbeitet weder objektiv noch fair. HR bedeutet Verwaltung und Büropolitik – für strategische Unternehmensbeiträge ist HR zu inkompetent. Die von Heathfield (2021) provokant formulierten Thesen zur Unbeliebtheit der Personalabteilung spiegeln auf extreme Art eine verbreitete Sichtweise auf die Personalabteilung wider. Der Tenor lässt sich zusammenfassen in: HR hat das falsche Mindset, die falschen Skills, den falschen Fokus und die falsche Kommunikation, um bei den entscheidenden, strategischen Unternehmensfragen mitzureden (Hammonds, 2018). Diese einleitenden Worte malen im besten Fall das Bild eines verstaubten Human Resource Managements (HRM) – im schlechtesten Fall zeichnen sie HR als sinkendes Schiff.

Nun ist die Perspektive eines sinkenden Schiffes vermutlich nicht das, was Sie sich vorgestellt haben zu lesen und zu lernen, als Sie dieses Buch aufgeschlagen haben. Das sinkende Schiff soll auch nicht die Metapher des Buches sein, denn die eingeführten Stimmen bleiben nicht ohne Widerspruch. Den Aussagen widersprechen Stimmen, die die Rolle von HR als Brückenbauer zwischen Unternehmens- und Mitarbeiter:inneninteressen hervorheben und den wertschöpfenden Beitrag von HR betonen (Reindl & Krügl, 2017). Dieses Buch teilt die Vision eines wertschöpfenden HRM. Denn wenngleich die Vision des strategischen HRM, von HR als strategischem Partner, keine neue Idee ist (Barney & Wright, 1998), so führen drastische Veränderungen in unserer Arbeitswelt aktuell dazu, dass HR die Chance ergreifen kann, das verstaubte Image abzulegen und eine neue Funktion im Unternehmensgefüge einzunehmen. Die aktuellen Veränderungen sind getrieben durch eine wachsende Datenmenge, ein Daten-Meer, durch und auf dem HR schwimmt. Das Meer speist sich aus Mitarbeiter:innen- und Unternehmensdaten, aber auch aus externen Quellen, und HR kommt zunehmend die entscheidende Rolle zu, das Unternehmen auf der Basis dieses Daten-Meers zu navigieren und zu leiten. Im Sinne dieser Metapher liegt die Zukunft des HRM darin, das Daten-Meer zu verstehen und daraus Empfehlungen für den einzuschlagenden Kurs abzuleiten.

Der Einsatz von Daten und statistischen Analysen im HRM wird unter dem Schlagwort Human Resource-Analytics (HR-Analytics) diskutiert (Marler & Boudreau, 2017). Wachsende Bestände verfügbarer Daten und die Analyse eben dieser sollen als Werkzeuge dienen, um die weit verbreitete administrative Rolle des HRM abzulösen und durch eine strategischere Rolle zu ersetzen. Das bedeutet für das HRM, Entscheidungsprozesse datengetrieben und evidenzbasiert zu begleiten. Verfechter:innen von HR-A versprechen dadurch einen größeren Einfluss der Personalabteilung auf wichtige Unternehmensentscheidungen. HR-A wird als Lösung gesehen, das oben gezeichnete negative Image abzulegen. So soll HR durch den Einbezug von Daten und Datenanalysen in Entscheidungsprozesse eine strategischere Ausrichtung bekommen, was im Endeffekt als Wettbewerbsvorteil für das gesamte Unternehmen gesehen wird (McIver, Lengnick-Hall & Lengnick-Hall, 2018). Zudem sollen bisher häufig als subjektiv und intuitiv skizzierte Entscheidungsfindungen durch den Einbezug von Datengrundlagen unterstützt – nicht ersetzt – werden, sodass diese objektiver und fairer gestaltet werden können. Davon ist die Personalarbeit in all ihren Funktionsbereichen betroffen, vom Employer Branding über die Rekrutierung zur Leistungsbeurteilung bis hin zur Personalbindung (Isson & Harriott, 2016; Marler & Boudreau, 2017).

Beispiele für Fragestellungen für HR-A

HR-A kann als Werkzeug dienen, um *strategische Fragestellungen* in verschiedenen Personalarbeitsbereichen zu beantworten. Beispiele für solche Fragestellungen, welche wir im Verlauf des Buches erneut aufgreifen werden, sind:

- Wie viele Bewerbungen wird eine Stellenanzeige pro Kanal generieren? *(Recruiting Analytics)*
- Hängen Charakteristika der Abteilungen (z. B. Arbeitszeiten, Arbeitszeitmodelle, Führungsstrukturen) mit der Leistung der Mitarbeiter:innen zusammen? *(Performance Analytics)*
- Führen mehr Trainingsangebote zu einer geringeren Kündigungsabsicht bei den Beschäftigten? *(Training & Learning Analytics)*
- Sollte ein Onboarding-Programm, welches zu einem Leistungsanstieg in den ersten sechs Monaten führt, der danach jedoch verschwindet, beibehalten werden? *(Development Analytics)*
- Gibt es Gruppen von Mitarbeiter:innen (Cluster), die sich in ihren Wünschen und Bedürfnissen im Hinblick auf Personalbindungsangebote ähnlich sind? *(Turnover Analytics)*

Bei den skizzierten positiven Aussichten stellt sich die Frage, wieso nicht längst alle Personalabteilungen auf durch HR-A gesteuerte Schiffe setzen. Die Nutzung von HR-A-Strategien ist im deutschsprachigen Raum noch wenig verbreitet (Guenole, Feinzig, Green & Zhang, 2017). Gründe hierfür sind, dass die Verwendung und Verknüpfung von Personaldaten häufig mit Datenschutz- und Privatsphäreverletzungen assoziiert wird (Applin & Fischer, 2013). Die negative Presse, die Datenskandale auslösen, wirkt abschreckend und signalisiert „Gefahr“ im unternehmensinternen Sammeln und Analysieren personalbezogener Daten. Ende des Jahres 2019 ging beispielsweise der Datenskandal um die Modekette H&M durch die Presse, bei welchem sensible private Informationen und Gesundheitsdaten der Mitarbeiter:innen ohne Zustimmung von Führungskräften digital und zugänglich dokumentiert worden seien (Dannewitz, 2019). Das geht mit einer großen Unsicherheit und vielen Fragezeichen um das Thema Datenschutz und Datenrechtssicherheit einher: Welche Daten darf ich auf welchem Weg sammeln? Welche Daten darf ich integrieren? Muss ich meine Mitarbeiter:innen in jedem Einzelfall über Zweck und Ziel der Datensammlungen informieren? Mit dem Einsatz von Big Data, Künstlicher Intelligenz (KI) und automatisierten Entscheidungen stellen sich darüber hinaus moralische und ethische Fragen: Darf ein Algorithmus Bewerbungsunterlagen selektieren? Kann Künstliche Intelligenz objektiv sein? (Reindl & Krügl, 2017). KI-Systeme im Bereich der Rekrutierung werden von der Europäischen Kommission als Hochrisikosysteme eingestuft und unterliegen damit strengen Regularien (Europäische Kommission, 2021). Der Einsatz von HR-A ist damit nicht nur eine technische Frage, sondern es ist unabdingbar, dass sich Organisationen mit rechtlichen, ethischen und organisationskulturellen Fragen auseinandersetzen.

Zusammengefasst befinden sich viele Organisationen im Spannungsfeld zwischen der Frage nach dem erhofften Wettbewerbsvorteil durch analytische HR-Strategien und den lähmenden antizipierten Schwierigkeiten im rechtssicheren Datenhandling sowie offenen moralischen und ethischen Fragen. Etablieren wir mit HR-A objektive, faire und effiziente Personalstrategien? Oder schaffen wir gläserne Mitarbeiter:innen und schüren Misstrauen im Angesicht von Datenschutz- und Privatsphärebedenken?

Was wir beobachten können, ist: Die Personalarbeit verändert sich, und die Zukunft des HRM wird zunehmend von Daten, Analysen, Technik, Künstlicher Intelligenz und automatisierten Entscheidungen bestimmt. Dieses Buch ist von dem Gedanken geleitet, dass es neben der Schwarz-Weiß-Debatte um das Thema HR-A viele Graustufen gibt, die es auszuloten und zu navigieren gilt. Wir gehen dabei davon aus, dass es lohnend ist, auf das Analytics-getriebene HR-Schiff zu setzen. Wir gehen jedoch auch davon aus, dass es dabei von entscheidender Bedeutung ist, die richtigen Fragen zu stellen, um einen ethischen, gewinnbringenden Kurs einzuschlagen. In dem Sinne drehen sich die Inhalte dieses Buches um die Frage, wie wir unser psychologisches Wissen über die Wahrnehmung und Motive des Menschen und die Abläufe und Prozesse in Organisationen dafür nutzen können, akzeptierte, ethische und gewinnbringende HR-A-Prozesse zu gestalten.

1.1.1 Was wird Ihnen dieses Buch nicht vermitteln?

Im Rahmen verschiedener Debatten um das weite Themenfeld „Datenanalyse im HRM" begegnen uns wiederholt zwei Arten von Reaktionen. Zunächst weckt das Thema bei vielen Personen die „Statistik-Angst". Die Statistikausbildung liegt vielleicht weit zurück, ist nicht vorhanden – oder mathematische Zusammenhänge zu verstehen oder zu nutzen, hat noch nie Spaß gemacht. Die Idee, Personalarbeit datengestützt zu gestalten, führt vielfach zu der Vorstellung, dass Personalarbeit nun bedeutet, die Rolle eines Data Scientists einzunehmen. Dass HR-Arbeit nun also Mathematik und Statistik statt Menschen und Beziehungen bedeutet. Die zweite Reaktion bezieht sich auf den technologisch rasanten Fortschritt. Dabei kommen Zweifel daran auf, wie sinnvoll es ist, ein Buch über Technologien zu schreiben, wenn sich diese doch so rasant verändern. So ist anzunehmen, dass sich die Technologien vom Zeitpunkt des Schreibens bis zum Zeitpunkt des Publizierens eines Buches weiterentwickelt haben.

Wir möchten diesen beiden Fragen nachkommen: In diesem Buch geht es weder darum, eine Statistikausbildung anzufangen, nachzuholen oder auszubauen. Es geht auch nicht darum (nicht mehr), aktuelle Technologien in ihrer Funktionsweise zu diskutieren und zu verstehen. Denn obgleich ein datengestütztes HRM nicht ohne Technologie, Daten und die Analyse dieser auskommt, soll dieses Buch vermitteln, dass es bei all dem nicht um Einsen und Nullen, sondern nach wie vor um Entscheidungen in Bezug auf Menschen geht und um die geschickte Einbindung der Technologie und der Statistik in altbekannte Prozesse. Wir möchten dabei die Frage nach dem Vorgehen und der Gestaltung von datengestützten HR-Prozessen in den Fokus rücken, welche im Kern unabhängig von der aktuellen Technologie oder durchgeführten Analyse sind. Auch wenn wir uns im Folgenden zur Veranschaulichung aktueller (technologischer) Beispiele bedienen werden, sind diese eben genau das – Beispiele.

1.1.2 Was können Sie durch dieses Buch lernen?

In diesem Buch stehen also nicht die Technik oder die Statistik im Vordergrund, sondern die Möglichkeiten und die Sinnhaftigkeit von verschiedenen Formen des Datensammelns und -auswertens sowie die sinnvolle und verantwortungsvolle Anwendung und Unterstützung ebensolcher Prozesse. Unabhängig davon, welche Technologien wir uns anschauen und welche Daten analysiert werden sollen, stellen sich ähnliche Fragen: Welche Personengruppen muss ich auf welche Art und Weise informieren? Welche technischen und rechtlichen Rahmenbedingungen sind zu beachten? Werden HR-A-Prozesse von Mitarbeiter:innen akzeptiert? Wie kann ein erstes HR-A-Projekt in einem Unternehmen aussehen? Was können mir Daten sagen – und was nicht? Dieses Buch orientiert sich an arbeits- und organisationspsychologischen Erkenntnissen, die sich mit dem menschlichen Erleben und Verhalten in Organisationen beschäftigen, und bietet auf dieser Basis eine Orientierungshilfe im Hinblick auf Fragen dieser Art. In diesem Buch werden wir uns zunächst den allgemeinen technologischen, organisationalen, gesetzlichen und gesellschaftlichen Rahmenbedingungen widmen. Im Gastbeitrag von Jonas Galemann wird ein ausführlicher Leitfaden für die Durchführung von HR-A-Projekten vorgestellt, welcher insbesondere bei der erstmaligen Durchführung von HR-A in mittelständischen Unternehmen unterstützen kann. Anschließend reflektieren wir die Frage, welche Kompetenzen aufseiten von HR für die Durchführung der beschriebenen Schritte, Prozesse und Projekte notwendig sind und wie sich diese in der Aus- und Weiterbildung von HR-Analyst:innen etablieren lassen. Das Thema der Kommunikation – welche Personen sollten Sie wann, wie informieren – werden wir unter dem Schlagwort „Stakeholder Management" bearbeiten, bevor wir zu Anwendungsbeispielen für die Personalarbeitsbereiche Rekrutierung, Leistungsbeurteilung, Training, Personalentwicklung und Kompetenzmanagement sowie Personalbindung und Personalplanung kommen.

Nicht zuletzt wegen der dargestellten Kontroverse um das Thema soll dieses Buch dazu beitragen, Arbeits-, Organisations- und Wirtschaftspsycholog:innen auszubilden, die den Diskurs um HR-A nicht nur verstehen, sondern führen, leiten und lenken können, um die Zukunft des HRM entscheidend mitzugestalten. Wir hoffen, dass das Buch Handwerkszeug zu diesem Zweck vermittelt und Ihnen die Brücke zu den Kompetenzen aufzeigt, die Sie als Leser:innen, Praktiker:innen, Studierende bereits mitbringen und einsetzen können, um die Zukunft des HRM strategisch gewinnbringend und humanzentriert zu gestalten.

1.2 Was verstehen wir unter Human Resource-Analytics?

1.2.1 Definition von Human Resource-Analytics

Human Resource-Analytics, kurz HR-Analytics, verfolgt das Ziel, Daten in Bezug auf Mitarbeiter:innen zu sammeln, zu analysieren und aufzubereiten, sodass diese als Entscheidungsgrundlage für strategische Unternehmensfragen dienen können (Marler & Boudreau, 2017). Dabei wird nicht immer von HR-Analytics gesprochen, beispielhaft finden auch die Begriffe People Analytics und Workforce Analytics Verwendung (Tursunbayeva, Di Lauro & Pagliari, 2018). Da die Begrifflichkeit HR-Analytics in Europa weit verbreitet ist (van der Laken, 2018) und den Fokus auf die Rolle und Funktion der HR-Abteilung legt (van den Heuvel & Bondarouk, 2017), werden wir im Buch von HR-Analytics (im Folgenden abgekürzt als HR-A) sprechen, wobei wir die Begrifflichkeiten People oder Workforce Analytics als Synonyme ansehen.

Definition: HR-Analytics

Unter HR-Analytics (HR-A) verstehen wir eine auf Informationstechnologie gestützte HR-Praxis, welche zur Beantwortung einer unternehmensrelevanten Fragestellung unternehmensinterne und externe Daten auf ethische Art und Weise unter Einbeziehung der Stakeholder integriert, analysiert, an diese rückkoppelt und die Analyseergebnisse als Entscheidungsgrundlage in Bezug auf strategische Unternehmensfragen heranzieht. Dies ist in Abbildung 1 grafisch verdeutlicht.

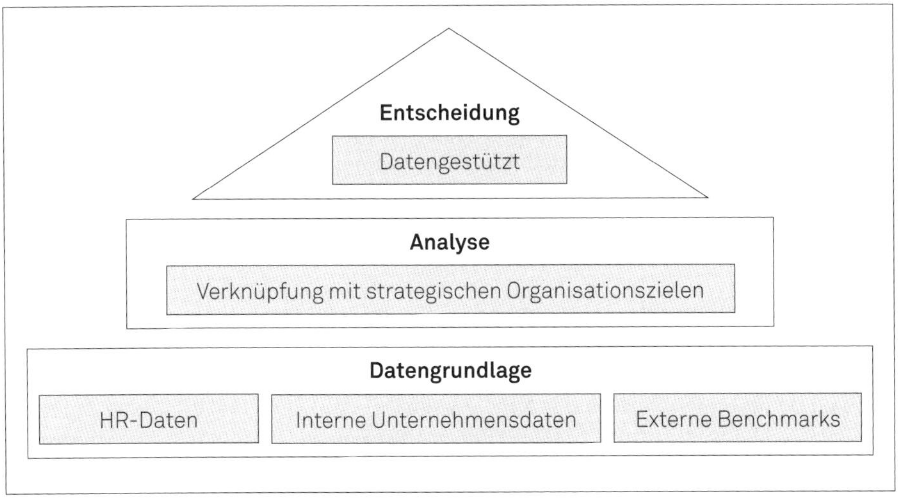

Abbildung 1: Im Rahmen von HR-Analytics-Prozessen werden Daten zur strategischen Entscheidungsfindung analysiert.

HR-A umfasst alle Prozesse, bei denen zur Beantwortung einer unternehmensrelevanten Fragestellung mitarbeiter:innenbezogene Daten ethisch gesammelt, ausgewertet und kommuniziert werden und die Analyseergebnisse als Entscheidungsgrundlage herangezogen werden (Falletta & Combs, 2021). Die finale Entscheidung, also die Frage nach der Interpretation, der Kommunikation und den schlussendlichen Handlungsentscheidungen, liegt immer noch beim Menschen. Damit wird HR-A als ein Prozess zur *Unterstützung* oder *Erweiterung* üblicher Personalarbeitsprozesse diskutiert, es geht nicht um einen *Ersatz* menschlicher Entscheidungen durch Daten und Statistik (Davenport, Harris & Shapiro, 2010). HR-A zielt darauf ab, aktive Forschung innerhalb des Unternehmens und Experimente zur Generierung von Evidenz zu steigern (Falletta & Combs, 2021). Diese durch die Evidenz erweiterte Entscheidungsgrundlage soll dann zu objektiveren, valideren, besseren Entscheidungen für Mitarbeiter:innen und Organisationen führen (King, 2016).

Sie können sich HR-A als zusätzliches Werkzeug vorstellen, welches strategische, evidenzbasierte Entscheidungen ermöglicht.

Denken Sie z. B. an die Planung Ihrer nächsten Dienstreise. Für eine Konferenz reisen Sie nach Portugal und Sie möchten Ihren Koffer packen: Wie entscheiden Sie, was Sie einpacken? Vielleicht waren Sie schon einmal in Portugal und erinnern sich an warme Temperaturen. Sie könnten sich auch auf Berichte des Reisebüros oder von Kolleg:innen verlassen (im Juli ist es heiß in Portugal). Oder Sie greifen zur Wetter-App, die auf der Basis verfügbarer Daten Prognosen für die Zukunft abgibt: Nächste Woche wird es ungewöhnlich kalt für portugiesische Verhältnisse. Der Einbezug dieser prädiktiven Analysen der Wettervorhersage in Ihre Entscheidung liegt bei Ihnen. Vielleicht packen Sie zur Sicherheit ein paar dickere Pullover ein?

Im HR-Kontext mag es nun statt Kleidung beispielsweise um Kompetenzen gehen und die Frage danach, welche davon in welchem Unternehmensbereich in den kommenden Jahren benötigt werden. Auch hier könnten wir uns auf unsere eigene Erfahrung beziehen oder auf Meinungen von anderen berufen. Oder wir kombinieren Daten aus unserem Wissensmanagementsystem (Kompetenzmatrix) mit Daten, die wir aus externen Jobportalanzeigen gewinnen (geforderte Kompetenzen) und schauen uns an, ob die auf dem Jobmarkt geforderten Kompetenzen auch durch die eigenen Mitarbeiter:innen abgedeckt werden. Wir könnten zusätzlich simulieren, was passiert, wenn eine Gruppe von Mitarbeiter:innen in Rente gehen oder abgeworben werden: Wo muss ich mich auf einen Verlust an Kompetenzen einstellen? (zur Rolle von KI und Big Data im Kontext von HR-A siehe Abschnitt 1.3). Die Kombination dieser Datenquellen (Bauchgefühl, Meinungen, Datenanalyse) im Hinblick auf eine Empfehlung oder Entscheidung liegt nun bei Ihnen.

1.2.2 HR-Analytics und Evidence-Based Management

HR-A wird oftmals als Gegenstück zu intuitiven, subjektiven Entscheidungen gesehen und fällt damit in den Bereich des Evidence-Based Managements, d.h. einer Management Praxis, die sich auf die beste verfügbare Evidenz berufen möchte (Raghunadha Reddy & Lakshmikeerthi, 2017). Die Evidenz im Fall von HR-A bezieht sich auf die Mitarbeiter:innen des eigenen Unternehmens. Die Idee, Entscheidungen auf der Basis von Evidenz zu treffen, ist nicht neu. Empirische Evidenz ist beispielsweise das erklärte Ziel bei der Ableitung und Auswertung von HR-Metriken (Fitz-Enz, 1984) oder bildet den Dreh- und Angelpunkt der „Principles of Scientific Management“ (Taylor, 1911). Neu sind jedoch die wachsenden Datenmassen, die Unternehmen in der heutigen Zeit zur Verfügung stehen und die – gerade in ihrer Integration – vielfältige Ansatzpunkte zur Beantwortung diverser Fragestellungen liefern. In Kombination mit den bereits vielfach digitalisierten, administrativen HR-Prozessen (Schlagwort E-HRM, siehe Abschnitt 1.2.3) ergeben sich neue Möglichkeiten, Daten über die eigenen Mitarbeiter:innen auszuwerten und die eigene Organisation besser zu verstehen. Und auch die zur Verfügung stehenden Analysemethoden werden zunehmend ausgereifter und anspruchsvoller. Datenanalyse bedeutet nicht mehr nur zu beschreiben, was war oder was ist, sondern auch was (wahrscheinlich) sein wird.

1.2.3 Exkurs: E-HRM

HR-A geht über das hinaus, was vorher als E-HRM bekannt war, nutzt aber die mit E-HRM erfassten Daten. Seit Mitte der 1990er Jahre entwickelt sich das Thema HRM zum Thema E-HRM (Marler & Fisher, 2013). Beim E-HRM stehen jedoch nicht die Analysen im Fokus, sondern die Digitalisierung. E-HRM bezieht sich auf die Art und Weise, wie HRM-Strategie, -Politik und -Praktiken durch den bewussten und gerichteten Einsatz von Web-Technologien unterstützt werden können (Parry & Tyson, 2011; Ruël, Bondarouk & van der Velde, 2007). Dazu gehörten in den Anfängen des E-HRM (Dixit, 2017):

- *Digitalisierung des Rekrutierungsprozesses:* Die Nutzung von sozialen Medien zur Bewerber:innenansprache und Kommunikation; Automatisierung von Feedback an Bewerber:innen und kurzfristige Beziehungen zu Interessenten; Verzahnung der Rekrutierungsaktivitäten mit dem globalen Talent Management, in dem erfolgskritische Positionen und deren Anforderungen identifiziert werden und Bewerber:innen gezielt angesprochen werden, die diese Kriterien erfüllen; der Einsatz von Firmen-Websites zur Information über zu besetzende Stellen und das Unternehmen; die Nutzung kommerzieller Job-Portale.
- *Digitalisierung der Personalentwicklung:* Die Nutzung von Datenbanken über die Qualifikationen und Kompetenzen von Mitarbeiter:innen (Kompetenzmanagement); Management von gesetzlich vorgeschriebenen wiederkehrenden Schulungen, Weiterbildungen oder Kursen zum Qualifikationserhalt; Umstellung von Lernangeboten auf elektronische Lernplattformen; E-Learning, Blended Learning, Web Based Training mithilfe von YouTube-Tutorials, Wikimedia und weiteren sogenannten Knowledge-Management-Werkzeugen.
- *Digitalisierung des Performance Managements:* Die Verwaltung und Gestaltung von Performance-Management-Faktoren wie z.B. Anreizsysteme und Bonussysteme, die von der Organisation gewünschtes Verhalten verstärken.

Zusammengefasst verfolgt E-HRM drei Ziele (Parry & Tyson, 2011):

1. *Erhöhung der Kosteneffizienz,* z.B. durch elektronisch geführte Arbeitszeitkonten, elektronisch geführte Entgeltabrechnungen und die Vereinfachung von Dateneingaben und Verschlankung von Prozessen. Digitalisierung erhöht hier vor allem die Geschwindigkeit und die Transparenz der Prozesse, die Abrufbarkeit aus den Systemen und die Entlastung von Führungskräften von administrativen Aufgaben. Global agierende Unternehmen können auf der Basis von E-HRM erst global operieren, indem sie Prozesse standardisieren.
2. *Optimierung des Service für die eigenen Führungskräfte,* indem HRM-bezogene Daten mit anderen Systemen (z.B. Enterprise Resource Planning, ERP) genutzt werden können. Zudem werden Führungskräfte darin unterstützt, HRM als Führungsaufgabe wahrzunehmen. Nach Bissola und Imperatori (2014) führt die sinnvolle Anwendung von E-HRM zu einem erhöhten Vertrauen in die prozedurale Gerechtigkeit der Organisation, da die HRM-Prozesse als transparent, respektvoll, explizit und auf gleichbleibenden und geteilten Regeln basierend wahrgenommen werden (Bissola & Imperatori, 2014; Folger & Cropanzano, 1998).
3. *Unterstützung der strategischen Ziele* (Obeidat, 2016; Panos & Bellou, 2016; Parry & Tyson, 2011) beziehungsweise *operationalen, relationalen und transformationalen Ziele* (Lepak & Snell, 1998; Strohmeier, 2007; Strohmeier & Kabst, 2014). E-HRM kann durch die Einführung neuer Technologien die Transformation von Organisationen unterstützen, z.B. die Einführung virtueller Teamarbeit oder Network-Organisationen ermöglichen sowie sich zum HR Strategic Business Partner entwickeln. Es gibt aber bisher wenige Evidenzen, dass E-HRM die strategischen Ziele tatsächlich auch erreicht, wie Marler und Fisher (2013) in ihrem Review sowie in einer weiteren empirischen Untersuchung (Marler & Parry, 2016) zeigen. Es scheint aber die Tendenz zu geben, dass je umfangreicher und ganzheitlicher E-HRM eingeführt und genutzt wird, desto eher auch strategische Ziele der Organisation erreicht werden.

Die mit E-HRM erhobenen Daten und die Prozesse zu deren Erfassung sind wichtige Voraussetzungen für HR-A, jedoch erst die Verknüpfung dieser zur Beantwortung konkreter, strategischer Fragestellungen innerhalb der Organisation macht E-HRM zu HR-A. Dadurch können nicht mehr nur deskriptive Analysen realisiert werden, sondern es werden auch zunehmend prädiktive Analysen möglich. Was das genau bedeutet, schauen wir uns im Folgenden anhand von Reifegradmodellen für HR-A an.

1.2.4 Reifegradmodelle von HR-Analytics

Reifegradmodelle beschreiben den Grad, in dem die Personalarbeit als Ganzes analytisch ist, d. h. inwieweit Daten strukturiert und verfügbar sind und inwieweit Daten (strategisch) in Entscheidungsprozesse einbezogen werden. Das „Talent Analytics Maturity Model" (Bersin, 2013) ist der Ausgangspunkt verschieden ausdifferenzierter Reifegradmodelle. Oft werden folgende, in Abbildung 2 dargestellte, Reifegrade unterschieden: (a) intuitive oder meinungsgesteuerte Entscheidungsfindung, (b) deskriptives HR-A, (c) prädiktives HR-A und (d) präskriptives/strategisches HR-A (Mühlbauer, Huff & Süß, 2018).

Der erste Reifegrad, die *intuitive Entscheidungsfindung,* fällt noch nicht in den Rahmen analytischer Entscheidungsprozesse und damit nicht in den Bereich HR-A. Entscheidungen basieren hier weder auf Daten noch auf statistischer Analyse, sondern vielmehr auf Intuition, Erfahrung oder Bauchgefühl (Reindl & Krügl, 2017). Bezogen auf das Beispiel der Dienstreise (siehe Abschnitt 1.2.1), würden Sie in diesem Kontext aus dem Bauch heraus entscheiden, ob Sie einen Pullover einpacken.

Reifegradmodelle

Reifegradmodelle beschreiben den Grad der ganzheitlichen Integration und Verzahnung von HR-Analytics-Prozessen im Sinne der strategischen Entwicklung eines Unternehmens. Sie erlauben eine Einordnung bezüglich des Entwicklungsstandes datengestützter, strategischer Entscheidungen. Annahme ist, dass die Reifegrade Entwicklungsstufen darstellen, die aufeinander aufbauen oder nacheinander durchlaufen werden und sich progressiv von simplen Anwendungen hin zu einer hohen Integration entwickeln. Implizit ist ebenso die Annahme, dass ein höherer Reifegrad ein anzustrebender, wünschenswerter Zustand ist.

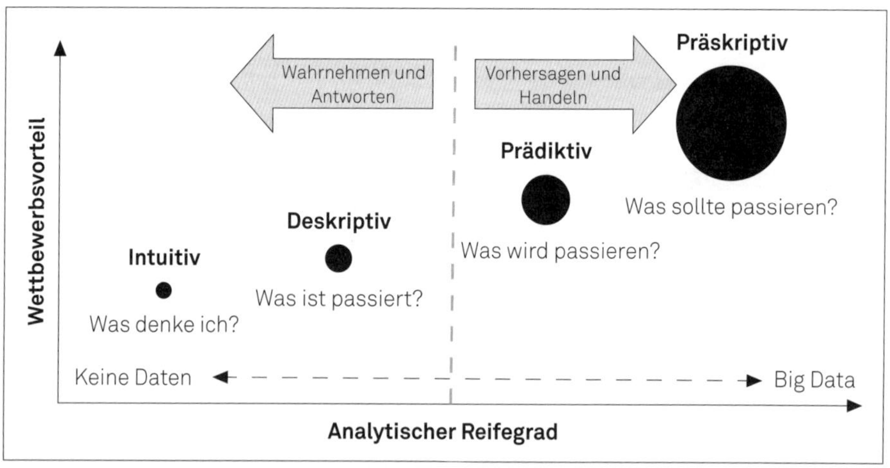

Abbildung 2: Analytischer Reifegrad der Entscheidungsfindung in HR (eigene Darstellung in Anlehnung an SAP SE, 2019 und Reindl & Krügl, 2017)

Deskriptives HR-A wird als der einfachste Reifegrad von HR-A angesehen (Fischer et al., 2018) und beinhaltet klassisches HR-Reporting und HR-Controlling. HR-Kennzahlen, wie z.B. Anzahl der Mitarbeiter:innen oder Fluktuationsraten, werden deskriptiv (d.h. rein beschreibend) analysiert. Die Daten sind in der Regel im HRIS (Human Resource Information System) vorhanden; die Analysen konzentrieren sich hauptsächlich auf das betriebliche Ad-hoc-Reporting (Isson & Harriott, 2016). Wieder bezogen auf die Dienstreise nach Portugal würden Sie sich hier die Wetterdaten der Vergangenheit anschauen und die Entscheidung auf dieser Basis treffen. Einen Schritt weiter gehen wir im Rahmen des *prädiktiven HR-A*, welches darauf abzielt, Ursache-Wirkungs-Beziehungen aufzudecken (Fitz-Enz, 2010). Sie schauen sich also die Daten der Vergangenheit an und analysieren, welche Bedingungen zu welcher Wetterlage geführt haben. Schließlich stellt *präskriptives oder strategisches HR-A* die ausgereifteste Form dar. Strategische Analysen ermöglichen Modellierung und Vorhersage, wobei das Ziel darin besteht, zukünftige Ergebnisse in Bezug auf die Wahrscheinlichkeit zu identifizieren (Fitz-Enz, 2010). Dabei kommen Methoden wie maschinelles Lernen und Künstliche Intelligenz zum Einsatz (Fischer et al., 2018), die uns z.B. Prognosen liefern, wie das Wetter kommende Woche werden wird. Im Rahmen von HR werden (große) Datenströme mit klassischen Personal-, d.h. organisationsinternen Daten kombiniert.

Trotz der Unterteilung verschiedener Reifegrade, bleibt der Begriff und die Beschreibung von HR-A breit und lässt ein großes Spektrum an Anwendungsszenarien offen. Wenn wir nach einem unternehmensinternen Training Feedbackbögen statistisch auswerten, ist das schon HR-A? Oder benötigt es ausgereiftere Technologien, z.B. Sprachanalysesoftware, die mithilfe Künstlicher Intelligenz das Persönlichkeitsprofil einer/eines Bewerber:in erstellt? Sprechen wir dann von HR-A? Wir werden im Verlauf des Buches verschiedene Anwendungsszenarien kennenlernen und dabei Möglichkeiten, Sinnhaftigkeit und Grenzen beleuchten.

1.2.5 Verschiedene Arten von HR-Analytics-Projekten

Das Buch soll zeigen, dass HR-A in vielen Personalarbeitsbereichen Anwendung finden kann und dabei viele verschiedene Probleme, Fragestellungen, Vorgehensweisen, Datengrundlagen und Auswertungsstrategien umfassen kann (Weibel, Schafheitle & Ebert, 2019). Dabei ist häufig von HR-A-*Projekten* die Rede (Mühlbauer et al., 2018), also einem zeitlich begrenzten Vorhaben, bei dem ein einmaliges Ziel (z.B. eine einmalige Dienstleistung oder die Herstellung eines neuen Produkts), verfolgt wird (Project Management Institute, 2013).

Definition: HR-Analytics-Projekte

Unter *HR-Analytics-Projekten* verstehen wir zeitlich begrenzte Vorhaben, bei denen unternehmensinterne und -externe Daten im Hinblick auf eine strategisch relevante Fragestellung im Personalwesen gesammelt, analysiert und ausgewertet werden und die Ergebnisse als Grundlage für eine Entscheidung oder für Handlungsempfehlungen genutzt werden.

Die Vielfalt möglicher HR-A-Projekte führt mitunter zu Missverständnissen in der Kommunikation um HR-A. Es ist gut vorstellbar, dass die Evaluation eines Trainings oder smarte Bürostühle (die Hinweise auf [nicht] ergonomische Haltung geben) ganz anders akzeptiert werden als die Einführung einer Sprachanalysesoftware in der Rekrutierung oder eine

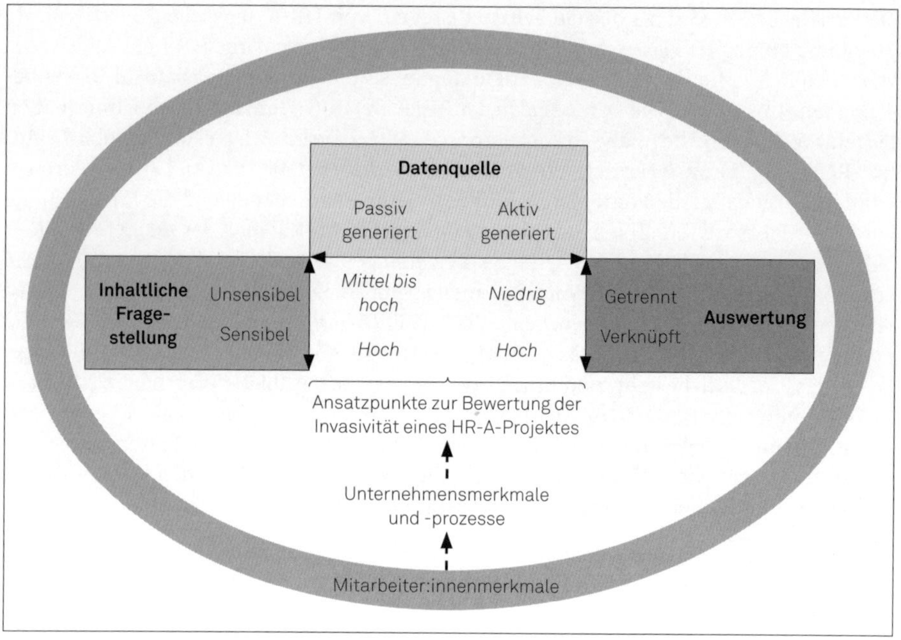

Abbildung 3: Modell zur Bewertung der Invasivität von HR-A-Projekten

Drogenscreening-Toilette (smarte Toiletten, die Drogen- oder Gesundheitsprobleme diagnostizieren) im Unternehmen (Weibel et al., 2019). Die Bewertung und damit auch die Akzeptanz eines HR-A-Projekts kann dabei von der wahrgenommenen „Invasivität" des Projekts abhängen. Invasivität meint das Ausmaß, in welchem eine Technologie (oder ein Datensammlungsprozess) Mitarbeiter:innen *sichtbarer* macht (z. B. digitale Nachvollziehbarkeit von Arbeitsprozessen oder Standortanalysen) und ihre *Erreichbarkeit* steigert (z. B. Abrufbarkeit von E-Mails über das Smartphone oder ständige Erreichbarkeit über das Smartphone; Chandra, Shirish & Srivastava, 2020). Für die in den nachfolgenden Kapiteln beschriebenen Schritte und Fragen im Hinblick auf die Einführung und Durchführung von HR-A-Projekten ist es zunächst also wichtig, sich darüber Gedanken zu machen, *was für eine Art von HR-A-Projekt* verfolgt wird. Eine Übersicht der im Folgenden vorgestellten Faktoren, die die Invasivität eines HR-A-Projekts beeinflussen und daher bei der Einführung und Gestaltung von HR-A-Projekten zu beachten sind, findet sich in Abbildung 3.

Zunächst einmal spielt die Art der betrachteten *Datenquelle* eine Rolle. Im nachfolgenden Kapitel (Kapitel 2) werden Sie sehen, dass in Unternehmen sehr unterschiedliche Datenquellen vorliegen und verschiedene Technologien zur Generierung von Daten berücksichtigt werden können. Es ist davon auszugehen, dass aktiv generierte Daten (z. B. eine Mitarbeiter:innenbefragung) eine von Mitarbeiter:innenseite stärker akzeptierte Art der Datensammlung darstellt als eine passive Form der Datensammlung (z. B. über smarte Arbeitsplätze). Nicht umsonst müssen Daten im Sinne der Transparenz und des Datenschutzes immer zweckgebunden erfasst werden (siehe Abschnitt 3.2). Darüber hinaus spielt die Art der *Auswertung* eine Rolle. Auf der einen Seite ist es – gerade bei einfachen Reifegraden von HR-A – üblich, einzelne Daten aus einem Quellsystem in Beziehung zu setzen, z. B. die im gleichen Kontext (und damit System) erhobenen Daten über Trainingsteilnehmer:innen und die Bewertung des Trainings durch diese (Liebert & Talg, 2018). Auf der anderen Seite gehen fortgeschrittenere Reifegradstufen von HR-A häufig mit einem größeren Anspruch an die Verknüpfung von Daten aus verschiedenen Quellsystemen einher. Die Verknüpfung von passiv generierten Gesundheitsdaten (z.B. über smarte Tastaturen) mit über Fragebögen erhobenen Burnout-Indikatoren kann z.B. prädiktive Analysen mit Aussagen in Hinblick auf Gesundheitsrisiken ermöglichen (Lanwehr & Gober, 2017). Der Zugewinn an Aussagekraft geht jedoch mit einem höheren Datenmissbrauchsrisiko einher (z.B. Datenschutzfolgeabschätzung nach DSGVO) und es ist intuitiv nachvollziehbar, dass die Verknüpfung verschiedener Datenquellen eine höhere Barriere im Hinblick auf die Akzeptanz des HR-A-Projekts darstellt. Das Fallbeispiel der Verknüpfung von Gesundheitsdaten verdeutlich gleichzeitig die Dimension der *inhaltlichen Fragestellung*. Je nach Anwendungsbereich kann die Sensibilität und damit die wahrgenommene Invasivität eines HR-A-Projekts stark variieren. So ist davon auszugehen, dass ein HR-A-Projekt im Bereich des Gesundheitsmanagements (z.B. zur Burnout-Prävention; Lanwehr & Gober, 2017) aufgrund der Sensibilität der Thematik als invasiver bewertet wird als ein Projekt im Rahmen der Kompetenzentwicklung (z.B. zur Entwicklung adaptiver Lernsysteme; Liebert & Talg, 2018). Je höher die Invasivität eines Datensammlungsprozesses in einer Organisation von den Mitarbeiter:innen wahrgenommen wird, desto mehr fühlen sich diese davon gestresst und desto weniger wird dies akzeptiert (z.B. erforscht im Rahmen von Leistungsbeurteilungsprozessen, z.B. Ravid et al., 2020).

Abbildung 3 liefert Organisationen eine Orientierung, anhand derer die Invasivität eines HR-A-Projektes abgewogen werden kann, wobei das Ziel die *Reduktion der Invasivität* sein muss. Da mitunter gerade die Verknüpfung von Datenquellen einen strategischen Mehrwert bieten kann, ist es wichtig, die empfundene Invasivität von Datensammlungsprozessen und von HR-A auch durch entsprechend gesteuerte Unternehmensmerkmale und -prozesse (z.B. Stakeholder-Dialog, interne Kommunikation) zu steuern. Deswegen werden wir auf diese Aspekte im Verlauf des Buches einen Fokus legen (siehe z.B. Kapitel 6).

1.3 Die Begriffe Big Data, KI und automatisierte Entscheidungen

Wer sich mit dem Thema HR-A auseinandersetzt, wird zwangsläufig Begegnungen mit den Themen Big Data und Künstliche Intelligenz machen, denn HR-A wird häufig in einem Atemzug mit Big Data, Künstliche Intelligenz und Automation genannt. Auch diese – häufig undifferenzierte Darstellung – kann zu Verwirrungen im Hinblick auf die Frage „Was ist HR-A?“ führen. In diesem Kapitel ist dies bereits im Rahmen der Reifegradmodelle angeklungen: In der fortgeschrittensten Form von HR-A, d.h. bei der Vorhersage von Ereignissen, haben wir bereits über den Einsatz von ausgereiften Statistiken wie maschinellem Lernen gesprochen. Dennoch sind all diese Begriffe keine Synonyme. HR-A muss nicht Big Data bedeuten und nicht jeder Einsatz von Künstlicher Intelligenz in einem Unternehmen ist gleich HR-A.

Big Data wird definiert durch die sogenannten „5V“, durch ein hohes Volumen, Geschwindigkeit (Velocity), Vielfalt, Variabilität und den Wert (Value) der Daten (Shah, Irani & Sharif, 2017). Dazu gehören beispielsweise große, unstrukturierte Daten wie E-Mails, Social-Media-Aktivitäten, Web-Suchen, digitale Bilder und Daten von Smartphones oder anderen elektronischen Geräten (Angrave, Charlwood, Kirkpatrick, Lawrence & Stuart, 2016). Darüber hinaus wird zunehmend als bestimmendes Merkmal betrachtet, wie „smart" Daten im Zusammenhang mit den Erkenntnissen und Einsichten sind, die diese liefern könnten (George, Haas & Pentland, 2014).

Ein *Algorithmus* beschreibt einen Prozess oder Regeln, der oder die zur Lösung von Problemen herangezogen werden können (Zhang & Lu, 2021). Zur Erklärung von Algorithmen werden diese häufig mit Rezepten verglichen: klare Anweisungen für aneinandergereihte Handlungsschritte zu einem definierten Zweck. Ein Algorithmus umfasst also primär eine Reihe von Anweisungen.

Mit dem Begriff *Künstliche Intelligenz (KI)* werden Automationen beschrieben, die in der Lage sind, komplexe Probleme zu lösen (Dellermann et al., 2021). Mit KI assoziieren viele Personen Maschinen mit menschlichen Fähigkeiten (Jäger & Petry, 2018). Dieses Verständnis ist irreführend, da es eine „starke KI" impliziert, die einen eigenen verstehenden „Geist" besitzt (Searle, 1980). Was wir jedoch bisher erleben und in näherer Zukunft erleben werden, sind „schwache KIs", die ein sehr leistungsstarkes Werkzeug darstellen, um komplexe Probleme zu lösen, aber eben keine kognitiven Fähigkeiten i. S. menschlicher Kognition besitzen (Searle, 1980). Eine schwache KI dient in der Regel der Erkennung von visuellen oder auditiven Mustern, um beispielsweise Objekte, Gelände, Bilder o. Ä. zu identifizieren und zu klassifizieren (Zhang & Lu, 2021). Die meisten KI-Methoden liefern eine Wahrscheinlichkeit für das ausgegebene Ergebnis. KI ist ein Überbegriff, der verschiedene Verfahren umfasst.

Maschinelles Lernen beispielsweise fällt in den Bereich der (schwachen) KI und ist wiederum ein Sammelbegriff für das Erkennen von Mustern in Daten (Kersting, Lampert & Rothkopf, 2019). *Deep Learning* beschreibt eine Form von maschinellem Lernen (Marr, 2018a).

Für einen Überblick über verschiedene Verfahren des maschinellen Lernens eignet sich das Buch „Wie Maschinen lernen", in dem Kersting et al. (2019) in die Verfahren des maschinellen Lernens einführen. Interessierte Leser:innen finden bei James, Witten, Hastie und Tibshirani (2017) eine Einführung in verschiedene Verfahren statistischen Lernens, also verschiedene Methoden für die Generierung von statistischen Modellen. Eine Einführung in Anwendungsmöglichkeiten von maschinellem Lernen im Kontext psychologischer Fragestellungen geben Yarkoni und Westfall (2017). Wichtig zu verstehen ist, dass maschinelles Lernen und Deep Learning *aktuell* sehr fortgeschrittene Verfahren sind und wir daher auf diese als Beispiele zurückgreifen können. In einiger Zeit mögen diese Verfahren jedoch von neueren Verfahren abgelöst und erweitert werden.

Häufig wird ein KI-gestützter Prozess mit einem HR-A-Projekt gleichgesetzt (Lewinski, De Barros Fritz & Biermeier, 2019), wir halten eine Differenzierung jedoch für wichtig. Die Abgrenzung und Schnittstellen können wir so verstehen, dass Big Data, KI, maschinelles Lernen und Algorithmen Werkzeuge für ein HR-A-Projekt sein können. Beispielsweise könnte das Ziel eines HR-A-Projekts darin bestehen, bessere (im Sinne von validere) Entscheidungen in der Rekrutierung zu treffen. Dafür könnte ein Lösungsansatz sein, mithilfe von KI-gestützter Sprachanalysesoftware Interviewdaten auszuwerten und diese Analysen in die Entscheidungsfindung einzubeziehen (Chamorro-Premuzic et al., 2017). Wichtig zu verstehen ist, dass ein KI-gestützter Prozess in diesem Szenario einen von vielen möglichen Anwendungsfällen darstellt. Auch ein weniger fortgeschrittenes Verfahren, z. B. die Analyse historischer Bewerber:innendaten, die digital archiviert wurden, könnte bei gleicher Fragestellung ebenso ein HR-A-Projekt darstellen – welches sich einfach nur eines anderen Werkzeugs bedient.

Wir haben in Abschnitt 1.1 bereits beschrieben, dass aktuelle Technologien eine Grundlage für HR-A-Projekte bilden und eine grundsätzliche Kenntnis oder beispielhafte Anwendungsfälle aktueller innovativer Verfahren hilfreich sind, um HR-A zu illustrieren und zu verstehen. Wie bereits beschrieben, ist anzunehmen, dass sich die Art der „Werkzeuge" in den kommenden Jahren drastisch weiterentwickeln wird und z. B. unsere aktuell als innovativ geltenden maschinellen Lernsysteme in einiger Zeit bereits veraltet sind. Dennoch wird die Art der Einführung und Kommunikation von HR-A-Projekten, die sich im Zweifelsfall solcher Werkzeuge bedienen und diese einsetzen, gleichbleiben. Denn: Bei der digitalen Transformation geht es primär um *Menschen, d. h. um deren Wahrnehmung, deren Bedürfnisse und Empfinden gegenüber den neuen Prozessen* – nicht (nur) um Technologie (Green, 2020).

1.4 Wie funktioniert HR-Analytics?

HR-A-Projekte umfassen verschiedene Phasen, die in Prozessablaufmodellen zusammengefasst werden. Es gibt eine Vielzahl von Prozessmodellen, die den Ablauf eines HR-A-Projekts beschreiben. Boudreau und Ramstad (2004) haben das einflussreiche LAMP-Framework formuliert. Sie gehen davon aus, dass eine bestimmte „Logik" eine „Analyse" impliziert, für die die richtigen „Messungen" angewandt werden müssen und die durch einen effektiven Wissensmanagement-"Prozess" eingeführt und durchgeführt wird. Daneben stehen beispielhaft das IMPACT-Modell (Isson & Harriott, 2016), das I-CAN-ENABLE-Modell (Mühlbauer et al., 2018) oder das People-Analytics-Prozessmodell (PAP; Reindl

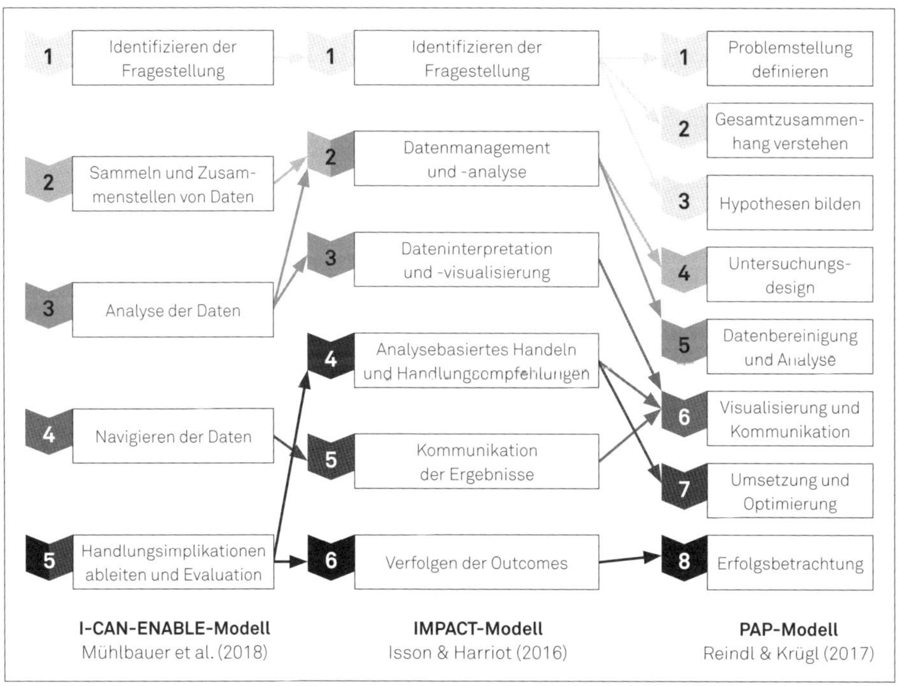

Abbildung 4: Integration der drei HR-Analytics-Prozessmodelle: I-CAN-ENABLE (Mühlbauer et al., 2018), IMPACT (Isson & Harriott, 2016) und PAP (Reindl & Krügl, 2017)

& Krügl, 2017). Wie in Abbildung 4 beispielhaft anhand der drei zuletzt genannten Modelle dargestellt, stimmen die Modelle in vielen Punkten überein und unterscheiden sich mitunter nur im Detaillierungsgrad der Beschreibung der einzelnen Phasen.

Die Logik, die die Modelle eint, ist, dass es zunächst eine strategisch relevante Fragestellung braucht, die ein HR-A-Projekt notwendig macht. HR-A ist kein Mittel zum Selbstzweck, sondern dient – wie oben beschrieben – dazu, das Unternehmen bei strategisch relevanten Fragestellungen zu unterstützen (siehe die Definition von HR-Analytics in Abschnitt 1.2.1). Diese strategisch relevante Fragestellung bildet den Ausgangspunkt und bestimmt, welche Daten zur Beantwortung benötigt werden. Wichtig ist, dass der Fokus bei diesem Schritt auf das gesamte Unternehmen, d.h. strategische Fragen auf Unternehmensebene, gerichtet wird: Welche (mitarbeiter:innenbezogenen) Erkenntnisse sind notwendig, um organisatorische Prozesse zu verbessern, die Strategieumsetzung des Unternehmens zu unterstützen oder die organisationale Effizienz zu steigern? (Levenson, 2018).

Um die Relevanz dieses Schrittes hervorzuheben, ist es hilfreich, HR-A in verschiedene Abstraktionsphasen zu unterteilen: Die Bestimmung der strategischen Frage kann als eigene Analytics-Phase verstanden werden, die sogenannte *Wettbewerbs-Analytics-Phase* (Levenson, 2018), welche den Start eines jeden HR-A-Projekts bilden sollte. Wettbewerbs-Analytics bedeutet, Themen für HR-A-Projekte im Kreis wichtiger Anspruchsgruppen (sog. Stakeholder) zu thematisieren und zu priorisieren. Auf diese Weise wird nicht nur ein zielgerichteter Einsatz von Ressourcen gewährleistet, sondern dies kann auch entscheidend dazu beitragen, die Unterstützung der Stakeholder zu garantieren (siehe auch Kapitel 6).

Anschließend an die Wettbewerbs-Analytics-Phase, sollte im Rahmen einer *Unternehmens-Analytics-Phase* das Level der Analyse für das HR-A-Projekt festgelegt werden (Levenson, 2018). Haben Faktoren auf Unternehmensebene (z.B. Arbeitsgestaltung, Kultur), Teamebene (z.B. Teamdynamiken) oder Mitarbeiter:innenebene (z.B. Führungsverhalten oder Motivation) den stärksten Einfluss im Hinblick auf das strategische Problem? Nicht immer müssen im Rahmen eines HR-A-Projekts individuelle Daten (z.B. der Leistung) herangezogen werden. Viele Probleme manifestieren sich eher auf einer aggregierten Ebene (z.B. die Rolle von abteilungsübergreifender Kooperation für Innovation) und müssen auf eben dieser analysiert werden (z.B. durch das Heranziehen von Finanzdaten auf Abteilungsebene).

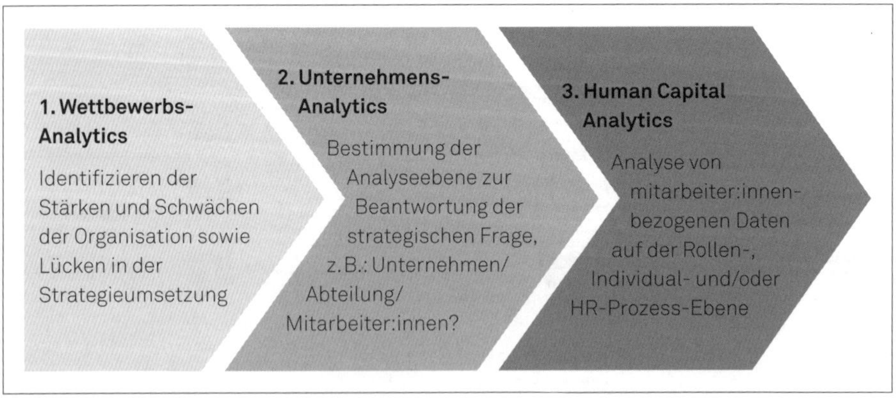

Abbildung 5: Phasen und Abstraktionsgerade eines HR-Analytics-Projekts nach Levenson (2018)

Erst nach Abschluss von Wettbewerbs-Analytics und Unternehmens-Analytics schließt sich *Human Capital Analytics* an. Human Capital Analytics bezieht sich auf die konkrete Analyse mitarbeiter:innenbezogener Daten. Auf den Ablauf dieser HR-Analytics-Phase gehen wir im Folgenden im Detail ein. Die drei Schritte sind in Abbildung 5 zusammengefasst.

Nach der Priorisierung der strategischen Ziele und der Festlegung der Analyseebene kann bestimmt werden, inwieweit zur Beantwortung der Frage vorhandene Datenquellen genutzt werden können oder ob neue Daten erhoben werden müssen. Im nächsten Schritt wird dann bestimmt, auf welche Art und Weise die Daten analysiert werden können. Das PAP-Modell verweist auf den wichtigen Punkt, dass Analysen im Rahmen von HR-A-Projekten hypothesengeleitet stattfinden sollten. Die Grundlage für Analysen sollte also immer in inhaltlich sinnvollen Annahmen liegen. Dafür kann es hilfreich sein, aus der Literatur bekannte Theorien oder Modelle zugrunde zu legen – oder zuvor getroffene Annahmen über Wirkungszusammenhänge als Basis zu nehmen.

Nach der Analyse der Daten folgt der Schritt der Ergebniskommunikation. In den folgenden Kapiteln werden Sie sehen, dass bei der Durchführung verschiedener HR-A-Projekte der Aspekt der Kommunikation mit verschiedenen Stakeholdern (siehe Kapitel 6), sehr zentral ist. Damit die auf Daten gestützte Evidenz Auswirkungen und Einfluss im Unternehmen hat, also als Grundlage für Entscheidungen genutzt werden kann, muss diese Evidenz nachvollziehbar und transparent präsentiert und kommuniziert werden. An diesem Punkt wird auf die Relevanz des „Storytellings" (d.h. der emotionalen Aufbereitung von Inhalten in Form von Geschichten zum Zweck der gesteigerten Aufmerksamkeit und Erinnerung der Inhalte) und gut visualisierter Daten verwiesen (Chen et al., 2015; Welbourne, 2015). Denn wenn die Ansatzpunkte, die sich aus der Analyse ergeben, nicht verstanden werden, kann kein Dialog darüber entstehen und die Einsichten werden nicht zu Handlungen führen (Welbourne, 2015). Das Storytelling als wichtige Kompetenz greifen wir in Kapitel 5 erneut auf. Schlussendlich bildet die Evaluation den Abschluss eines HR-A-Projekts, d.h. die Überprüfung, ob und inwieweit getroffene Entscheidungen oder abgeleitete Maßnahmen erfolgreich waren.

Die drei hier näher vorgestellten Modelle haben mit den übrigen genannten Modellen gemeinsam, dass alle auf einem hohen Abstraktionsgrad formuliert sind. Die einzelnen Schritte sind eher in der Form grober Kategorien als in der Form konkreter Handlungsanweisungen formuliert. Gerade wenn HR-A-Projekte zum ersten Mal angestoßen werden, sind jedoch konkrete Ablaufschritte sehr hilfreich. In Kapitel 4 beschreibt Jonas Galemann ein neu entwickeltes, wissenschaftlich fundiertes Prozessmodell für die Durchführung erster HR-A-Projekte, welches sich besonders für mittelständische Unternehmen eignet.

1.5 Was bringt HR-Analytics?

In der Einleitung haben wir HR-A als Spannungsfeld skizziert, bei dem der antizipierte Wettbewerbsvorteil und ein verbessertes Image von HR-A gefürchteten negativen Konsequenzen in Form von Datenskandalen oder einer Misstrauenskultur durch Überwachung gegenüberstehen. Lohnt es sich also, diese Risiken in Kauf zu nehmen? Was kann HR-A einer Organisation bringen? Bei dieser Debatte ist zu unterscheiden, was an Argumenten als *potenzieller* Nutzen diskutiert wird und welche Argumente sich auf *empirisch gewonnene Erkenntnisse* aus wissenschaftlichen Studien stützen. Da es im Bereich HR-A noch wenig qualitativ hochwertige Studien gibt (Marler & Boudreau, 2017; McCartney & Fu, 2022a; Tursunbayeva et al., 2018), ist diese Unterscheidung wichtig.

HR-A soll einen Wettbewerbsvorteil für Unternehmen bringen (Isson & Harriott, 2016) – so lautet das Argument für eine Einführung von HR-A in Unternehmen. Die *Annahmen,* die diesem Argument zugrunde liegen, sind, dass durch den Einbezug von Daten in Entscheidungsprozesse

- Fehlentscheidungen vermieden werden (Kostenreduktion; Rousseau & Barends, 2011),
- Entscheidungen in Bezug auf die Arbeits- und Organisationsgestaltung optimiert werden (HR-Maßnahmen), was zu mehr Produktivität (Umsatzsteigerung) und/oder weniger Fluktuation (Kostenreduktion) führt (Marr, 2018a),
- bessere Entscheidungen in Bezug auf die Rekrutierung und Haltung von Top-Performern (Umsatzsteigerung und Kostenreduktion) möglich sind (Isson & Harriott, 2016).

Was wir bisher *wissen,* stammt aus vereinzelten Fallstudien, die bei Unternehmen verbesserte organisationale Ergebnisse nach Einführung von HR-A berichten (Coco, 2011; van der Togt & Rasmussen, 2017). Darüber hinaus konnte gezeigt werden, dass HR-A dazu führt, dass Unternehmen im Sinne des evidenzbasierten Managements (siehe Abschnitt 1.2.2) Entscheidungen treffen, was sich wiederum positiv auf die gesamte organisationale Performance auswirkt (McCartney & Fu, 2022b). Dies sind erste Erkenntnisse, die einen positiven Effekt von HR-A für die Organisation zeigen. Es ist jedoch ebenso wichtig, zu erwähnen, dass es ebenfalls Studien gibt, die negative Effekte von HR-A beobachten. Jörden, Sage und Trusson (2022) beschreiben ein Fallbeispiel, in welchem HR-A primär Marketingzwecken und der Außendarstellung dient. Wenn HR-A auf der einen Seite schnell und direkt Lösungen für akute Probleme liefern soll und dabei wenig Zeit für wissenschaftlich gute und damit belastbare Evidenzgenerierung bleibt, besteht die Gefahr, dass HR-A mehr „Fake" als Mehrwert ist (Jörden et al., 2022). Nicht nur deshalb ist es unabdingbar, sich mit den Rahmenbedingungen für „gutes" HR-A auseinanderzusetzen und nicht nur technische (z. B. Datenqualität), sondern auch organisationale (z. B. Kultur) Grenzen von HR-A zu beleuchten.

Aus wissenschaftlicher Perspektive sind die Wirkungsmechanismen ein entscheidender Faktor, um die Bedeutung von HR-A zu verstehen. Also die Frage, *wie* auf Datenbasis optimierte Entscheidungen zu Wettbewerbsvorteil führen (könnten). Wir wissen, dass sich HR-Maßnahmen zum einen auf das Verhalten der Mitarbeiter:innen auswirken können (wenn Mitarbeiter:innen sich gemäß der organisationalen Ziele verhalten, steigert das die Unternehmensperformance). Zum anderen können HR-Maßnahmen die Kompetenzen (Wissen, Fähigkeiten und Fertigkeiten) von Mitarbeiter:innen steigern, was sich in der Konsequenz auf eine bessere Performance auswirkt (Jiang, Lepak, Hu & Baer, 2012). Ähnliche Wirkmechanismen sind für HR-A denkbar – bisher aber nicht empirisch belegt.

Zusammengefasst deuten bisher nur einzelne Studien darauf hin, dass HR-A Kosten reduzieren und Umsatz steigern kann. Auf positive Unternehmensoutcomes lassen darüber hinaus Studien schließen, die datengestützte Entscheidungen im Personalwesen untersuchen – die jedoch nicht als HR-A-Projekte betitelt sind (Mühlbauer et al., 2018). Das können zumindest erste Anreize sein, sich mit dem Thema zu beschäftigen. Ein Potenzial von HR-A-Projekten besteht darin, dass die Evaluation dieser (siehe Prozessmodelle) bereits ein Argument für den Nutzen der jeweiligen Maßnahme liefern kann, wenn die Auswirkungen der auf der Basis von Analysen getroffenen Entscheidungen verfolgt werden. Weiter steht fest, dass sich die Arbeitswelt zwangsläufig technologiegetrieben drastisch verändern wird und dass davon auch das HRM nicht ausgenommen bleibt. Daher ist es umso wichtiger, dass Arbeits-, Organisations- und Wirtschaftspsycholog:innen den ethischen Einsatz der wachsenden Datenbestände gestalten. In den folgenden Kapiteln wird es deswegen primär um die Frage gehen, was wir von unserem psychologischen Wissen einbringen können, um HR-A-Prozesse „ohne Risiko", menschengerecht zu gestalten.

2 Technische und organisationale Rahmenbedingungen

Den Grundstein eines jeden HR-A-Projekts bilden Daten. Davon fallen in Unternehmen viele an. Als HR-Praktiker:in kommen Ihnen vielleicht Stammdaten über Mitarbeiter:innen in den Sinn. Sollten Sie aktuell studieren, denken Sie vielleicht an Mitarbeiter:innenbefragungen, die Ihnen Daten zur Beantwortung einer Forschungsfrage für Ihre Abschlussarbeit liefern. Wir beleuchten als ersten Aspekt der technischen Rahmenbedingungen, welche Art von Daten für ein HR-A-Projekt infrage kommen (könnten), wieso Datenintegration in dem Kontext eine große Rolle spielt und was eine „gute" Datenquelle ausmacht. Daneben beleuchten wir organisationale Rahmenbedingungen. In Abschnitt 2.2 integrieren wir relevante psychologische Theorien, die der Umsetzung von HR-A-Projekten dienlich sein können, wie das Thema der organisationalen Kultur und Gerechtigkeit. Gleichzeitig geben wir einen Ausblick auf die Themen Datenschutz (siehe Kapitel 3) und Stakeholder-Kommunikation (siehe Kapitel 6).

2.1 Technische Rahmenbedingungen

Die International Data Corporation (IDC) sagte für das Jahr 2025 einen Anstieg der weltweit generierten Daten auf 175 Zettabytes voraus (2019 waren es 45 Zettabytes; Reinsel, Gantz & Rydning, 2018). Zum Vergleich dieser schwer vorstellbaren Größenordnung: Ein Zettabyte speichert so viel wie *10 Millionen* der größten (100 Terabytes) verfügbaren Festplatten (nach Buss et al., 2019). Äquivalent wachsen die Datenbestände in Organisationen exponentiell. Für ein HR-A-Projekt gilt es, bei dem großen Volumen und der Vielfalt an Daten einen Überblick über mögliche Datentypen zu bekommen (Datenbestandsanalyse), Daten aus verschiedenen Quellen zu kombinieren (Datenintegration) und zu entscheiden, welche Daten gute Daten sind (Datenqualität).

2.1.1 Technologisch generierte Daten: Datenbestandsanalyse

Entscheidend für die wachsenden Datenbestände ist die technologische Weiterentwicklung der Digitalisierung in Organisationen. Aktuell bilden beispielsweise *virtuelle/augmentierte Tools* (z.B. „smart glasses", Datenbrillen) oder das *Internet der Dinge* (Internet of Things [IoT], z.B. Smartwatches) fortschrittliche Technologien, die zunehmend am Arbeitsplatz eingesetzt werden (Petry & Jäger, 2021). In einigen Jahren mögen andere Technologien ent-

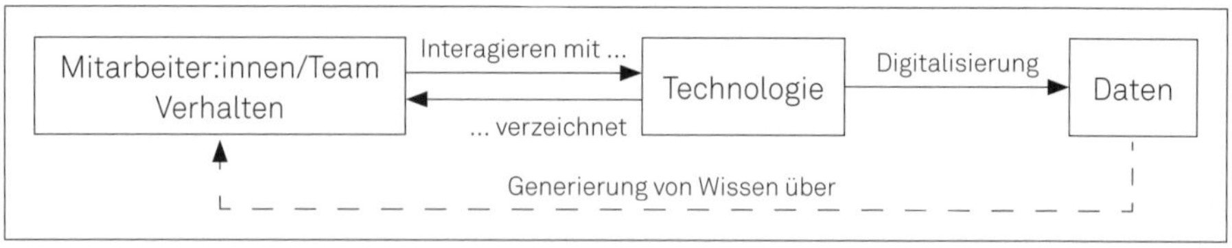

Abbildung 6: Der Zusammenhang zwischen Technologie und Daten

wickelt worden sein. Für ein HR-A-Projekt spielt die Beschaffenheit der konkreten Technologie keine Rolle. Bei der Frage danach, welche Technologien im Unternehmen eingesetzt werden, ist vielmehr die Schlussfolgerung entscheidend, *welche Daten* diese liefern.

Eine Übersicht über die im Unternehmen eingesetzten Technologien zu gewinnen, kann daher den Blick für potenziell nützliche Datenquellen öffnen, die für die Beantwortung einer unternehmensrelevanten Fragestellung hilfreich sein können (siehe Abbildung 6). Informationstechnologien, die zum Zweck der Datensammlung in Unternehmen eingesetzt werden, bilden eine offensichtliche Datengrundlage dadurch, dass diese beispielsweise demografische Daten über Mitarbeiter:innen oder Unternehmens-Performance-Kennzahlen enthalten (Stichwort E-HRM, siehe Abschnitt 1.2.3). Dabei handelt es sich um aktiv generierte Daten, die bereits mit dem Ziel der Dokumentation/des Controllings/der Analyse angelegt werden. Oft werden in Unternehmen daneben auch (Informations-)Technologien/Software eingesetzt, die nicht primär den Zweck verfolgen, analysierbare Daten zu generieren. Projektmanagementsoftware beispielsweise dient dem Zweck der Aufgabenbearbeitung. Kommunikationssoftware dient der Abstimmung und Koordination. In beiden Fällen fallen jedoch durch die Nutzung der Tools durch die Mitarbeiter:innen Daten an, die für ein HR-A-Projekt von Interesse sein können. Diese Daten werden „nebenher“, d.h. passiv, generiert (Rafaeli, Ashtar & Altman, 2019). Auf die Unterscheidung zwischen aktiv und passiv generierten Daten kommen wir später zurück. Wichtig festzuhalten ist an der Stelle, dass eine Bestandsanalyse im Hinblick darauf, welche Daten aus welchen Quellen zur Verfügung stehen, ein unabdingbarer erster Schritt eines jeden HR-A-Projekts ist.

Datenbestandsanalyse

Die *Datenbestandsanalyse* hat zum Ziel, einen Überblick über die im Unternehmen verwendeten Technologien und die daraus resultierenden Daten zu erhalten. Gerade bei einem ersten HR-A-Projekt ist es ratsam, eine Liste, Mind-Map oder ein Schaubild über verwendete Technologien (Software, Hardware, Web-Applikationen und „Internet der Dinge“-Technologien) und daraus resultierende Daten anzulegen. Dies soll die Frage beantworten, *wo* (z.B. Datenbanken, Dokumente, Cloud-Systeme, ...) *welche Daten* vorliegen.

Um eine konkretere Idee davon zu bekommen, welche Technologien und Daten(-typen) wichtig sein könnten, werfen wir im Folgenden einen Blick auf potenziell zur Verfügung stehende Daten. Die in Kapitel 1 dargelegte Definition von HR-A führt die Datengrundlage als Basis aller HR-A-Projekte ein. Daten können HR-intern, im Unternehmen, aber auch extern vorliegen oder generiert werden.

Die ersten beiden Kategorien verweisen auf Daten, die entweder spezifisch in der HR-Abteilung oder aber intern im Unternehmen vorliegen – zwei Kategorien, die einen großen Blumenstrauß verschiedener Datentypen aus verschiedenen Quellsystemen umfassen. *HR-bezogene Daten* liegen in vielen und zunehmenden Fällen in sogenannten Human Resource Information Systems (HRIS) vor. Die (häufig webbasierten) Systeme werden zur Erfassung, Speicherung und Verarbeitung von Informationen über die Mitarbeiter:innen des Unternehmens verwendet und unterstützen Kommunikations-, Interaktions- und Serviceziele von HR-Prozessen (Johnson, Lukaszewski & Stone, 2016). Daten können sich z.B. auf Stamm- und Strukturinformationen über Mitarbeiter:innen beziehen (z.B. Alter, Ausbildung, Position). Weitere technologische Grundlagen, die relevante Daten generieren, können anwendungsspezifische HRIS-Applikationen wie z.B. Talent-Management-Systeme, Rekrutierungssoftware oder Wissensmanagementdatenbanken sein (Johnson et al., 2016; Lina, 2019).

Mit *internen Unternehmensdaten* werden abteilungsspezifische Daten adressiert, die klassischerweise nicht im HR-Bereich anfallen und auf die im Zweifelsfall aus der HR-Rolle gar nicht direkt zugegriffen werden kann (diesem Aspekt widmen wir uns im Abschnitt 2.1.2), welche aber dennoch hilfreich und notwendig zur Bearbeitung eines HR-A-Projekts sein können. Beispiele dafür sind Daten aus der Finanzabteilung (z. B. Umsatzdaten) oder der Marketingabteilung (z. B. über die Performance verschiedener Werbekanäle). Darüber hinaus haben wir bereits Software angesprochen, die von Abteilungen/Teams/Mitarbeiter:innen zur Aufgabenbearbeitung eingesetzt wird und so „nebenbei" Daten generieren kann. Beispiele hierfür sind Kommunikationstechnologien, Projektmanagementsoftware, Wissensdatenbanken oder virtuelle Tools zur Aufgabenbearbeitung.

Zu guter Letzt tauchen in der Definition von HR-A *externe Daten* auf. Zur Beantwortung einer Fragestellung im Rahmen eines HR-A-Projekts können nicht nur unternehmensinterne Daten hilfreich sein, sondern auch öffentlich zugängliche Daten (Isson & Harriott, 2016). Beispiele hierfür sind Entlohnungsstrukturen in vergleichbaren Branchen (z. B. abrufbar über Websites wie *Statista*) oder Unternehmensratings (z. B. abrufbar über Websites wie *Glassdoor*).

Über all diese Datenquellen hinweg können Daten unterschiedlicher Art generiert werden. Eine gängige Unterscheidung ist die zwischen strukturierten und unstrukturierten Daten (Schafheitle et al., 2020). *Strukturierte Daten* haben eine „vordefinierte" Bedeutung, die bereits durch die Art der Eintragung festgelegt wird. Wenn Mitarbeiter:innendaten wie z. B. das Alter eingetragen werden, dann ist das eine strukturierte Datenquelle. In einer Tabelle können strukturierte Daten in Zeilen und Spalten angeordnet werden (z. B. die Mitarbeiter:innen-ID in der ersten Spalte und das Alter in der zweiten Spalte). *Unstrukturierte Daten* dagegen haben keine formalisierte Form oder vorab definierte Bedeutung und lassen sich nicht ohne Bearbeitung in Zeilen und Spalten übertragen. Beispiele sind Aufnahmen der natürlichen Spra-

Tabelle 1: Beispiele interner und externer Daten verschiedener Quellen

		HR-intern	Unternehmensintern	Extern
Strukturierte Daten	**Aktiv generiert**	Strukturdaten (z. B. Alter, Position) oder Vertragsdaten	Umsatzdaten (z. B. pro Business Unit)	Durchschnittliche Fluktuations- oder Entlohnungsstatistiken der Branche
	Passiv generiert	Nutzer:innenverhalten im internen Schulungsportal (z. B. Zeitdauer pro Lernmodul erfasst über Log-Daten)	Interaktionen von externen Bewerber:innen mit Werbeanzeigen in unterschiedlichen Kanälen (erfasst über Log-Daten)	
Unstrukturierte Daten	**Aktiv generiert**	Offene Kommentare bei Mitarbeiter:innenbefragungen	Aufgezeichnetes Telefon-Interview mit Bewerber:innen	Kommentare über Unternehmen (z. B. über Website *Glassdoor*)
	Passiv generiert	Offenes Feedback zu HR-Maßnahmen (z. B. in Chat-Tools)	Chat-Verlauf in Kommunikationssoftware (z. B. *Slack* oder *Teams*)	

che (z. B. eines Bewerbungsgesprächs) oder frei verfasste Texte (z. B. Kommentare in Umfragen). Verschiedene Beispiele dieser Formen von Daten sind in Tabelle 1 zusammengefasst.

In Tabelle 1 kommen wir außerdem auf den eingangs beschriebenen Aspekt der aktiv und passiv generierten Daten zurück. Unter *aktiv generiert* verstehen wir, dass Mitarbeiter:innen sich darüber bewusst sind, dass sie beispielsweise durch die Teilnahme an einer Umfrage oder die Eintragung von Stammdaten im HRIS Daten hinterlassen oder generieren. Diese Daten werden mit dem Ziel der Dokumentation/des Controllings/der Analyse angelegt. Im Arbeitsalltag fallen jedoch auch viele Daten an, die *passiv* generiert werden. Diese Daten werden auch „Trace Data", also Spurendaten, genannt (Rafaeli et al., 2019). Solche Daten können sich (a) auf die Kommunikation (z. B. Lautstärkepegel von Diskussionen in Teammeetings), (b) auf das Verhalten (z. B. GPS-Daten, die die Nähe zwischen Teammitgliedern angeben), (c) auf die Physiologie (z. B. Parameter aus Self-Tracking-Tools; Luciano, Mathieu, Park & Tannenbaum, 2018) oder (d) die Interaktion zwischen Mensch und Computer (z. B. Log-Daten des Nutzungsverhaltens des Intranets) beziehen (Rafaeli et al., 2019).

Wir betonen die Unterscheidung zwischen aktiv und passiv generierten Daten, da sich Verwendungsmöglichkeiten und auch die Akzeptanz der Verwendung der Daten unterscheiden. Zum einen ist es wichtig, auf datenschutzgrundgesetzliche Aspekte zu verweisen: Daten dürfen ausschließlich zweckgebunden erhoben und verwendet werden, weswegen aktiv generierte Datenquellen stets den ersten Ansatz für HR-A-Projekte liefern (siehe Kapitel 3). Daneben ist – selbst bei rechtssicherer Anwendung – die subjektive Wahrnehmung im Hinblick auf die Akzeptanz und damit die Wirksamkeit eines HR-A-Projekts von großer Bedeutung. Aktiv generierte Daten sind eine von den Mitarbeiter:innen stärker akzeptierte Art der Datensammlung als eine passive Form der Datensammlung.

> Zur Illustration stellen Sie sich vor, dass die HR-Abteilung Ihres Unternehmens das HR-A-Projekt „Engagement" durchführt. Das Ziel des Projekts besteht darin, treibende Faktoren für Mitarbeiter:innenengagement zu identifizieren und daraus Maßnahmen zur Arbeitsgestaltung abzuleiten. Das Projekt „Engagement A" basiert auf der Analyse der jährlichen Mitarbeiter:innenbefragung, bei der diese zu ihrem Engagement befragt werden. Das Projekt „Engagement B" identifiziert die semantische Wortwahl (negative/neutrale/positive Begrifflichkeiten) in Chat-Verläufen in einem Kommunikationstool, um einen Eindruck zur Stimmung im Unternehmen zu erhalten. Die Mitarbeiter:innen werden gemäß der DSGVO (siehe Kapitel 3) über die Datenerhebung aufgeklärt, die Daten werden nur aggregiert betrachtet (ohne Personenbezug, siehe Kapitel 3 zu rechtlichen Rahmenbedingungen) und in Hinblick auf das Ziel ausgewertet, Ansätze zu Arbeitsgestaltungsmaßnahmen abzuleiten (Zweckbindung und Datenminimierung, siehe Kapitel 3).

Bei Projekt „Engagement A" ist nicht mit Widerstand der Mitarbeiter:innen zu rechnen, denn die Daten wurden aktiv (und damit für eine antizipierte Analyse) generiert. Die passiv generierten Kommunikationsdaten in Projekt „Engagement B" sind sensibler und selbst wenn eine Analyse anonym erfolgt und die Daten nur zweckgebunden betrachtet werden, fühlt sich das Projekt grundsätzlich invasiver an. Da wir wissen, dass (gefühlte) Invasivität von Technologien in Organisationen zu weniger Akzeptanz und Motivation sowie mehr Stress und Unzufriedenheit bei den Mitarbeiter:innen führen kann (Ravid, Tomczak, White & Behrend, 2020), sind invasive Formen von HR-A zu vermeiden. Der Umgang mit passiven Daten ist damit nicht nur aus rechtlicher, sondern auch aus arbeits- und organisationspsychologischer Perspektive kritisch.

2.1.2 Datenintegration

Der Einstieg in dieses Kapitel zeigt, dass die Auswahl potenziell relevanter Daten vielfältig ist. Ein Mangel an Daten sollte in den meisten Unternehmen keine Barriere darstellen. Die Barriere liegt vielmehr häufig darin, dass Daten aus verschiedenen Quellen nicht integriert sind, was einer der Hauptfaktoren ist, weswegen sinnstiftende HR-A-Projekte nicht durchgeführt werden können (Angrave et al., 2016). Ein Problem sind sogenannte „Daten-Silos". Dies sind zum einen die „Struktur-Silos" (CIPD, 2013): Daten aus verschiedenen Unternehmensbereichen fließen nicht zusammen und die HR-Abteilung hat keinen Überblick oder Zugriff auf Datenbestände außerhalb der eigenen Abteilung. Bei internationalen Unternehmen kann das Problem bereits innerhalb der HR-Abteilung auftreten, dadurch, dass z. B. Daten lokaler HR-Abteilungen nicht ausgetauscht werden.

Dazu kommen sogenannte „System-Silos" (CIPD, 2013). Nicht nur der mangelnde Austausch von Daten zwischen und innerhalb von Abteilungen verhindert umfassende Analysen, auch das Vorliegen von Daten in verschiedenen Quellsystemen stellt eine Barriere dar. Das heißt, dass Daten zwar zugänglich sein können, jedoch in unterschiedlichen Systemen verortet sind. Auf HR-Stammdaten kann vielleicht über ein SAP-System zugegriffen werden, die Talent-Management-Daten liegen jedoch in einer Off-the-shelf-Softwarelösung vor – es fehlt eine Schnittstelle zwischen den Systemen. Die Metapher zu Beginn des Buches war ein Daten-Meer. Hier zeigt sich, dass die Landschaft oft eher aus einzelnen Seen besteht, bei denen der Überblick über alle vorhandenen Seen fehlt (Struktur-Silo) oder es an Flüssen mangelt, die es erlauben, diese zu verbinden (System-Silos).

Zur Überwindung *struktureller Silos* muss eine Kommunikation im Unternehmen über Datenpotenziale und -bestände initiiert werden. Hierbei kann eine Datenbestandsanalyse helfen (siehe vorheriger Abschnitt 2.1.1). Ein Überblick darüber, welche Technologien in welchen Abteilungen eingesetzt werden, welche Daten dadurch aktiv und passiv generiert werden und wie der Zugang zu den jeweiligen Quellen aussieht, ist eine entscheidende Grundvoraussetzung zum Überwinden struktureller Silos. In der Wirtschaftsinformatik wird zu diesem Zweck ein IT-Bebauungsplan entwickelt, der dabei hilft, ein gemeinsames Verständnis vom aktuellen und dem angestrebten Zustand der IT-Architektur im Unternehmen zu erlangen.

Das Überwinden von *System-Silos* kann aus einer lang-, mittel- und kurzfristigen Perspektive betrachtet werden. Langfristig ist der Aufbau einer einheitlichen IT-Infrastruktur, die Schnittstellen zwischen Programmen ermöglicht, sinnvoll. Dies erfordert eine umfassende Planung von ineinandergreifenden Soft- und Hardwaresystemen in Unternehmen, wobei die Inanspruchnahme von Dienstleistungsangeboten aufgrund technischer Herausforderungen unabdingbar ist (Angrave et al., 2016). Statt eine Infrastruktur aufzubauen, die Daten direkt integriert nutzbar macht, kann es in Vorbereitung oder als mittelfristiger Schritt sinnvoll sein, Daten vorhandener Quellen manuell zu integrieren. Auch das erfordert technische Fertigkeiten, denn die Daten aus verschiedenen Quellen müssen (a) extrahiert und (b) integriert werden. Der sogenannte ETL-Prozess (Extrahieren, Transformieren, Laden) der Datenintegration (Humm & Wietek, 2005) bedeutet neben den technischen Herausforderungen auch einen großen Zeitaufwand. Auch hier ist die Inanspruchnahme interner Expertise (IT-Abteilung) oder externer Dienstleistungen notwendig und sinnvoll (Angrave et al., 2016). Auch der gewinnbringende Nutzen von Kooperationsprojekten mit Hochschulen wird in diesem Kontext betont (Angrave et al., 2016).

Der Aufbau einer einheitlichen IT-Infrastruktur mit integrierten Schnittstellen ist ein umfassender Schritt und nicht nur eine technische, sondern auch eine organisatorische Hürde. Um diese Hürde zu überwinden, wollen wir uns im Folgenden ausführlicher kurzfristige Lösungen anschauen, um das Anstoßen eines ersten HR-A-Projekts möglich zu machen. Wenngleich dieser Abschnitt bisher große Planungs- und Ressourcenumfänge suggeriert, ist die gute Nachricht: Das Handwerkszeug zum gezielten Integrieren von Daten zu einem analysierbaren Datensatz bringen Wirtschaftspsycholog:innen beispielsweise nach Abschluss ihres Studiums mit. Und dieses Handwerkszeug kann somit ein erster Startpunkt und Anstoß für langfristige Strategien sein.

Detaillierte Handlungsempfehlungen für die technische Datenintegration übersteigen die Zielsetzung dieses Buches, daher wollen wir an dieser Stelle Empfehlungen für Literatur geben, die eine Einarbeitung/Auffrischung des technischen Wissens zur Datenintegration ermöglicht. In Tabelle 2 verweisen wir auf Ressourcen zum Thema Extraktion und Integration von Daten. Der Fokus liegt auf der einmaligen Extraktion und Integration von einzelnen, interessierenden Datenquellen zur Beantwortung *einer konkreten Frage*. Die empfohlenen Vorgehensweisen inklusive weiterführender Literatur basieren auf der Statistiksoftware „R" (https://www.r-project.org/), welche für statistische Analysen im Rahmen von HR-A-Projekten weit verbreitet ist (Kaur & Fink, 2017). Das Statistikprogramm „R" ist geeignet, um multivariate Analysen durchzuführen und stellt eine kostenfreie und Open Source verfügbare Option dar. Der Umgang mit der Software ist im Rahmen der computergestützten Datenanalyse im Curriculum vieler Arbeits-, Organisations- und Wirtschaftspsychologie-Studiengänge verankert. Für eine Einführung in die Software empfehlen wir das Buch „R für Einsteiger" (Luhmann, 2020).

Tabelle 2: Weiterführende Informationen zur technischen Durchführung von Datenextraktion und -integration

	Problem	**Schritt**	**Beispielhafte Tools/ weiterführende Literatur**
Datenextraktion: Daten verschiedenen Quellen entnehmen	Daten sollen einem System/ Datenbank/ Software entnommen werden	Daten aus SQL-Datenbanken können mittels Structured Query Language (SQL) abgefragt werden	• R-Paket *RSQLite* (Müller, Wickham, James & Falcon, 2022) • R-Paket *MySQL* (Ooms, James, DebRoy, Wickham & Horner, 2021) • R-Paket *DBI* (Müller, 2022) • R-Paket *httr* (Wickham, 2022)
		Application Programming Interfaces (API) dienen als Programmierschnittstelle	
	Daten sollen aus verschiedenen Dateiformaten in R importiert werden	Daten in R importieren aus Textdateien, Zwischenspeichern, MySQL, SPSS, XLM, Excel, CSV oder HDF5	• WikiBooks, GNU R, Abschnitt „Datenimport und -export"

Tabelle 2: Fortsetzung

	Problem	Schritt	Beispielhafte Tools/ weiterführende Literatur
Aufbereitung: Vorbereitende Schritte zur Zusammenführung	Exklusion personenbezogene Informationen	(Händisch) Reduzierung auf ein notwendiges Minimum	
	Identifizierungsmerkmal	Zur Integration muss ein gemeinsames eindeutiges Merkmal (z. B. Personalnummer) in jedem der zu integrierenden Datensätze vorhanden sein	
	Datenschutz: Identifizierbarkeit von Personen vermeiden	Identifizierungsmerkmal (als eines der personenbezogenen Daten) mittels einer der folgenden Methoden verschlüsseln: • Nichtangabe • Maskierung/ Ersetzung • Mischung/ Shuffeling • Varianzmethode • Kryptografische Methode	• Übersicht Anonymisierungsverfahren in Arbeitshilfe zur Pseudonymisierung/ Anonymisierung der GMDS (Holst, Schütze & Spyra, 2018) • Verschlüsselung durch einen Hash-Algorithmus mit R-Paket *bcrypt* (Ooms, Miller & Provos, 2018)
Integration: Daten zusammenfügen	Mindestens zwei unverbundene Datensätze liegen vor	Die einzelnen Datensätze werden in R geladen und dort integriert	• R-Paket *base* ermöglicht die Zusammenführung anhand der „merge"-Funktion (R Core Team, 2020)

Tabelle 2 gibt Anhaltspunkte, wie Daten aus verschiedenen Quellen entnommen, in die Software R geladen und zusammengeführt werden können. Darüber hinaus wird der Aspekt der Anonymisierung adressiert. Zum Zweck des Datenschutzes (siehe hierzu auch Kapitel 3) ist es empfehlenswert, bereits beim Schritt der Datenzusammenführung personenbezogene Daten auf ein notwendiges Minimum zu reduzieren. Dazu gehört zum einen, dass nicht benötigte Informationen gelöscht werden (Stichwort Datenminimierung, siehe Kapitel 3). Zum anderen erhöht die Verschlüsselung von Identifizierungsmerkmalen Datenschutzverletzungsrisiken.

2.1.3 Datenqualität

Die Beschäftigung mit den technischen Rahmenbedingungen folgt in der Wahrnehmung vieler Personen einer Antiklimax. Wir lassen uns auf HR-A ein, gelockt von technischen Möglichkeiten und einer Datenvielfalt, die neue, gewinnbringende Wege zu strategischen Erkenntnissen verspricht. Der Weg wird schnell steiniger, wenn wir am Streckenabschnitt Datenintegration ankommen. Bevor wir mit evidenzbasierten Erkenntnissen aufwarten können, müssen wir die Daten integrieren und aufbereiten, was eine technische und zeitaufwendige Herausforderung darstellt. Die Herausforderung der Datenintegration wird noch zusätzlich erschwert durch die Frage, welche Daten es zu integrieren gilt. Zu Beginn dieses Kapitels wurde bereits deutlich, dass theoretisch eine Vielzahl technologisch generierter Daten zur Verfügung steht. Aber wie finden wir geeignete Daten – und was heißt geeignet? Auch wenn der Weg zu evidenzbasierten Erkenntnissen noch ein Stück steiler wird, ist das Thema der Datenqualität von immenser Bedeutung und sollte zu Beginn eines jeden HR-A-Projekts adressiert werden. Die Interpretationen und Schlussfolgerungen, die wir auf der Basis von Daten treffen, können zwangsläufig nur so gut sein wie ihre Datengrundlage.

In der Psychologie wird Datenqualität im Sinne „psychometrischer Güte" verstanden. Objektivität, Reliabilität und Validität gelten als die drei Gütekriterien guter Messungen (Moosbrugger & Kelava, 2020). Sind Daten objektiv, dann hängen die Schlussfolgerungen, die auf ihrer Basis gezogen werden, nicht von Personen oder Situationen ab. Reliabilität bezieht sich darauf, dass Daten ohne Messfehler, also zuverlässig erfasst werden. Validität ist eine Voraussetzung für Reliabilität, denn diese gibt an, ob Daten das Merkmal messen, was sie messen sollen. In anderen Worten, bezieht sich Reliabilität darauf, *wie* etwas gemessen wird (wird es genau gemessen?), wohingegen die Validität sich darauf bezieht, *was* gemessen wird (wird gemessen, was gemessen werden soll?).

Psychometrische Gütekriterien
(nach Moosbrugger & Kelava, 2020)

- *Objektivität* ist gegeben, wenn sowohl die Durchführung der Datenerhebung als auch die Auswertung und Interpretation unabhängig von Situation und Person sind.
- *Reliabilität* ist gegeben, wenn Daten ein bestimmtes Merkmal genau (d. h. ohne Messfehler) erfassen.
- *Validität* ist gegeben, wenn die Daten das messen, was sie messen sollen.

Gerade die Sicherstellung von Inhaltsvalidität (wird gemessen, was gemessen werden soll), stellt eine große Herausforderung im Umgang mit digitalen, umfangreichen Datenquellen dar (Luciano et al., 2018). Wenn die Zufriedenheit der Mitarbeiter:innen aktiv erfasst werden soll, kann in einer Mitarbeiter:innenbefragung sichergestellt werden, dass dazu eine eindeutige (valide) Frage formuliert wird: „Wie zufrieden sind Sie mit Ihrer Tätigkeit im Unternehmen aktuell?". Wenn auf die Mitarbeiter:innenzufriedenheit aus digitalen Datenspuren geschlossen werden soll, die nicht primär auf die Generierung von Informationen zur Mitarbeiter:innenzufriedenheit ausgerichtet sind, sondern durch die Nutzung von Technologien im Arbeitsalltag anfallen (passive Daten), dann ist die Sicherstellung von Validität herausfordernder. Geschriebene Texte aus Kommunikationssoftware (E-Mail, Chat-Nachrichten) beispielsweise könnten im Hinblick auf die Anzahl positiver vs. negativer Wörter analysiert werden (Sentiment Analysis). Ob diese Daten nun die Zufriedenheit der Mitarbeiter:innen oder aber positives vs. negatives Teamklima, Freundschaft oder Beziehungen abbilden, ist eine entscheidende Frage. Wenn wir eigentlich Freundschaft im Team messen, aber Schlussfolgerungen im Hinblick auf die Teamzufriedenheit ziehen, sind die Empfehlungen im Zweifelsfall nicht hilfreich und abgeleitete Maßnahmen haben keine oder gar negative Konsequenzen (Ontrup, Schempp & Kluge, 2022). Nichtsdestotrotz kann es gewinnbringend sein, nicht nur aktiv generierte Daten zu Rate zu ziehen. Zum einen bedeutet aktive Datengenerierung – z. B. das Durchführen einer Mitarbeiter:innenbefragung – einen großen Zeit- und Ressourcenaufwand. Zum anderen bieten passiv generierte Daten Vorteile, wenn es darum geht, dynamische Konstrukte wie Mitarbeiter:innenengagement oder -motivation kontinuierlich zu erfassen und damit besser zu verstehen (Davenport, Harris & Shapiro, 2010; Luciano et al., 2018). Wichtig ist (neben datenschutzrechtlichen Fragen, die wir in Kapitel 3 betrachten) dabei, dass die Frage nach der Validität in jedem HR-A-Projekt zu Beginn adressiert wird, sodass eine größtmögliche Validität erreicht werden kann (was kann getan/verbessert/sichergestellt werden, um valide Daten zu erreichen) und Unsicherheiten im Hinblick auf kritische Aspekte (was könnte auch anders interpretiert werden, wo bleiben Ungenauigkeiten) transparent kommuniziert werden können.

Eine Option zur Sicherstellung von Validität ist, (technologisch) generierte Daten mit Daten, die anhand von Fragebögen generiert wurden, zu vergleichen (Guzzo et al., 2015). Kommen beide Daten zum gleichen Ergebnis (werden z. B. die gleichen Teams gleich zufrieden eingeschätzt), ist die Chance höher, dass wir inhaltlich valide Daten haben. Dieses aufwendige Vorgehen lohnt sich für Datenquellen, die potenziell wiederholt ausgewertet und genutzt werden sollen. Kann eine solche statistische Überprüfung beispielsweise aufgrund mangelnder Ressourcen oder Praktikabilität nicht durchgeführt werden, kann Inhaltsvalidität alternativ iterativ (in wiederholten Schritten) hergestellt werden (Luciano et al., 2018). Hier geht es primär darum, in Überlegungen und theoretischen Begründungen zu erörtern, wie ein zu messendes Konstrukt (z. B. Zufriedenheit oder Leistung) definiert ist, was die Merkmale des zu messenden Konstrukts sind (was macht Leistung z. B. für verschiedene Positionen aus) und wie der Kontext die Messung beeinflussen könnte: Was beeinflusst Leistungsdaten? (Luciano et al., 2018).

Validität von passiv generierten digitalen Datenquellen

Für die Sicherstellung der Inhaltsvalidität passiv generierter Daten gibt es keine „One-size-fits-all"-Lösung. Ziel muss sein, möglichst viele Maßnahmen zu etablieren, die am Ende in ihrer Gemeinsamkeit die Gefahr invalider Schlussfolgerungen minimieren. Mögliche Maßnahmen können zum einen bei der Auswahl und Nutzung der Technologien und Daten ansetzen (Ontrup, Schempp et al., 2022):

- Kombination verschiedener Datentypen (z. B. Kombination aus aktiv und passiv generierten Daten),
- Kombination vieler Datenpunkte über die Zeit (z. B. um relative Schwankungen statt absoluter Werte zu interpretieren),
- Wahl von Technologien, die das zu erfassende Merkmal mit hoher Präzision erfassen (Sicherstellung der Reliabilität).

Darüber hinaus können qualitative Untersuchungen des Arbeitskontextes im Vorfeld eines HR-A-Projekts bei der Sicherstellung der Validität helfen. In diesem Kontext können Mitarbeiter:innen befragt werden (Interviews) und in Abhängigkeit der Ergebnisse können vor dem Start der Datensammlung Maßnahmen eingeleitet werden (Ontrup, Schempp et al., 2022):

- Anleitungen zur Homogenisierung des Nutzer:innenverhaltens (z. B. Etablierung von Regeln zur Nutzung der Projektmanagementtoolfunktionen über Abteilungen hinweg, sodass Nutzer:innenverhalten vergleichbar wird),
- Sammlung alternativer Erklärungen für Datennutzungsverhalten auf Basis von Interviews; Einbezug der Alternativerklärungen in die Analyse der passiv generierten Daten.

Für umfangreiche digitale Daten (Big Data) werden neben Objektivität, Reliabilität und Validität weitere Datenqualitätskriterien diskutiert. Datenqualität wird in dem Kontext als „Fitness for use" definiert, also der „Gebrauchstauglichkeit" (Wakibi, 2008). Geprüft werden soll, wie gut Daten die Bedürfnisse der Nutzer:innen erfüllen. Kriterien zur Einschätzung der Datenqualität (Gebrauchstauglichkeit) von Big Data enthalten die bereits beschriebenen Aspekte der Präzision/akkuraten Messung (Reliabilität) und der Konsistenz (Validität). Wichtig sind ergänzend die folgenden Aspekte (Cai & Zhu, 2015; Wakibi, 2008):

- *Verfügbarkeit:* Kann auf die Daten zugegriffen werden? (siehe Abschnitt 2.1.2, Datenintegration)
- *Aktualität:* Wie aktuell sind die Daten bzw. wann wurden diese aktualisiert?
- *Nutzbarkeit:* Stammen die Daten aus zuverlässigen Quellen?
- *Präsentation:* Sind die Daten verständlich und lesbar?
- *Vollständigkeit:* Sind die Daten vollständig? Fehlen Werte oder gibt es doppelte Einträge?

Die Sicherstellung der Qualitätskriterien erfordert eine intensive Beschäftigung mit den Daten und manuelle Überprüfungen. Die verschiedenen Facetten der Datenqualität können im Sinne einer Checkliste geprüft und Mängel oder Unklarheiten müssen bei der Interpretation der Daten berücksichtigt werden.

Der Dreiklang an technischen Rahmenbedingungen – Datenbestand, Datenintegration und Datenqualität – bildet eine notwendige Voraussetzung, um HR-A-Projekte durchzuführen. Die einzelnen Aspekte der technischen Rahmenbedingungen sind in Abbildung 7 abschließend zusammengefasst. In Rückbezug auf die Prozessmodelle von HR-A (Kapitel 1) sollten die technischen Rahmenbedingungen im Kontext des Datenmanagements geprüft werden. Das I-CAN-ENABLE-Modell sowie das IMPACT-Modell formulieren dies als zweiten Schritt im Prozessablauf: „Sammeln und Zusammenstellen von Daten" (Mühlbauer et al., 2018), beziehungsweise „Datenmanagement und -analyse" (Isson & Harriott, 2016). Eingeordnet ins PAP-Modell sollte die Prüfung der technischen Rahmenbedingungen parallel zum Entwurf des Untersuchungsdesigns (Schritt 4) stattfinden (Reindl & Krügl, 2017).

2.2 Organisationale Rahmenbedingungen

Die technischen Rahmenbedingungen schaffen die Grundvoraussetzungen für HR-A-Projekte. Verfügbare, integrierte und gute Daten sind das notwendige Minimum. Dagegen sind die im Folgenden beschriebenen organisationalen Faktoren keine notwendige Voraussetzung. Sie sind jedoch ein Rahmen, der entscheidend dazu beitragen kann, HR-A-Projekte akzeptiert, fair und humanzentriert auszurichten. In Analogie zu virtueller Teamarbeit, würden Hard- und Software zur Aufgabenbearbeitung und Kommunikation/Koordination innerhalb des Teams ausreichende technische Rahmenbedingungen darstellen, die ein Team befähigen, virtuell zu arbeiten. Kann darüber hinaus auch noch dazu beigetragen werden, dass Vertrauen im Team entsteht und die Teammitglieder die Arbeitsprozesse als

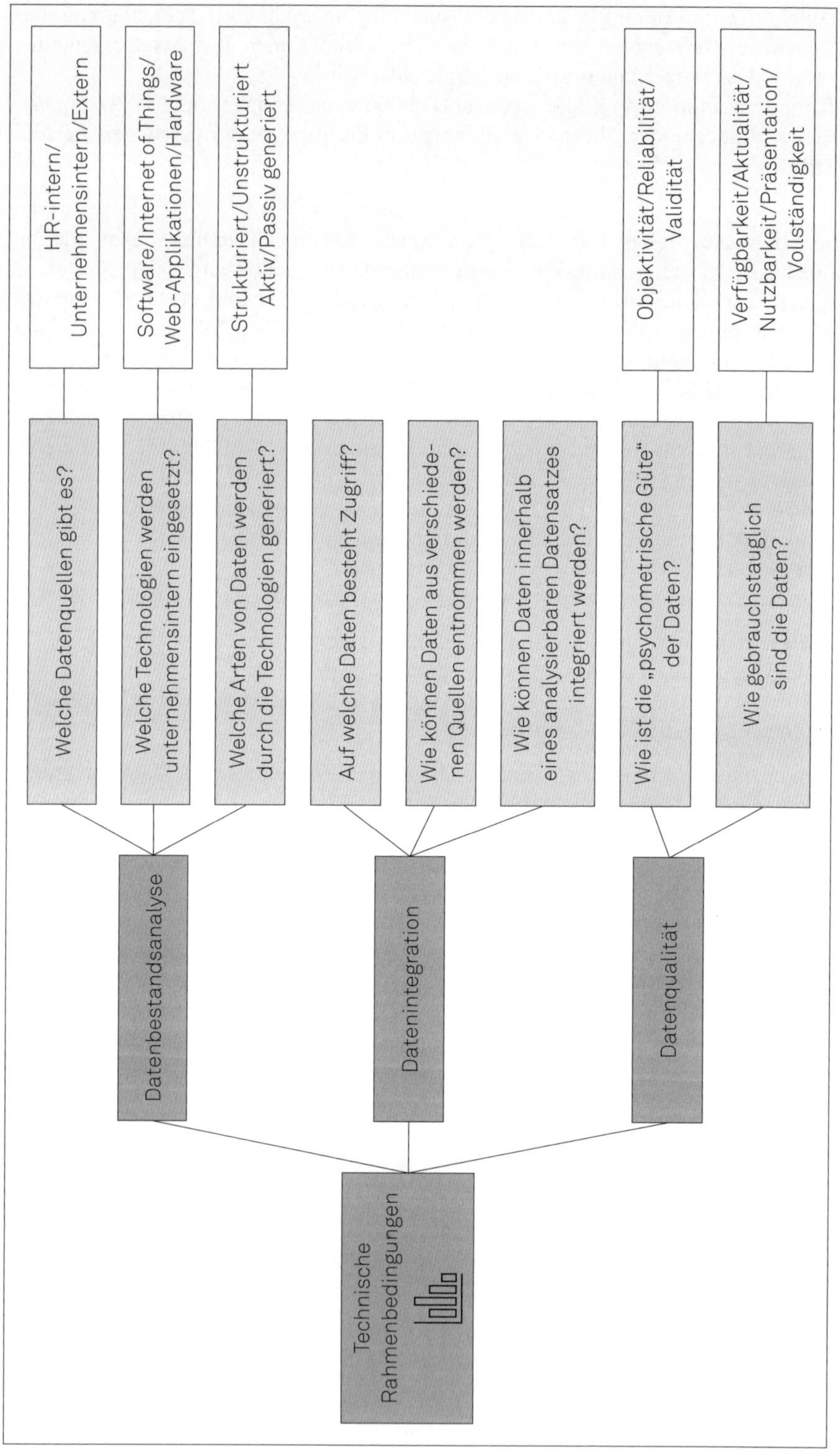

Abbildung 7: Überblick über technische Rahmenbedingungen von HR-A

fair erleben, würden wir eine bessere Leistung und höhere Zufriedenheit erwarten. Wieso „weiche“ Faktoren, wie organisationale Kultur, Gerechtigkeit und Vertrauen auch auf organisationaler Ebene für die Durchführung von HR-A-Projekten relevant sind, werden wir im Folgenden beleuchten. Diese psychologischen Faktoren werden im Rahmen technologischer Veränderungen häufig nicht gezielt betrachtet. Dabei bringen neu einzuführende oder eingeführte technologische Prozesse (wie HR-A) wichtige soziale Konsequenzen mit sich (Leicht-Deobald et al., 2019).

2.2.1 Organisationskultur

Ein wichtiger beeinflussender Faktor technologischer Veränderungen ist die *Organisationskultur*, also die Regeln, Normen und Werte, die in einer Organisation gelebt werden und (bewusst und unbewusst) das Verhalten der Mitarbeiter:innen beeinflussen (Schein, 1990, 2004). Die organisationale Kultur bestimmt, was in einer Organisation als wichtig angesehen wird und wie sich die Mitarbeiter:innen in Bezug auf ihre Tätigkeiten und untereinander verhalten. Die Kultur kann sich in Artefakten (z. B. sichtbare Verhaltensweisen oder Rituale wie gemeinsame Mittagspausen) und Werten und Normen (z. B. Wichtigkeit von Nachhaltigkeit) ausdrücken und ihr liegen unbewusste Annahmen zugrunde (Schein, 2004). Dabei gibt es nicht „die eine“ Kultur, sondern viele verschiedene Subfacetten von organisationaler Kultur.

Für digitale Veränderungen (z. B. die Einführung einer neuen Software) sind unter anderem kulturelle Attribute wie organisationales Lernen und eine hohe Fehlertoleranz wichtig (Teichert, 2019). In einer Organisation, in der Fehler als eine Notwendigkeit auf dem Weg zur Innovation akzeptiert und als Lerngrundlage angesehen werden, ist die Wahrscheinlichkeit hoch, dass Neues ausprobiert wird (z. B. neue digitale Prozesse). Die Wahrscheinlichkeit ist geringer, wenn die Organisationskultur vermittelt, dass Fehler unverzeihlich sind, weil Perfektionismus erwartet und gelebt wird. In Organisationen, in denen das Messen, Analysieren und Evaluieren von Daten (auch „Analytics Culture“ genannt) allgemein als wichtig anerkannt wird, können HR-A-Prozesse schneller vorangetrieben und etabliert werden (Davenport et al., 2010; Fernandez & Gallardo-Gallardo, 2021). Was sind die Gründe dafür? Zum einen stellt die Anerkennung der Wichtigkeit datengestützter Entscheidungen eine abteilungsübergreifende Kooperation sicher (Kremer, 2018). Wenn kulturelle Werte Mitarbeiter:innen die Bedeutsamkeit von Analysen und Daten suggerieren, wird z. B. der Datenaustausch zwischen Abteilungen selbstverständlicher (Stichwort Daten-Silos, siehe Abschnitt 2.1.2). Zum anderen werden bei ausgeprägterer *Analytics Culture* innovative Prozesse (wie HR-A) durch das Management eher unterstützt (Stichwort Stakeholder-Kommunikation, siehe Kapitel 6). Die Organisationskultur kann so zum Beschleuniger oder im Gegenteil zum Hindernis für das Vorantreiben technologischer Innovationen wie HR-A werden.

Die Kultur hat nicht nur einen Einfluss darauf, ob und wie schnell HR-A-Projekte initiiert und etabliert werden, sondern auch darauf, wie diese wahrgenommen werden. Die Werte und Verhaltensweisen, die die Organisationskultur ausmachen, haben einen entscheidenden Einfluss darauf, wie Mitarbeiter:innen z. B. Informationssysteme, Technologien oder Innovationen bewerten (Sherif, Jewesimi & El-Masri, 2020).

Stellen wir uns ein HR-A-Projekt im Kontext der Leistungsbeurteilung vor (siehe auch Kapitel 8). Es soll die Frage beantwortet werden, was die leistungsstarken von den weniger leistungsstarken Vertriebsmitarbeiter:innen unterscheidet. Dabei sollen Unterschiede in Kompetenzen und Verhaltensweisen in ihrem Effekt auf die Vertriebsleistung analysiert werden. Im Hinblick auf die Datengrundlage könnten beispielsweise Informationen über Kompetenzen aus den Mitarbeiter:innenstammdaten abgerufen werden (aktiv generierte Daten wie Lebensläufe, absolvierte Weiterbildungen). Informationen über die Verhaltensweisen könnten durch strukturierte Interviews (aktiv) generiert werden oder es könnten typische Workflow-Muster über die Spurendaten in Projektmanagementsoftware abgerufen werden (passiv generiert). Je nach Unternehmenskultur wird dieses HR-A-Projekt von den Mitarbeiter:innen unterschiedlich bewertet werden (Sherif et al., 2020). Stellen wir uns vor, dass in Unternehmen A eine individualistische Kultur vorherrscht, bei der Wert auf Perfektion und Macht gelegt wird. Es herrschen klare Hierarchien. Die Kultur von Unternehmen B dagegen lässt sich eher als kollektivistisch beschreiben. Sie ist von flachen Hierarchien geprägt und die Wichtigkeit von Langzeitzielen ist kulturell verankert. Im Fall von Unternehmen A nehmen Mitarbeiter:innen das Analysieren individueller Leistungsdaten vielleicht als Vorteil für ihre eigene Leistungsbeurteilung wahr und wertschätzen objektive Bewertungskriterien. Im Fall von Unternehmen B dagegen wird der Fokus des HR-A-Projekts auf individuelle Leistung wahrscheinlich mit der von Kollektivismus geprägten Kultur kollidieren. Wenn organisationale Praktiken nicht mit den Normen und Werten und damit den Erwartungen der Mitarbeiter:innen übereinstimmen, sind negative Reaktionen zu erwarten (Ravid et al., 2020). Die Organisationskultur bestimmt damit zu einem großen Teil den Interpretationsrahmen, vor welchem Mitarbeiter:innen technologische Veränderungen, z. B. HR-A, bewerten.

Bei der Einführung von HR-A ist zu beachten: Die Kultur einer Organisation ist relativ überdauernd und lässt sich weder einfach noch schnell verändern (Schein, 2004). Das bedeutet jedoch nicht, dass in einer Organisation, in der keine Analytics Culture oder Fehlerkultur vorherrschen, die Einführung von HR-A unmöglich ist. Es bedeutet aber, dass in diesen Fällen mehr Aufwand notwendig sein wird, um die Überzeugung, Zustimmung und Kooperation von wichtigen Stakeholdern zu erreichen (z. B. des Managements im Hinblick auf die Bereitstellung von Ressourcen oder der Mitarbeiter:innen im Hinblick auf die Akzeptanz). Denn die gute Nachricht ist: Organisationale Mechanismen wie die Kommunikation und Gestaltung von (HR-)Projekten können die Wahrnehmung dieser bedeutsam beeinflussen. Eine wichtige Stellschraube in dem Kontext heißt: Gerechtigkeit.

2.2.2 Gerechtigkeit in Organisationen

Organisationale Gerechtigkeit bezieht sich auf die subjektive Wahrnehmung von Mitarbeiter:innen hinsichtlich fairer Behandlung im Unternehmen. Die Frage „Werde ich fair behandelt?“ kann sich auf verschiedene Aspekte beziehen (Colquitt et al., 2001; Sousa-Lima, Michel & Caetano, 2013):

- Mitarbeiter:innen wägen ab, ob das Verhältnis zwischen dem Einsatz (z. B. Arbeitsleistung, Engagement) und der Entlohnung (z. B. Lohn, Anerkennung) relativ gesehen fair ist. Wenn Mitarbeiter:in A subjektiv empfunden mehr leistet als Mitarbeiter:in B, aber weniger Lohn oder Anerkennung bekommt, empfindet er oder sie wenig *distributive Fairness.*
- Mitarbeiter:innen wägen ab, ob der Prozess, durch den Entlohnungen/Ressourcen verteilt werden, fair ist. Wenn Führungskräfte oder das Management subjektiv empfunden nach objektiven, ethischen und konsistenten Standards entscheiden, nehmen Mitarbeiter:innen *prozedurale Fairness* wahr.

- Mitarbeiter:innen bewerten bei entsprechenden Prozessen (Verteilung von Entlohnung/Ressourcen), ob sie mit Respekt und Würde behandelt werden. Wenn Mitarbeiter:innen subjektiv die zwischenmenschliche Behandlung als fair anerkennen, liegt *interaktionale Fairness* vor.
- Mitarbeiter:innen bewerten die Quantität und Qualität von Informationen, die die Organisation (Führungskraft/Management) bereitstellen. Wenn Mitarbeiter:innen urteilen, dass die bereitgestellten Informationen über die Gründe und Art und Weise eines Prozesses/einer Entscheidung ausreichend sind, nehmen sie *informationale Fairness* wahr.

Die wahrgenommene Gerechtigkeit hat einen Einfluss darauf, wie Mitarbeiter:innen auf neue Projekte und Prozesse (z.B. neue Technologie) reagieren (Searle et al., 2011). Dass Mitarbeiter:innen HR-A gegenüber aufgeschlossen sind und die Prozesse akzeptieren, ist umso wahrscheinlicher, je gerechter die organisationalen Verfahren bewertet werden. Denn wahrgenommene organisationale Gerechtigkeit führt dazu, dass Mitarbeiter:innen dem eigenen Unternehmen vertrauen.

2.2.3 Vertrauen der Mitarbeiter:innen

Unter *Vertrauen* wird allgemein verstanden, dass eine Person bereit ist, sich auf die Handlungen einer anderen Person zu verlassen, unabhängig von der Möglichkeit, diese andere Person zu überwachen oder zu kontrollieren (Mayer, Davis & Schoorman, 1995). Personen – oder Mitarbeiter:innen – können nicht nur Vertrauen in andere Personen (Teammitglied, Führungskraft) entwickeln, sondern in abstrakterer Form auch in Organisationen. Können Sie sich auf Ihr Unternehmen verlassen? Empfinden Sie Fürsorge durch Ihr Unternehmen? Wenn Sie über diese Fragen nachdenken, werden Sie vermutlich nicht einen eindeutigen Referenzpunkt (z.B. eine bestimmte Person) haben, an die Sie denken. Ihr Urteil über die Vertrauenswürdigkeit Ihres Unternehmens hängt von vielen verschiedenen Eindrücken, Erlebnissen und Personen ab (Searle et al., 2011). Mitarbeiter:innen, die ihrem Unternehmen vertrauen, sind tendenziell zufriedener, fühlen sich gebundener an das Unternehmen und zeigen eine bessere Leistung (Cho & Poister, 2013). Damit sind organisationale Gerechtigkeit und Vertrauen allgemein wichtige Faktoren für zufriedene, engagierte und leistungsstarke Mitarbeiter:innen. Im Kontext von HR-A haben diese Faktoren eine besonders entscheidende Rolle.

Die Sammlung und Analyse von Daten sind – wie bereits in Kapitel 1 angesprochen – für viele Mitarbeiter:innen mit Skepsis besetzte Themen. Die Angst davor, auf quantifizierbare Merkmale reduziert zu werden, überwacht oder kontrolliert zu werden, ist eine häufige Sorge (Ravid et al., 2020). Es ist vor dem Hintergrund vorstellbar, dass wahrgenommene Gerechtigkeit und hohes Vertrauen solchen Ängsten entgegenwirken.

> Stellen Sie sich vor, Sie haben eine vertrauensvolle Beziehung zu einer Kollegin. Sie vertrauen der Kollegin Informationen an, erzählen ihr beispielsweise von Ihrem wenig positiven Eindruck der neuen Führungskraft – und vertrauen darauf, dass Ihre Kollegin diese Informationen für sich behält. Nehmen wir nun an, die Kollegin missbraucht Ihr Vertrauen, indem sie die Informationen beispielsweise weitererzählt oder zum Zweck des eigenen Vorteils einsetzt. Die Konsequenz liegt auf der Hand: Sie sind enttäuscht und werden der Kollegin in Zukunft wahrscheinlich keine Informationen mehr anvertrauen, da Sie Angst haben, dass diese Informationen missbraucht werden.

Ähnlich verhält es sich mit dem Vertrauen von Mitarbeiter:innen in Datenanalyse-Prozesse im Unternehmen. Im Rahmen von HR-A-Projekten werden Informationen in Form von Daten gesammelt und analysiert. Genauso wie Sie im Beispiel Ihrer Kollegin vertrauen müssen, um ihr (gegebenenfalls sensible) Informationen anzuvertrauen, so muss auch eine Vertrauensbasis zwischen Mitarbeiter:innen und Unternehmen im Hinblick darauf herrschen, dass mit Daten verantwortungsbewusst umgegangen wird. Mitarbeiter:innen müssen darauf vertrauen können, dass das Unternehmen Informationen – Daten – nicht missbrauchen wird. Mitarbeiter:innen müssen darauf vertrauen können, dass Datenanalysen nur für angekündigte und erstrebenswerte und nicht für unangekündigte Zwecke eingesetzt werden. Herrscht zwischen Mitarbeiter:innen und dem Unternehmen Vertrauen, dann werden HR-A-Projekte als weniger invasiv wahrgenommen, eher akzeptiert und Entscheidungsträger:innen wird Loyalität entgegengebracht.

Darüber hinaus können HR-A-Projekte vor dem Hintergrund *prozeduraler Fairness* sogar zur Steigerung von Vertrauen beitragen. Zur Erinnerung: *Prozedurale Fairness* bedeutet, dass Mitarbeiter:innen Entscheidungsprozesse und -regeln als objektiv, ethisch und konsistent wahrnehmen. Eine gute Datengrundlage bietet das Potenzial für eine objektivere Argumentationsgrundlage für Entscheidungen.

> Ein weiteres Beispiel zur Illustrierung: Ziel eines HR-A-Projekts im Rahmen der Personalentwicklung ist es, durch die Analyse von Daten über Mitarbeiter:innenmerkmale (Altersgruppen, Erfahrungen, Abteilungszugehörigkeit), Kompetenzprofile (HR-Daten) und Leistungskennzahlen (unternehmensintern) Trainingsbedarfe zu ermitteln. Auf Basis der Analysen sollen maßgeschneiderte Trainingsbedarfe festgelegt werden. Es ist vorstellbar, dass die Analysen als Entscheidungsgrundlage (wem wird wann ein Training angeboten), als objektiv und damit prozedural fairer akzeptiert werden als beispielsweise die intuitive Entscheidung über Trainingsbedarfe durch eine disziplinarische Vorgesetzte. So kann sich eine positive Spirale zwischen Gerechtigkeit, Vertrauen und HR-A-Maßnahmen ergeben.

Wie bereits im Rahmen der Organisationskultur adressiert, bedeuten als gering wahrgenommene Gerechtigkeit und geringes Vertrauen im Unternehmen gegenteilige Effekte: HR-A-Projekte werden mit einer größeren Wahrscheinlichkeit auf Misstrauen stoßen und Skepsis bei Mitarbeiter:innen auslösen. Jedoch kann Gerechtigkeitserleben entwickelt werden. Die oben beschriebenen Facetten von organisationaler Gerechtigkeit bieten Anhaltspunkte zur Planung entsprechender Maßnahmen. Seitens der HR-Abteilung können gezielte Maßnahmen zur Wahrung/Steigerung insbesondere der *informationalen Fairness* helfen, Ängste im Kontext von HR-A abzubauen.

Zur Verdeutlichung kommen wir erneut auf das Beispiel des HR-A-Projekts „Leistungsbeurteilung“ zurück. Wie oben eingeführt, könnten sensible Daten für das Projekt gesammelt und ausgewertet werden. Eine im Sinne der informationalen Fairness gestaltete Kommunikation sollte auf die transparente Bereitstellung aller wichtigen Informationen an alle betroffenen Personengruppen ausgerichtet sein: *Wieso werden die Daten gesammelt, was ist das Ziel? Was genau wird ausgewertet? Was kann die Konsequenz der Analysen sein?* Mit diesen Kommunikationsmaßnahmen sind wir bereits im Themenfeld der „Stakeholder-Kommunikation“, auf das wir in Kapitel 6 detailliert weiter eingehen. Darüber hinaus kann eine im Sinne informationaler Fairness ausgerichtete Kommunikation Themen des Datenschutzes adressieren – ein Thema, das besonders in den Fokus gerückt werden sollte, wenn (bisher) keine ausgeprägte *Analytics Culture* im Unternehmen vorherrscht. Transparente Informationen könnten im Hinblick auf die folgenden Fragen helfen, das Gerechtigkeitsempfinden zu steigern: *Wie, wo und wie lange werden Daten gespeichert? Wer hat Zugriff auf die Daten und Analyseergebnisse? Kann ich meine Daten löschen lassen?* Auf das Thema Datenschutz und den gesetzlichen Rahmen für Datenanalysen kommen wir ebenfalls im folgenden Kapitel 3 zu sprechen.

2.2.4 Einfluss von Kultur, Gerechtigkeit und Vertrauen auf die Invasivität von HR-Analytics

In Kapitel 1 haben wir das Modell zur Bewertung der Invasivität eines HR-A-Projekts eingeführt. In dem Rahmen wurden die Art der Daten und Auswertung (technische Rahmenbedingungen) sowie die Art der Fragestellung in ihrem Einfluss auf die wahrgenommene Invasivität beschrieben. Wie in Abbildung 3 auf Seite 22 dargestellt, haben Unternehmensmerkmale einen Einfluss auf die Bewertung dieser Aspekte. Die *Organisationskultur* und die *organisationale Gerechtigkeit* wurden in diesem Kapitel als zwei wesentliche Unternehmensmerkmale vorgestellt. Die beiden Faktoren sind ein wichtiger (psychologischer) Referenzrahmen dafür, ob und wie HR-A-Projekte initiiert und etabliert werden und wie (invasiv) diese von den Mitarbeiter:innen wahrgenommen und folglich akzeptiert werden. Kultur, Gerechtigkeit und resultierendes Vertrauen können ein Nährboden für eine hohe Akzeptanz aufseiten der Mitarbeiter:innen sein. Da aber gleichzeitig der Mangel an *Analytics Culture,* Gerechtigkeit und Vertrauen ein großer Stolperstein für die Initiierung von HR-A sein kann, empfiehlt sich gerade vor der ersten Einführung eine realistische Bestandsaufnahme. Ähnlich wie die Datenbestandsanalyse kann die Bestandsaufnahme organisationaler Rahmenbedingungen wichtige Hinweise für die Beantwortung der folgenden Fragen liefern: Wo steht unsere Organisation? Mit welchen Stolpersteinen muss gerechnet werden? Wie kann potenziellen Problemen (kommunikativ) begegnet werden? Die vor diesem Hintergrund zentralen Fragen dieses Abschnitts sind in Abbildung 8 zusammengefasst.

In Referenz zu den Prozessmodellen von HR-A (Kapitel 1) sollte die Überprüfung der organisationalen Rahmenbedingungen bereits früh im Prozessablauf erfolgen. Empfehlenswert ist es, die Identifizierung der Fragestellung (erster Prozessschritt des I-CAN-ENABLE-, IMPACT- und PAP-Modells, siehe Kapitel 1) an die Analyse der organisationalen Rahmenbedingungen zu knüpfen. So kann in Abhängigkeit der organisationalen Kultur, Gerechtigkeit und des organisationalen Vertrauens die potenziell wahrgenommene Invasivität eines HR-A-Projekts durch die Mitarbeiter:innen abgeschätzt werden. In Kapitel 1 haben wir die inhaltliche Fragestellung (sensibel vs. unsensibel) als wesentlichen Faktor für die wahrgenommene Invasivität eines HR-A-Projekts identifiziert (siehe Abbildung 3 auf Seite 22). Diese gilt es, anhand der organisationalen Rahmenbedingungen für jede anvisierte Fragestellung abzuschätzen. Ein HR-A-Projekt sollte – unabhängig von seinem möglichen strategischen Impact – niemals zulasten des organisationalen Vertrauens oder der wahrgenommenen Gerechtigkeit gehen. Sollten die organisationalen Rahmenbedingungen als Hindernis in Bezug auf eine akzeptierte Durchführung von HR-A Identifiziert werden, muss zunächst der Aufbau einer HR-A gegenüber offenen organisationalen Kultur, von Gerechtigkeit und Vertrauen priorisiert werden (z. B. durch gezielte interne Kommunikationsstrategien, partizipative Workshops oder Qualitätszirkel). Die Prüfung der organisationalen Rahmenbedingungen ist damit als Vorbedingung zum Start eines konkreten HR-A-Projekts zu sehen.

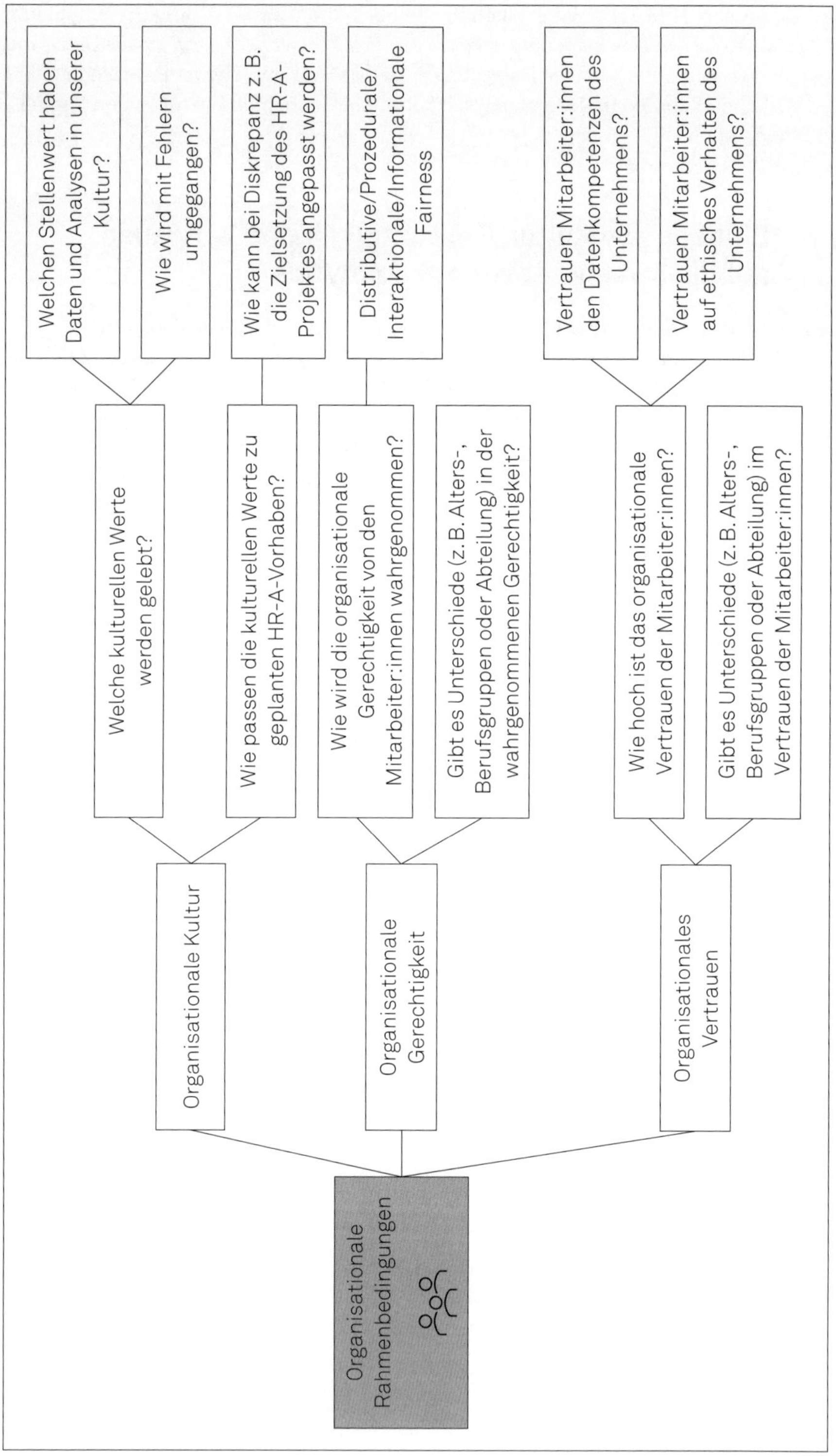

Abbildung 8: Überblick über organisationale Rahmenbedingungen von HR-A

Ein wichtiges Instrument für die Bestandsaufnahme organisationaler Rahmenbedingungen können Mitarbeiter:innenbefragungen sein. Die Investition in eine umfassende Befragung, z. B. zur Wahrnehmung der Organisationskultur oder der organisationalen Gerechtigkeit, kann eine realistische Einschätzung von Problemen ermöglichen und potenzielle Stolpersteine frühzeitig aufdecken (siehe z. B. das „Handbuch Mitarbeiterbefragung" von Domsch & Ladwig, 2013 oder „Führungsinstrument Mitarbeiterbefragung" von Borg, 2003). Diese Bestandsaufnahme kann als eine Art psychologischer „Readiness Check" verstanden werden und Hinweise darauf liefern, wie „bereit" eine Organisation (die Mitarbeiter:innen, Führungskräfte, Management, Abteilungen) für datengetriebene Prozesse ist. Auf der Basis kann die Kommunikation (siehe Kapitel 6) von HR-A-Projekten zielgenau angepasst werden, indem z. B. gezielt datenschutzrechtliche Aspekte (siehe Abschnitt 3.2) oder ethische Fragen (siehe Abschnitt 3.3) adressiert werden.

3 Gesetzliche und gesellschaftliche Rahmenbedingungen

Im vorherigen Kapitel haben Sie einiges über mögliche Datenquellen und verschiedene technische Möglichkeiten, HR-A-Projekte durchzuführen, erfahren. Zu wissen, was alles möglich ist, ist gut. Aber genauso wichtig ist auch, zu wissen, was erlaubt ist. Mit diesem Kapitel möchten wir Ihnen nun einen Überblick über die wichtigsten gesetzlichen Bestimmungen sowie ethisch zu berücksichtigende Aspekte geben. Diese müssen bei der Planung und Durchführung von HR-A-Projekten in Unternehmen unbedingt beachtet werden, damit die Projekte erfolgreich und mit möglichst großer Unterstützung von allen Beteiligten und Betroffenen in den Unternehmen umgesetzt werden können.

3.1 Eine Gedankenreise

Aufgrund der sich häufenden, in der Presse veröffentlichten Datenskandale, beispielsweise zum Thema der Personalüberwachung etwa vor über zehn Jahren beim Discounter Lidl (ver.di, 2004) und der Deutschen Bahn (Pytlik, 2009) oder Anfang 2020 bei der Modekette H&M (Dannewitz, 2019), erlangt das Thema Datenschutz nicht nur eine theoretische, sondern immer mehr auch eine praktische Bedeutung für die Bevölkerung, und es werden in der Diskussion über das Sammeln und Verwerten von Mitarbeiter:innendaten kritische Stimmen laut. Mit der rasanten Entwicklung moderner Informationssysteme und ihrem Einsatz in Unternehmen steigt nicht nur die Vielfalt an Möglichkeiten, anhand derer Arbeitsprozesse und Aufgaben erleichtert oder qualitativ nützlicher gemacht werden können, sondern auch die Vielfalt an Möglichkeiten zur Überwachung von Mitarbeiter:innen.

> Stellen Sie sich zum Einstieg das folgende Szenario vor.
>
> Nehmen wir an, circa ein Fünftel der Mitarbeiter:innen einer Firma trägt einen Mikrochip unter der Haut, genau zwischen Daumen und Zeigefinger. Es handelt sich dabei um einen reiskorngroßen Chip, der mithilfe von Nahfeldkommunikation (NFC, Near Field Communication) funktioniert und mit einer Spritze in Sekundenschnelle implantiert werden kann. NFC basiert auf der RFID-Technik (Radio-Frequency Identification) und ist ein internationaler Übertragungsstandard zum kontaktlosen Austausch von Daten per elektromagnetischer Induktion. Die Übertragung kann über kurze Strecken von wenigen Zentimetern erfolgen. Die gleiche Technologie wird z. B. zum Bezahlen in Mensakarten und EC-Karten, in elektronischen Schlüsselkarten und Bustickets, in der Zutrittskarte zum Zug oder auch im Bereich Gaming verwendet, wenn z. B. physische Spielkarten mit einer App auf Handy oder Tablet kommunizieren und so das Spielen um digitale Interaktionen erweitern. All dies funktioniert auch mit einem einzigen Chip unter der Haut. Die Mitarbeiter:innen des Unternehmens entscheiden freiwillig, ob sie sich den Chip einsetzen lassen möchten oder nicht. Die Mitarbeiter:innen, die ihn nutzen, schwärmen davon, mit nur einer Handbewegung ihren Spind öffnen, den Drucker bedienen, Snacks in der Cafeteria bezahlen und natürlich Türen öffnen zu können. Auch haben sie ihre Social-Media-Profile auf dem Chip gespeichert und ihre Kontaktdaten, sodass der Chip wie eine Visitenkarte fungiert, wenn eine andere Person ihr Handy an die Hand des/der Mitarbeiter:in hält.

> Stellen Sie sich nun bitte vor, Sie haben sich in der Vergangenheit bei diesem Unternehmen beworben und eine Zusage erhalten. In zwei Wochen beginnt Ihr neuer Arbeitsvertrag. Gestern haben Sie Post aus der Personalabteilung des Unternehmens erhalten und werden darin nun gefragt, ob Sie sich ebenfalls „chippen" lassen möchten. Dann können Sie dafür gerne bereits jetzt schon einen Termin für Ihren ersten Arbeitstag ausmachen. Was denken Sie und was werden Sie tun? Was glauben Sie, wie Sie sich fühlen würden? Wären Sie aufgeregt und fänden das spannend und könnten es kaum erwarten? Oder würde bei Ihnen eher die Skepsis überwiegen? Gegebenenfalls kommen bei Ihnen Fragen nach den Folgen für die eigene Privatsphäre auf. Kann ich mit dem Chip geortet werden? Werden von mir Bewegungsprofile in den Bürogebäuden erstellt und würden diese vielleicht auch ausgewertet werden? Würde mir das überhaupt jemand mitteilen? Würde vielleicht kontrolliert werden, was ich in der Cafeteria oder Mensa esse und trinke? Wie oft ich meinen Spind öffne? Sicherlich fallen Ihnen noch weitere Fragen ein.

Und wenn wir Sie nun fragen würden, ob es dieses Unternehmen tatsächlich gibt oder ob dies eine unserer Erfindungen ist, was würden Sie uns antworten? In der Tat gibt es dieses Unternehmen und Sie könnten eine/r dieser Mitarbeiter:innen sein, wenn Sie sich bei TUI Nordic in Stockholm (Läsker, 2019) bewürben. Bezüglich der Ortung und der Verfolgung einer Person äußerte der Chef der TUI-Tochtergesellschaft, dass er sich sicher sei, dass man das nicht könne. Er begründete es damit, dass die Technologie, genau wie in EC-Karten zum kontaktlosen Bezahlen, passiv sei und diese nur dann senden könne, wenn ein Impuls empfangen würde. Selbst dann könne der Chip nur wenige Millimeter weit senden.

Die Technologien, mit denen sich breitgefächerte und vielfältig auswertbare Daten in den Arbeitsprozessen gewinnen lassen, nehmen unterschiedlichste Formen an (siehe Kapitel 2). Beispielsweise können Log-In- und Aktivitätsprotokolle von Computern und Druckern verwendbare Daten bereitstellen, ebenso wie die Speicherung der Dauer und Frequenz von Telefonanrufen neben z. B. auch Bewegungsprofilen, die durch GPS-fähige Endgeräte generiert werden. Jedoch sind die personenbezogenen Bewegungsdaten, z. B. erfasst über GPS-gestützte Navigationssysteme oder Mobiltelefone, in Hinblick auf das Persönlichkeitsrecht nur ausnahmsweise zulässig (z. B. für Personen, die Gefahrenbereiche betreten und verlassen, nicht jedoch im privaten Bereich). Lückenlose Bewegungsprofile sind auch hier unzulässig.

Die genannten Aspekte bilden nur einen Bruchteil der täglich durch Informationssysteme aufgezeichneten Datenmengen ab. Für Unternehmen und Arbeitgeber:innen birgt diese Datenmenge ein nahezu unausschöpfbares Potenzial zur Anpassung und Optimierung von Arbeitsprozessen und -effizienz, der Auswahl von Angestellten sowie der Vorhersage von deren Verhalten und zahlreicher weiterer Möglichkeiten. Die Erfassung von Kund:innen- und Arbeitsprozessdaten kann z. B. helfen, Muster und Trends in Arbeitsprozessen zu erfassen, Schwachstellen zu identifizieren und wichtige Informationen über Kund:innen zu gewinnen. Geeignete Kandidat:innen für Unternehmen können beispielsweise anhand des Einsatzes von Algorithmen in sozialen Netzwerken gefunden werden, die Persönlichkeitsprofile der Personen erstellen – auf Basis der in den Netzwerken freigegebenen Informationen und Bilder. Jedoch verpflichtet dieses Potenzial Arbeitgeber:innen auch zur Übernahme von Verantwortung im Umgang mit den meist personenbezogenen, sensiblen Daten. Mit Blick auf den Datenschutz wird HR-Analytics kontrovers diskutiert (vgl. auch Hamilton & Davison, 2021).

Dieses Kapitel gibt einen Überblick über die geltenden und für HR-A relevanten gesetzlichen Bedingungen, die den Schutz der Daten der Arbeitnehmer:innen gewährleisten und die legale Verwendbarkeit der generierten Daten beschreiben. Ebenso werden gesellschaftliche Rahmenbedingungen im Zusammenhang mit HR-Analytics betrachtet. Dabei sollen auch ethische Aspekte beleuchtet werden.

3.2 Gesetzliche Rahmenbedingungen

Wenn das Thema Datenschutz oder auch Datenschutzgesetz angesprochen wird, denkt man vielleicht als erstes an die *EU-Datenschutz-Grundverordnung (EU-DSGVO),* die zwar bereits am 25. Mai 2016 in Kraft trat, jedoch erst seit dem 25. Mai 2018 für alle Unternehmen in Europa verbindlich anzuwenden ist (Binder, 2018). Aufgrund der zum Teil gravierenden gesetzlichen Veränderungen zur vorherigen Rechtslage, der Verschärfung des Datenschutzrechts und vor allem auch der sensiblen Bußgelder von bis zu 20 Millionen Euro bei relevanten Regelverstößen hat die DSGVO für viel Aufsehen gesorgt. Die DSGVO betrifft jedes Unternehmen, das in Europa ansässig ist, und auch außereuropäische Unternehmen, die entweder eine Niederlassung in der EU haben und/oder personenbezogene Daten von EU-Bürger:innen verarbeiten. Das Ziel dieser Verordnung ist es, den Datenschutz innerhalb der Europäischen Union einheitlich zu regeln, da bis zu dieser Verordnung verschiedene Datenschutzgesetze und somit unterschiedliche Standards in den Ländern der EU galten. Unternehmen können so auf ein überwiegend einheitliches Datenschutzrecht innerhalb der EU vertrauen. Vor allem aber soll dieses Recht datenschutzfreundlicher für die betroffenen Nutzer:innen werden und die Bürger:innen der EU sollen die „Hoheit über ihre Daten", so weit wie möglich, zurückerhalten.

Nun hatten wir in Deutschland auch schon vor dem Inkrafttreten der DSGVO Gesetze, die sich mit *Datenschutz* und *Mitbestimmungsrechten* befassten. Auf die Fragen, in welchem Verhältnis die bisherigen Gesetze zu der neuen DSGVO stehen und welche Bedeutung diese vor allem für Unternehmen, die personenbezogene Daten verarbeiten wollen, haben, wollen wir in den folgenden Abschnitten eingehen.

Es lässt sich festhalten, dass der Datenschutz ein gewichtiges Thema in der Organisation aller Unternehmen in den unterschiedlichsten Geschäftsfeldern ist (Behrendt, 2018; Binder, 2018; Petry & Jäger, 2021). Wann er z. B. für Themen wie HR-A wichtig wird, kann vereinfacht so ausgedrückt werden: Eine aggregierte Auswertung der erfassten Daten ist so lange nicht datenschutzrechtlich relevant, wie gewährleistet werden kann, dass kein Bezug zu Einzelpersonen herstellbar ist. Möchte ein Unternehmen beispielsweise zukünftige Situationen zusammengefasst betrachten, wie z. B. die Entwicklung des Altersdurchschnitts oder der Fluktuationsquote, entweder auf das gesamte Unternehmen bezogen oder auf größere Bereiche, wäre dies möglich. In diesem Fall erfolgt die Auswertung der Daten anonymisiert, d. h. die Datenschutzrechtsgrundlagen sind nicht relevant. Anwendung finden die rechtlichen Vorgaben, wenn ein Auswertungsergebnis konkret auf eine Person bezogen werden kann, insbesondere, wenn darauf basierend eine Entscheidung getroffen wird, die die „sachlichen Verhältnisse" der Mitarbeiter:innen betreffen könnte, wie z. B. bei einer Beförderung, Kündigung oder Versetzung (Reindl & Krügl, 2017). Da es sich bei HR-A-Projekten vornehmlich um die Sammlung und Verarbeitung personenbezogener Daten im Unternehmen handelt, werden wir die rechtliche Betrachtung in diesem Kapitel auf diese Art von Daten begrenzen.

Geht es folglich um die Sammlung und Auswertung *personenbezogener Daten,* sind in Deutschland neben der DSGVO auch das *Bundesdatenschutzgesetz (BDSG)* und das *Betriebs-*

verfassungsgesetz (BetrVG) relevant. Bis 2018 galt für Unternehmen das BDSG, welches seitdem weitgehend durch die DSGVO ersetzt wurde. Da die DSGVO sogenannte *Öffnungsklauseln* enthält, können die Mitgliedstaaten der EU die Vorschriften an einigen Stellen konkretisieren und ergänzen (Binder, 2018). Art. 88 Abs. 1 DSGVO erlaubt den Mitgliedsstaaten beispielsweise, die Datenverarbeitung im Beschäftigungskontext durch nationale Rechtsvorschriften zu konkretisieren. Das BDSG besagt in § 1 Abs. 5, dass die *Vorschriften des BDSG keine Anwendung finden, soweit die DSGVO bereits eine entsprechende Regelung enthält*. Somit gelten auch in Deutschland die Regelungen der DSGVO und aufgrund der Öffnungsklauseln subsidiär die Regelungen des BDSG-neu. Somit trat im Mai 2018 das *BDSG-neu* in Kraft, welches die Vorgaben der DSGVO ergänzt, konkretisiert und spezifiziert, aber nur auf nationaler Ebene.

Bei HR-A-Projekten sind vor allem der Schutz der Privatsphäre neben dem Schutz vor der Beeinträchtigung der Persönlichkeitsrechte durch die Verarbeitung personenbezogener Daten zu beachten (§ 1 Abs. 1 BDSG). Im Folgenden gehen wir die wichtigsten Grundlagen zur Verarbeitung personenbezogener Daten (siehe die Beispiele im Kasten) durch.

Beispiele für personenbezogene Daten

- Name, Geburtstag, Adresse, Telefonnummer, E-Mail-Adresse
- Beruf, Ausbildung, Studium
- Staatsangehörigkeit, Familienstand, sexuelle Orientierung
- Gesundheitszustand, Impfstatus, Urlaubsaufenthalte
- Führungszeugnis, Abmahnungen, Gehalt, Pfändungsbeschlüsse
- Daten aus Personalbeurteilungen
- Einstellungen, Werte, Persönlichkeitsmerkmale, politische Haltungen
- Kontodaten, Kfz-Kennzeichen
- Standortdaten, IP-Adressen, Cookies

In Bezug auf Datenvermeidung und Datensparsamkeit gilt (§ 3a BDSG), dass die Erhebung, die Verarbeitung und die Nutzung personenbezogener Daten sowie die Auswahl und Gestaltung von Datenverarbeitungssystemen dem Grundsatz folgen müssen, dass *so wenig personenbezogene Daten wie möglich* erhoben, verarbeitet und genutzt werden. Des Weiteren sind personenbezogene Daten zu *anonymisieren* oder zu *pseudonymisieren*. Pseudonymisieren bedeutet dabei das Ersetzen eines Namens oder anderer Identifikationsmerkmale durch ein Kennzeichen, wie z.B. einen Code, zu dem Zweck, die Bestimmung der betroffenen Person auszuschließen oder wesentlich zu erschweren. Ebenfalls ist wichtig zu beachten, dass personenbezogene Daten nur für festgelegte, eindeutige und legitime *Zwecke* erhoben werden und nicht in einer mit diesen Zwecken nicht zu vereinbarenden Weise verarbeitet werden dürfen (Art. 5 Abs. 1b DSGVO).

Wenn wir uns noch einmal an das Beispiel zu Beginn dieses Kapitels erinnern, heißt dies beispielsweise, dass Daten, die anhand des RFID-Chips gesammelt werden, nicht für andere Absichten genutzt werden dürfen, als zuvor mit den einzelnen Mitarbeiter:innen besprochen worden ist. Das heißt, die Türen können z.B. mithilfe der Chips geöffnet werden, die Daten dürfen aber nicht einfach gesammelt und für Bewegungsprofile genutzt werden. In diesem Zusammenhang wird vor allem auch Art. 6 DSGVO zur Rechtmäßigkeit der Verarbeitung der Daten relevant (siehe hierzu auch Abbildung 9 auf Seite 53). Dieser Artikel besagt, dass für eine rechtmäßige Verarbeitung personenbezogener Daten eine *Ein-*

willigung der betroffenen Person erforderlich ist. Dieser Aspekt ist spezifischer durch § 26 BDSG-neu geregelt, der besagt, dass eine Verarbeitung personenbezogener Daten immer dann zulässig ist, wenn die Verarbeitung nach den geltenden *Vorschriften* erlaubt ist oder die Betroffenen ihre *schriftliche, freiwillige Einwilligung* hierzu erteilt haben. Zu berücksichtigen sind hierbei die bestehende Abhängigkeit der Beschäftigten sowie die Umstände, unter denen die Einwilligung erteilt worden ist. Es muss durch den/die Arbeitgeber:in sichergestellt werden, dass die Einwilligung trotz eines vorhandenen Abhängigkeitsverhältnisses freiwillig erteilt wird und kein Druck auf Mitarbeiter:innen bestand oder besteht (Binder, 2018). Erinnern wir uns noch einmal an das eingangs erwähnte Beispiel zum Mikrochip unter der Haut. Wenn es so wäre, dass vielleicht schon 99 % der Mitarbeiter:innen diesen Chip implantiert hätten, würde eine neue Mitarbeiterin diesen dann noch ablehnen und wäre die Akzeptanz beziehungsweise Zustimmung zum Tragen des Chips wirklich noch freiwillig? Hilfreich wäre sicherlich, wenn eine neu einzustellende Person beispielsweise keine Informationen darüber erhält, wie viele Mitarbeiter:innen den Chip bereits tragen und sie sich wirklich frei entscheiden kann. Geltende Vorschriften sind in Absatz 1 § 26 BDSG-neu geregelt, sodass personenbezogene Daten auch dann verarbeitet werden dürfen, wenn sie zur Ausübung oder Erfüllung der sich aus einem Gesetz, einem Tarifvertrag oder einer Betriebs- oder Dienstvereinbarung (Kollektivvereinbarung) ergebenden Rechte und Pflichten der Interessenvertretung der Beschäftigten erforderlich sind. Hiermit ist z. B. gemeint, dass personenbezogene Daten aus Bewerbungsunterlagen für Bewerbungsgespräche und schlussendlich auch für die Einstellung genutzt werden können (siehe auch hier Abbildung 9 auf Seite 53). Die Rechte der betroffenen Personen im Unternehmen beziehen sich auf Informationspflichten des Arbeitgebers/der Arbeitgeberin bei der Datenerhebung, auf Auskunftsrechte, Rechte auf Berichtigung, Löschung, Einschränkung der Verarbeitung und Datenübertragbarkeit sowie Widerspruchsrechte.

Eine der wichtigsten und vielleicht auch prominentesten Änderungen durch das Inkrafttreten der DSGVO ist die Bestellung eines/einer betrieblichen Datenschutzbeauftragten im Unternehmen. Diese Person ist unter anderem für die HR-Abteilung eine sehr relevante Person, die unbedingt in die Ein- und Durchführung von HR-A-Projekten einbezogen werden sollte. Sie fungiert als fachkundiges Beratungs- und Kontrollorgan und dient der Reduzierung von Unternehmensrisiken (Binder, 2018). Fragen Sie sich nun, ob Sie Daten, und wenn ja, welche, für ein HR-A-Projekt nutzen dürfen und ob das Projektvorhaben aus datenschutzrechtlicher Perspektive erfolgreich sein kann, könnten Sie entweder eine/n Datenschutzbeauftragte:n in der eigenen Organisation fragen oder sich vorab schon einmal mit dem Leitfaden in Abbildung 9 vertraut machen und Ihr Vorhaben danach beurteilen. Dieser Leitfaden gibt Ihnen eine kurze Zusammenfassung der wichtigsten Fragen und Hinweise, welche Artikel der DSGVO relevant sind.

Wenn man sich nun fragt, in welchen Fällen die DSGVO gilt und in welchen nicht, lässt sich dies über den räumlichen Anwendungsbereich oder das sogenannte „Marktortprinzip“ klären (Art. 3 DSGVO). Die DSGVO gilt nicht nur für Unternehmen mit Sitz in einem der Mitgliedsstaaten, sondern sie gilt für alle Datenverarbeitungsprozesse, die sich auf personenbezogene Daten europäischer Bürger:innen beziehen. Das heißt, auch wenn ein Unternehmen nicht in der EU sitzt, sondern z. B. in den USA oder in der Schweiz, fällt die Verarbeitung personenbezogener Daten von betroffenen Personen aus der EU in den Anwendungsbereich der DSGVO, wenn diesen Personen Dienstleistungen oder Waren angeboten werden oder deren Verhalten beobachtet wird (Binder, 2018). Somit müssen auch Unternehmen wie beispielsweise Amazon, Netflix oder Apple, die im EU-Ausland sitzen, jederzeit prüfen, ob sie die europäische DSGVO beachten müssen. Die Datenschutzbestimmungen sind

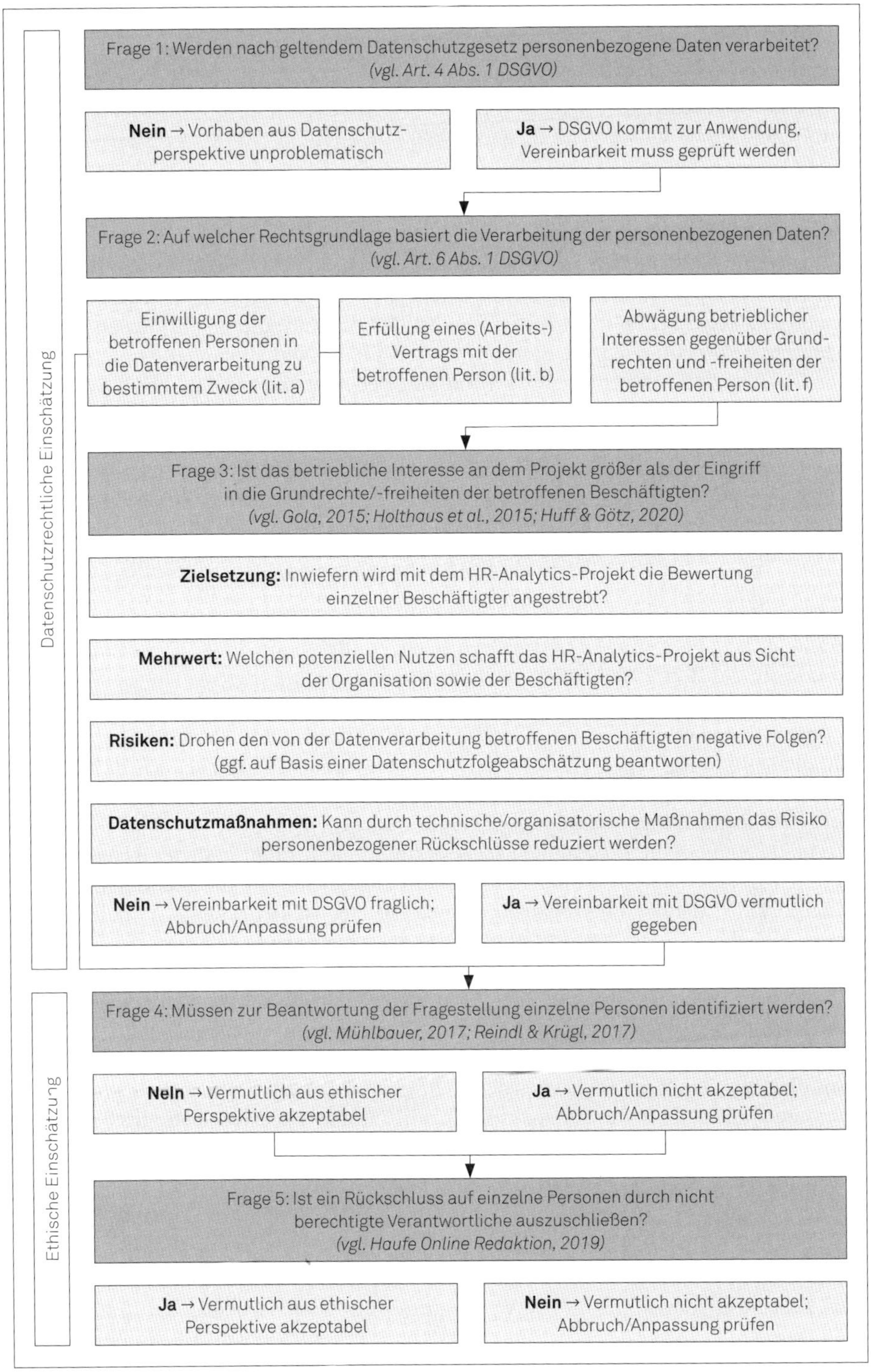

Abbildung 9: Leitfaden zur datenschutzrechtlichen Einschätzung eines HR-A-Projekts (aus Galemann, 2020)

jedoch nicht überall in der EU gleich streng (siehe Öffnungsklauseln in der DSGVO und das BDSG in Deutschland). Es ist also ratsam für die europäischen Mitarbeiter:innen von Unternehmen mit Hauptsitz im Ausland, zu beachten, dass ihre Daten in Deutschland gespeichert werden, damit die strengeren deutschen Datenschutzvorschriften für die Mitarbeiter:innen angewandt werden (Petry & Jäger, 2021).

Kommen wir nun noch einmal auf Unternehmen zurück, die ihren Hauptsitz in Deutschland haben. In diesem Fall gibt es ein weiteres Gesetz, welches bei der Ein- und Durchführung von HR-A-Projekten in Unternehmen von hoher Relevanz ist. Dies ist das *Betriebsverfassungsgesetz (BetrVG)*. § 87 Abs. 1 des BetrVG bezieht sich auf die *Mitbestimmungsrechte* des Betriebsrates, der, soweit eine gesetzliche oder tarifliche Regelung nicht besteht, in folgenden Angelegenheiten mitzubestimmen hat: Nr. 6: „Einführung und Anwendung von technischen Einrichtungen, die dazu bestimmt sind, das Verhalten oder die Leistung der Arbeitnehmer zu überwachen." Mitbestimmung bedeutet hierbei, dass der/die Arbeitgeber:in mit dem Betriebsrat über die Einführung einzelner technischer Einrichtungen verhandeln und eine einvernehmliche Regelung finden muss. Dieser § 87 ist in der praktischen Anwendung durch das Bundesarbeitsgericht so ausgelegt worden, dass hierzu auch Technologien oder Einrichtungen zählen, die dazu *geeignet sind*, das Verhalten oder die Leistung von Arbeitnehmer:innen zu überwachen. Dies bedeutet, dass beispielsweise eine HR-Abteilung mit der Einführung einer Software zwar gar keine Überwachung der Arbeitnehmer:innen beabsichtigt, da dieses jedoch prinzipiell möglich wäre, der Betriebsrat hinzugezogen werden muss. Diese Auslegung dient dem Ziel, die Arbeitnehmer:innen vor einem Eingriff in ihren Persönlichkeitsbereich zu schützen (Behrendt, 2018). Dieses Mitbestimmungsrecht des Betriebsrats bleibt auch bestehen, wenn die Überwachungseinrichtung, also beispielsweise die Software, eine arbeitsnotwendige Maßnahme ist, deren Einführung im Unternehmen erforderlich ist. Allerdings muss man gar nicht so weit denken, schon alleine die Einführung und das Nutzen von Diensthandys fällt in diesen Bereich, da hierdurch die einzelnen Mitarbeiter:innen prinzipiell überwachbar sein können. Ging es früher vielleicht eher um die Dauer und Häufigkeit von Gesprächen, können heute zahlreiche weitere Informationen über die Angestellten ausgewertet werden, allen voran der Aufenthaltsort via GPS. Weitere technische Einrichtungen oder Datenquellen, die geeignet wären, das Verhalten oder die Leistung von Arbeitnehmer:innen zu überwachen, sind z. B. E-Mail-Systeme, Online-Fragebögen, das Firmen-Intranet generell, aber auch webbasierte Self-Services, einzelne Personalbefragungen, das Angebot eines Unternehmens-Social-Media-Profils (z. B. bei Facebook oder anderen Anbietern) sowie jegliche Arten von Software, weil bei ihrer Nutzung gespeicherte Registry-Dateien (Registrierungsdatenbank des Betriebssystems) von dem/der Arbeitgeber:in genutzt werden könnten, um die Tätigkeiten der Arbeitnehmer:innen detailliert nachzuverfolgen. Insgesamt hat durch die Entwicklung neuer Informations- und Kommunikationstechnologien (insbesondere der elektronischen Datenverarbeitung) § 87 Abs. 1 Nr. 6 BetrVG eine enorme Bedeutung erlangt.

Die Übersicht über die hier geschilderten Bestimmungen zum Datenschutz und der Mitbestimmung zeigt auf, dass die Sammlung und Auswertung von HR-A-Daten nur eingeschränkt möglich ist und zentrale Aspekte beachtet werden müssen, vor allem im Unterschied zu anderen Ländern wie z. B. den USA, wo die Entwicklung von HR-A maßgeblich vorangetrieben wird. Zusammengefasst sind für HR-A-Projekte die folgenden Aspekte in Bezug auf *gesetzliche Rahmenbedingungen und Datenschutz* (BDSG und DSGVO) relevant, welche übersichtlich und komprimiert in der Abbildung 10 dargestellt sind. Ebenfalls in der Abbildung 10 dargestellt sind sogenannte *Erfolgsfaktoren* in diesem Zusammenhang, die HR-A-Projekte im Unternehmen auf die sichere Seite stellen (vgl. Hamilton & Davison, 2021).

Zu beachtende Aspekte aufgrund BDSG und DSGVO

Datenvermeidung und Datensparsamkeit

So wenig Daten wie möglich erheben; nur Daten, die für die jeweilige Anwendung notwendig sind, dürfen erhoben werden.

Anonymisierung bzw. Pseudonymisierung

Daten dürfen einer Person nicht mehr eindeutig zuzuordnen sein oder nur über den Code, mit dem die Pseudonymisierung vorgenommen wurde.

Eindeutige und legitime Zwecke

Für jede Sammlung und Analyse von Daten muss es einen konkreten Zweck geben.

Informierte Einwilligung

Verarbeitung der Daten nach den geltenden Vorschriften oder nach Erteilung einer schriftlichen und freiwilligen Einwilligung.

Datenschutzbeauftragte

Der/die Datenschutzbeauftragte eines Unternehmens muss die Entscheidungen von bspw. Algorithmen prüfen und freigeben. Geschäftsführung und auch andere Verantwortungsträger müssen die Möglichkeit haben, jederzeit in automatisierte Prozesse eingreifen zu können.

Erfolgsfaktoren für HR-A Projekte

Transparenz

Personalrat, Betriebsrat und natürlich auch die Mitarbeiter:innen sollten zu jeder Zeit darüber informiert sein, welche Daten und in welcher Form diese von ihnen im Unternehmen erhoben und verarbeitet werden.

Einhaltung von Datenschutzbestimmungen

HR muss die aktuellen und zukünftigen Rechtsgrundlagen beachten und technisch adäquat umsetzen; gesetzliche Vorgaben bzgl. Datenschutz einzuhalten, ist die Grundlage für jedes erfolgreiche HR-A-Projekt.

Mitbestimmung

Die Mitbestimmung sollte nicht nur dem Betriebsrat gewährt werden, auch die Mitarbeiter:innen sollten über ein Mitspracherecht verfügen und einer Erhebung und Verarbeitung ihrer personenbezogenen Daten widersprechen können.

Unterstützung durch Daten

Ein erfolgsversprechender Grundsatz für Unternehmen kann sein, dass HR-A zwar datenbasiert, aber niemals nur datengetrieben funktionieren kann; Menschen im Unternehmen bleiben die letzte Instanz für Entscheidungen, da sie andere Menschen betreffen.

Abbildung 10: Bestimmungen und Erfolgsfaktoren für HR-A-Projekte

Wie viel HR-Analytics ist auf dieser Grundlage möglich? Zuerst können wir festhalten, dass die Daten der Mitarbeiter:innen schützenswert sind und eine Verpflichtung des/der Arbeitgeber:in zu einer sparsamen Erhebung, gesicherten Speicherung und Verarbeitung sowie eingeschränkten Weitergabe besteht (vgl. Petry & Jäger, 2021). Unternehmen müssen in diesem Rahmen eine Privatsphäre, sogenannte *Privacy,* sicherstellen. Damit ist der Schutz vor Verletzungen des Persönlichkeitsrechts natürlicher Personen durch die Speicherung, Verarbeitung und Weiterleitung ihrer Daten gemeint.

Fragen könnte man sich nun, wie viel HR-A vor dem Hintergrund eigentlich noch möglich ist. Unternehmen stehen vor der Aufgabe, innerhalb der geltenden Gesetze das *richtige Maß an Möglichkeiten für HR-A* ausfindig zu machen, innerhalb dessen ein ausreichender Datenschutz gewährt ist. Dies bezeichnen Holthaus, Park und Stock-Homburg (2015) auch als *Optimalbereich.* Dieser Optimalbereich muss aus der Perspektive des Datenschutzes adäquat gestaltet werden, sodass die Möglichkeiten der Datenerhebung und -verarbeitung, welche in die Privatsphäre der Betroffenen eindringen, datenschutzkonform und zugleich optimiert ausgearbeitet sind. Ein gutes oder richtiges Maß an HR-A würde dann bedeuten, dass einerseits gehaltvolle Daten über Einstellungen, Motivation und Zustände sowie Leistungen von Mitarbeiter:innen gewonnen werden und andererseits der Schutz der Privatsphäre sowie der Schutz vor Beeinträchtigung der Persönlichkeitsrechte durch den Umgang mit personenbezogenen Daten gewährleistet ist (vgl. Hamilton & Davison, 2021). Das heißt, Unternehmen brauchen ein Konzept, wie sie mit dem Datenschutz umgehen wollen. Dies sieht in der Praxis oft so aus, dass Unternehmen das Thema Datenschutz entweder in *organisatorischen Maßnahmen* oder eher in der *Unternehmenskultur* verankern (siehe Abschnitt 2.2.1) und somit entweder eine Perspektive in Bezug auf *technisch-organisatorische Maßnahmen (TOM)* oder in Bezug auf *strategisch-organische Maßnahmen (SOM)* einnehmen. Strategisch-organische Maßnahmen werden jedoch seltener umgesetzt (Holthaus et al., 2015).

TOM zielen darauf ab, den Datenschutz und die Datensicherheit in den *Strukturen* und den *Prozessen* des Unternehmens abzubilden. Der Fokus liegt hierbei auf einem technischen Schutz, beziehungsweise auf technischen Barrieren im Unternehmen, die den Schutz der personenbezogenen Daten der Mitarbeiter:innen gewährleisten sollen (Holthaus et al., 2015). Zusammengefasst müssen Unternehmen dafür sorgen, dass sie ausreichend zuverlässige Sicherheitsmaßnahmen installieren. Hierzu könnten beispielsweise eine verschlüsselte Speicherung und Datenübertragung, konkrete Zugriffsregeln für Personaldaten und Programme, z.B. für die Nutzer:innen im Unternehmen und Administrator:innen sowie Cloudanbieter:innen, die ausschließlich Daten in Deutschland speichern und über Datenschutzkonzepte und Zertifikate verfügen, zählen. Da diese Maßnahmen stark durch das BDSG geprägt sind, überwiegen sie in den Unternehmen, zumal sie auch so etwas wie eine Voraussetzung darstellen, um HR-A auf ein solides Fundament zu stellen. TOM sind oft in den sogenannten Kontrollgeboten des Datenschutzes (siehe Kasten) wiederzufinden und in die organisatorischen Abläufe in den Unternehmen implementiert.

Kontrollgebote des Datenschutzes

- *Zutrittskontrolle:* Nur Befugten ist der Zutritt zu Datenverarbeitungsanlagen, die personenbezogene Daten verarbeiten oder nutzen, erlaubt.
- *Zugangskontrolle:* Nur Befugte dürfen Datenverarbeitungssysteme nutzen.
- *Zugriffskontrolle:* Berechtigte, die ein Datenverarbeitungssystem nutzen, dürfen nur auf die ihrer Zugriffsberechtigung unterliegenden Daten zugreifen können; zudem dürfen personenbezogene Daten bei der Verarbeitung, Nutzung und nach der Speicherung nicht unbefugt gelesen, kopiert, verändert oder gelöscht werden.
- *Weitergabekontrolle:* Personenbezogene Daten dürfen bei einer elektronischen Übertragung oder ihrer Speicherung auf Datenträgern nicht unbefugt gelesen, kopiert, verändert oder gelöscht werden; zudem muss überprüft und festgestellt werden können, wann und wo eine Übermittlung personenbezogener Daten durch Einrichtungen zur Datenübertragung vorgesehen ist.
- *Eingabekontrolle:* Es muss gewährleistet sein, dass nachträglich überprüft und festgestellt werden kann, ob und von wem personenbezogene Daten in Datenverarbeitungssysteme eingegeben, verändert oder gelöscht worden sind.
- *Auftragskontrolle:* Es muss gewährleistet sein, dass personenbezogene Daten, die in einem Auftrag verarbeitet werden, nur entsprechend den Weisungen des Auftraggebers/der Arbeitgeberin verarbeitet werden können.
- *Verfügbarkeitskontrolle:* Es muss gewährleistet sein, dass personenbezogene Daten gegen zufällige Zerstörung oder Verlust geschützt sind.
- *Trennungskontrolle:* Es muss gewährleistet sein, dass zu unterschiedlichen Zwecken erhobene Daten getrennt verarbeitet werden können.

Die SOM sind, anders als die TOM, eher in der *Unternehmenskultur* und im *Verhalten* der *Führungskräfte* wiederzufinden. Das heißt, diese Maßnahmen finden wir eher in den Regeln, Normen und Werten wieder, die in einer Organisation gelebt werden, und die (bewusst und unbewusst) das Verhalten der Führungskräfte und Mitarbeiter:innen beeinflussen (siehe Abschnitt 2.2). SOM sind wichtig, weil sie dazu beitragen können, einen ganzheitlichen und langfristigen Schutz der personenbezogenen Daten im Unternehmen zu gewährleisten (Holthaus et al., 2015). Durch die Verankerung des Datenschutzes in den Normen und Werten des Unternehmens erfolgt eine Sensibilisierung der Mitarbeiter:innen und Führungskräfte für die Notwendigkeit des Datenschutzes.

Skizzieren wir das einmal an einem Beispiel. Denken Sie an die im Jahr 2020 ausgebrochene COVID-19-Pandemie. Viele Arbeitnehmer:innen mussten von heute auf morgen von zu Hause aus arbeiten. In den meisten Fällen hat dies nach anfänglichen „Schwierigkeiten" gut funktioniert und viele Unternehmen wollten sich bei ihren Angestellten für die gute Arbeit in einer so schwierigen Zeit bedanken. Nun können Unternehmensleitungen oder auch Führungskräfte beispielsweise auf die Idee kommen, ihren Mitarbeiter:innen vielleicht als Dank ein Geschenk zukommen zu lassen. Wenn es sich nun nicht um eine kleine Firma handelt, sondern um ein größeres Unternehmen, ist es eher unüblich, dass das Unternehmen selbst die Geschenke einkauft und versendet. Oft kommt es vor, dass hierfür ein Dienstleister beauftragt wird. Damit nun die Geschenke versendet werden können, muss das Unternehmen dem Dienstleister die Adressen der Mitarbeiter:innen zukommen lassen. Und hier kann das Problem beginnen. Denn der/die Arbeitgeber:in darf die personenbezogenen Daten seiner Angestellten, und hierzu zählen die Adressen, nicht ohne Einwilligung der Angestellten an Dritte übermitteln. Dies bedeutet, wenn das Unternehmen dies dennoch macht, begeht es einen Gesetzesbruch und kann von Angestellten abgemahnt werden und zu sensiblen Strafzahlungen verurteilt werden. Korrekt wäre es, wenn das Unternehmen zuvor von jedem und jeder Angestellten eine schriftliche Einwilligung einholt, dass ihre Daten zu einem bestimmten Zweck an einen bestimmten Dienstleister übermittelt werden dürfen. Nun war das eigentliche Ziel des Unternehmens, die Mitarbeiter:innen zu überraschen und sich so zu bedanken – und die Überraschung wäre durch die Vorabanfrage dahin. An diesem Beispiel können Sie sehen, dass es nicht immer ganz einfach ist, seine Werte und seine Kultur zu leben. Zum einen möchte das Unternehmen mitarbeiter:innenorientiert sein, Leistung würdigen und spontan wirken, zum anderen müssen aber auch die Regeln und Gebote des Datenschutzes tagtäglich gelebt werden.

Denkbar wäre zur Stärkung der SOM zukünftig auch die Einführung eines „hippokratischen Eids" für Data Scientists (Chouhbi, 2020), wie wir es bisher aus der Medizin kennen. Wir erzählen unserem Hausarzt oder unserer Hausärztin detailliert von unserer Gesundheit, obwohl dies sehr sensible Daten sind und unser Verhalten Missbrauchspotenzial birgt. Wir tun dies jedoch, weil wir darauf vertrauen, dass unser Arzt oder unsere Ärztin mit unseren Informationen ethisch und moralisch „richtig" umgeht. Die angesprochenen SOM können in diesem Lichte betrachtet werden. Da das Potenzial für Missbrauch der Daten sehr wahrscheinlich zu einem Restanteil bestehen bleiben, trotz umgesetzter technischer Maßnahmen, könnte ein „hippokratischer Eid" eine weitere wichtige Säule im strategisch-organisatorischen Datenschutz sein.

Der Vorteil einer gelebten Datenschutzkultur im Sinne der SOM ist, dass diese durch Dynamik, Flexibilität und Anpassungsfähigkeit (z. B. an neue Herausforderungen und technische Veränderungen) gekennzeichnet ist und über starre gesetzliche Bestimmungen hinausgeht. Unternehmen können somit schneller korrekt und datenschutzkonform auf Neuerungen, wie z.B. HR-A, reagieren. Während der Gesetzgeber oft nur schwer in der Lage ist, auf immer neue Möglichkeiten von HR-A in angemessener Zeit zu reagieren, sorgt ein im Unternehmen „gelebtes" Datenschutzkonzept, das TOM und SOM inkludiert, dafür, dass Unternehmen schon vor dem Gesetzgeber auf neue Anforderungen im Privacy-Bereich reagieren können.

Neben den gesetzlichen Vorgaben und Umsetzungen dieser in den Unternehmen ist jedoch auch die Einstellung der jeweiligen Mitarbeiter:innen zu dem Thema Datenfreigabe, -sammlung und -analyse ein sehr wichtiges Standbein für erfolgreiche HR-A-Projekte. Somit wird im Folgenden auf gesellschaftliche und ethische Rahmenbedingungen eingegangen, die es ebenfalls zu berücksichtigen gilt.

3.3 Gesellschaftliche und ethische Rahmenbedingungen

Die Einstellung von Mitarbeiter:innen und somit auch von Personen in unserer Gesellschaft ist in Bezug auf Themen wie Datenschutz, Umgang mit den, Zugriff auf die oder Analyse der eigenen Daten heterogen. Die Einstellung könnte z.B. durch bisherige Erfahrungen, im privaten wie im beruflichen Umfeld, oder auch durch Persönlichkeitsmerkmale geprägt sein. Beispielsweise haben einige Menschen die Applikation *WhatsApp* auf ihrem Handy installiert und andere nicht. Den einen scheint es weniger bedeutsam zu sein, dass unbekannte Personen und Organisationen auf ihre Kontakte zugreifen, den anderen Personen hingegen nicht. Zudem kann man beobachten, dass es anscheinend nicht nur auf die Person ankommt, sondern auch auf die Situation und vielleicht noch eher auf die Konsequenzen für die eigene Person.

Während der COVID-19-Pandemie gab es z.B. eine Phase, in der Restaurants geöffnet waren, die Gäste jedoch verpflichtet waren, ihre Kontaktdaten zu hinterlegen. Wie sich nach einiger Zeit herausstellte, gab es nicht wenig Gäste, die falsche Angaben zu Telefonnummer und Adresse gemacht hatten. Über die Gründe kann spekuliert werden, jedoch scheint es vorstellbar, dass die Personen nicht wollten, dass andere unbekannte Personen über ihre Kontaktdaten verfügen. Alternativ ist vorstellbar, dass Personen vermeiden wollten, im Fall der Fälle, wenn eine andere Person im Restaurant positiv auf Corona getestet wurde, in häusliche Quarantäne zu müssen. Das heißt, die Konsequenz der Freigabe der eigenen Daten, die eigene Betroffenheit, kann hier eine Rolle spielen. Ist diese nicht deutlich für die Personen erkennbar, könnte es sein, dass es den Personen eher unwichtig ist, was mit ihren Daten passiert, so wie es aktuell bei den meisten Datensammlungs- und Auswertungsprozessen auf unseren Smartphones oder auch dem Internet-Browser ist. Und nun können wir uns vorstellen, dass es sich im Arbeitsleben ähnlich verhält. Befürchten Personen Nachteile für sich im Job, weil gewisse Daten von ihnen gesammelt und analysiert werden und dadurch vielleicht Einstellungen oder auch Verhaltensweisen erfasst und sichtbar werden, die der/die Arbeitgeber:in sonst nicht hätte, können die Personen sich unwohl fühlen und stimmen diesem Datensammlungs- und Analyseprozess nicht zu.

Im Umgang mit den Mitarbeiter:innen und ihren Daten sollten Unternehmen sich demnach ethisch korrekt verhalten, um ein Vertrauen in das Unternehmen und ein Wohlbefinden am Arbeitsplatz zu fördern. Aber was genau heißt in diesem Fall ethisch korrekt und was ist *Ethik?* Eine einfache Antwort darauf gibt es nicht. Das Wort stammt aus dem Griechischen und kann übersetzt werden mit Gewohnheit, Sitte oder Sittlichkeit (Suda, 2005). Die Ethik meint dann das Reflektieren darüber, „was das Ethos ist bzw. wie und warum denn eine bestimmte Sitte entsteht und besteht" (Suda, 2005, S. 15). Im Zusammenhang mit Ethik wird oft auch von *Moral* und moralischem Handeln gesprochen. Diese Begriffe sind in unserem Sprachgebrauch vielleicht geläufiger und wir können uns etwas mehr darunter vorstellen. Mitarbeiter:innen wünschen sich demnach, moralisch richtig behandelt zu werden. Werden nun viele und auch sehr persönliche Daten über sie gesammelt und analysiert, haben sie eher die Befürchtung, dass von einem moralisch richtigen Verhalten abgewichen wird. Befürchtungen könnten sein, dass sich z. B. Ausfallzeiten aufgrund von Krankheit oder zu niedrige Arbeitsgeschwindigkeiten negativ auf die eigene Bewertung und gegebenenfalls Aufstiegschancen im Unternehmen auswirken.

Eine Möglichkeit, Vertrauen in das Unternehmen und seine Vorhaben herzustellen und somit das Empfinden von moralisch korrektem Verhalten zu stärken, könnte z. B. die *Partizipation* der Mitarbeiter:innen sein. Die Akzeptanz einer Veränderung oder auch der Einführung eines HR-A-Projekts im Unternehmen ist stärker ausgeprägt, wenn die Mitarbeiter:innen eingebunden sind, an der Veränderung teilhaben können und der Prozess der Einführung und Umsetzung gemeinsam zwischen den Unternehmensvertreter:innen und den Mitarbeiter:innen gestaltet wird (Hamilton & Davison, 2021; Rogers, 2003). Zudem besteht durch die Partizipation der Mitarbeiter:innen gleichzeitig für das Unternehmen die Möglichkeit der eigenen Weiterentwicklung (Ittermann, 2009). Bei einer echten oder auch direkten Partizipation der Mitarbeiter:innen sind diese persönlich aktiv und tragen ihre Interessen und Ideen eigenständig vor, ohne durch andere vertreten zu werden (Friedrichsmeier & Wannöffel, 2010). Die Mitarbeiter:innen könnten beispielsweise dazu befragt werden oder auch eigenständig Ideen einreichen (vgl. Ruiner, Hagemann, Hesenius & Klumpp, 2020), welche Art von HR-A-Projekten in ihrem Unternehmen angedacht und möglicherweise umgesetzt werden sollten. Möglich wäre auch, nach einer Beschlussfassung, welche HR-A-Projekte im Unternehmen umgesetzt werden sollen, die Mitarbeiter:innen einzubinden und mit ihnen gemeinsam die Datensammlung und die Datenanalyse zu besprechen.

Damit das Verhalten des Unternehmens in HR-A-Projekten als ethisch und moralisch richtig angesehen wird, ist es somit wichtig, dass die Datensammlung und Datenanalyse fair, sicher und vertrauensvoll erlebt werden (siehe Abschnitt 2.2). Hierfür können vier Eckpfeiler von Relevanz sein: Privacy/Privatsphäre, Sicherheit, Bias/Befangenheit und die Personenbedeutung (Bersin, 2019).

In Bezug auf *Privacy* können sich die Mitarbeiter:innen beispielsweise fragen, ob ihre Daten vertraulich behandelt werden, ob sie diese selbst einsehen und gegebenenfalls selbst editieren können, ob die Daten auch vergessen werden können (beispielsweise, wenn die Einwilligung zurückgenommen wird und das Unternehmen dazu verpflichtet ist, die Daten zu löschen) und ob eine Gefahr besteht, dass die Daten gehackt werden können. Hierüber sollte das Unternehmen bei HR-A-Projekten aufklären und diese Aspekte von Beginn an mitdenken. Der Eckpfeiler der *Sicherheit* bezieht sich im Grunde auf die Kontrollgebote des Datenschutzes und verkörpert die technisch-organisatorischen Maßnahmen (TOM).

Der Eckpfeiler *Bias* oder auch *Befangenheit* bezieht sich auf die Frage, ob die Daten „richtig" und ohne Voreingenommenheit genutzt und analysiert werden. Fragen beziehen sich

z. B. darauf, wie mit Daten zum Alter, dem Geschlecht, der Ausbildung oder anderen demografischen Daten umgegangen wird. Wichtig ist hier auch, wer die Daten tatsächlich analysiert: Ist es ein/e Mitarbeiter:in des Unternehmens oder ist es eine KI, die ebenfalls nicht frei von Voreingenommenheit sein muss, da ihr „Training" auf bisher zur Verfügung stehenden Daten basiert (vgl. Hamilton & Davison, 2021). Und auch dieses Training der KI kann durch einen Bias (Verzerrung, systematischer Fehler) geprägt sein, wenn z. B. die KI vorhersagt, dass erfolgreiche Führungskräfte in einem Unternehmen in der Regel weiß und männlich und über 40 Jahre alt sind. Die KI würde dann nach diesen Kriterien zukünftig auswählen oder Empfehlungen abgeben, weil es vielleicht bisher gar keine anderen Führungskräfte in dem Unternehmen gibt und die KI somit auch keine anderen „Erfahrungen" sammeln konnte (siehe hierzu auch Abschnitt 7.4). Das Vorhandensein solcher Stolpersteine sollte allen Beteiligten und Betroffenen in HR-A-Projekten bewusst sein und der Umgang damit sollte transparent sein. Somit sollten nicht nur die verantwortlichen Personen, sondern auch die KI erklärbar sein. Die Einbindung von Menschen kann für die Fairness im Umgang mit solchen Prozessen hilfreich sein und das HRM kann hier eine wichtige Rolle im Zusammenspiel mit einer KI einnehmen (Hamilton & Davison, 2021).

Der vierte und letzte Eckpfeiler bezieht sich auf die Bedeutung der Analysen für die Person und könnte mit *Personenbedeutung* bezeichnet werden. Mit diesem Aspekt ist gemeint, dass in einem Unternehmen nicht einfach unbedarft ein HR-A-Projekt gestartet werden kann und viele unterschiedliche Daten gesammelt werden und anschließend geschaut wird, was man mit den Ergebnissen machen kann. Es muss von Beginn an ein Zweck definiert werden, so wie es auch in den Datenschutzverordnungen angelegt ist (siehe Abbildung 10 auf Seite 55). Somit sollte von Beginn an den Mitarbeiter:innen kommuniziert werden, wie die Analysen z. B. die Arbeitsqualität oder Arbeitszufriedenheit oder auch die Kund:innenzufriedenheit verändern sollen. Werden diese Eckpfeiler in der Kommunikation von Vorhaben zu HR-A-Projekten im Unternehmen berücksichtigt, könnten die Einstellungen der Mitarbeiter:innen gegenüber den Vorhaben eher positiv geprägt sein.

Werden die gesammelten Daten zu dem (ethisch und moralisch angemessenen) Zweck ausgewertet, für den sie gedacht sind, ist die Auswertung im Einklang mit den Datenschutzbestimmungen. Werden die Daten jedoch zur Überwachung genutzt, beispielsweise wo sich die Mitarbeiter:innen aufhalten oder ob die angegebenen Arbeitszeiten mit ihren Pausen übereinstimmen, ist es ethisch nicht einwandfrei und somit auch nicht mehr in Ordnung, vor allem auch im Empfinden der Mitarbeiter:innen, und Misstrauen unter den Mitarbeiter:innen kann sich im Unternehmen ausbreiten.

Schauen wir uns abschließend nochmal ein Beispiel an. Vielleicht kennen Sie auf öffentlichen Toiletten, wie z. B. in Flughäfen, Shopping-Center oder in Restaurants, die Papierlisten, die an den Türen aushängen und in die sich das Reinigungspersonal einträgt, um anzuzeigen, wann die Sanitäreinrichtung das letzte Mal gereinigt worden ist. Diese Vorgehensweise kann z. B. einfach durch Nahfeldkommunikation (NFC) ersetzt werden (Totalmobile, 2018), sodass das Reinigungspersonal z. B. ein Smartphone an ein Gerät hält und so eingelesen wird, wann die Person zur Reinigung vor Ort war. Zudem kann gleichfalls angegeben werden, welche Mittel (z. B. Seife oder Tücher) nicht mehr ausreichend zur Verfügung stehen und von der nächsten Person mitgebracht werden sollen. Zudem spart dieses Vorgehen Papier ein. Diese Vorteile sollten im Vordergrund der Einführung dieser Technik stehen und transparent im Unternehmen an alle Beteiligten und Betroffenen kommuniziert werden. Die Daten sollen darüber hinaus nicht anderweitig genutzt werden.

Dieses Kapitel hat nun aufgezeigt, was erlaubt ist. Auch wenn allein von den technischen Gegebenheiten und Entwicklungen vielleicht vieles mehr möglich sein kann, muss der Einsatz von HR-A rechtskonform und ethisch erfolgen. Entscheidend ist dabei nicht nur, dass alle Rechtsgrundlagen eingehalten werden, sondern dass die Mitarbeiter:innen mitgenommen werden und den Nutzen antizipieren können, damit HR-A-Projekte von Beginn an auf einem soliden Fundament stehen.

4 Ein Leitfaden für die Durchführung von HR-Analytics-Projekten

Jonas Galemann

Methodik

Wie lässt sich ein HR-A-Projekt in einem Unternehmen ganz konkret durchführen, womöglich gar zum ersten Mal? Welche Schritte sollten dabei auf jeden Fall beachtet werden, und in welcher Reihenfolge? Die in Kapitel 1 geschilderten Prozessmodelle geben hierzu bereits erste Ansatzpunkte, eine detaillierte Vorgehensweise zur Durchführung von HR-A-Projekten beschreiben diese Modelle jedoch nicht. Im Jahr 2020 wurden daher auf Grundlage eines qualitativen Literatur-Reviews rund 40 existierende Schemata zu HR-A oder verwandten Projektabläufen zusammengetragen und zu einem praxisorientierten Leitfaden synthetisiert. Ein besonderer Fokus lag dabei auf dessen Anwendung in mittelständischen Unternehmen, wo HR-A-Praktiken bislang noch weniger Einzug gefunden haben als in großen Unternehmen (Chartered Institute of Personnel and Development, 2017; van Dijk & Rothweiler, 2016). Dennoch eignet sich der Leitfaden auch als Orientierungshilfe für die Durchführung eines HR-A-Projekts in größeren Organisationen.

Der Leitfaden zur Durchführung eines HR-A-Projekts besteht aus 75 Einzelschritten (z. B. strategische Ziele des Unternehmens identifizieren), die in 12 übergeordnete Phasen (z. B. Problemdefinition) gegliedert sind. Eine grafische Aufbereitung des Leitfadens mitsamt aller Einzelschritte finden Sie im Anhang auf den Seiten 216 bis 217 und im Downloadbereich zum Buch (vgl. „Hinweise zu den Online-Materialien"). Im Folgenden werden die 12 Phasen aufgezeigt und anhand eines Anwendungsbeispiels kurz verdeutlicht.

(1) Rahmensetzung. Möchte ein Unternehmen ein HR-A-Projekt initiieren, sollte zu Beginn der Rahmen des gesamten Projekts abgesteckt werden. Dazu gehören unter anderem eine Bestandsaufnahme über bisherige datengetriebene Ansätze im Personalwesen, die Definition und Kommunikation einer konkreten Projektzielsetzung an relevante Interessensgruppen (siehe Kapitel 6), die Bewertung rechtlicher und ethischer Einschränkungen, der Austausch mit der betrieblichen Mitbestimmung sowie die personelle und materielle Ausstattung der Projektverantwortlichen. In der ersten Phase wird somit über die Durchführung des HR-A-Projekts entschieden und die nötige Grundlage für die weiteren Phasen geschaffen.

> Blicken wir anhand eines fiktiven Unternehmens auf ein konkretes Beispiel: Die TecPlant GmbH unterstützt Firmen bei der Einführung neuer IT-Lösungen, indem sie Beratungsteams in dieses Unternehmen entsendet. Im Personalwesen werden diverse Daten zu Beschäftigten und Projekten der TecPlant GmbH digital gespeichert, jedoch bisher nicht zur Entscheidungsfindung genutzt. Im Rahmen eines erstmaligen HR-A-Projekts soll untersucht werden, inwiefern mit der Nutzung personalrelevanter Daten grundsätzlich ein Mehrwert (für das Unternehmen und die Beschäftigten) generiert werden kann.

Für die nächsten Schritte. Zwar besteht Einigkeit darüber, dass für gelingende HR-A-Projekte stets die Beantwortung einer konkreten unternehmensrelevanten Fragestellung im Fokus stehen sollte; in der Literatur ist dabei jedoch strittig, inwiefern eine deduktive oder induktive Vorgehensweise (siehe Tabelle 3) zur Herleitung einer solchen Fragestellung gewählt werden sollte (Isson & Harriott, 2016; McAbee, Landis & Burke, 2017). Der entwickelte Leitfaden lässt dabei zu, beide Schritte – (2) Problemdefinition und (3) Informationssammlung – in beliebiger Reihenfolge oder auch parallel zu bearbeiten.

Tabelle 3: Deduktive und induktive Vorgehensweise zur Herleitung einer Fragestellung für ein HR-A-Projekt

	Deduktive Vorgehensweise	Induktive Vorgehensweise
Beschreibung	Die Fragestellung wird auf Basis einer Theorie hergeleitet.	Die Fragestellung wird auf Basis explorativer Datenanalysen hergeleitet.
Beispiel	Aus Studien geht hervor, dass Teams, die Führungsaufgaben untereinander aufteilen *(Shared Leadership)*, bessere Ergebnisse erzielen als Teams, die Führungsaufgaben einem oder einer Vorgesetzten zuschreiben (D'Innocenzo, Mathieu & Kukenberger, 2016).	Ohne dass konkrete Vermutungen aufgestellt wurden, wird ein Datensatz über verschiedene Teams eines konkreten Unternehmens mittels explorativer Verfahren ausgewertet. Dabei scheinen sich einige Teams in ihren Eigenschaften stärker zu ähneln als andere.
Fragestellung	Welche Faktoren beeinflussen die Leistung von Teams in dem Unternehmen?	

(2) Problemdefinition. In diese Phase fällt die Identifikation der strategischen Unternehmensziele, die Definition kritischer Meilensteine für diese Ziele und hierauf basierend die Ableitung einer für das HR-A-Projekt geeigneten konkreten Fragestellung. Diese Schritte lassen sich beispielsweise im Rahmen eines Workshops mit dem Top-Management sowie Personalwesen durchführen, an dessen Ende die Priorisierung einer spezifischen Fragestellung, z.B. basierend auf Bearbeitungskomplexität und Nutzenpotenzial, stehen sollte. Mit einer erneuten rechtlich-ethischen Bewertung der gewählten Fragestellung (siehe Abschnitt 3.2) sowie der Definition geeigneter Evaluationskriterien zur abschließenden Bewertung des Projekterfolgs wird diese Phase abgeschlossen.

Die TecPlant GmbH hat sich zum Ziel gesetzt, die Zufriedenheit ihrer Kund:innen zu erhöhen. Diese hängt stark mit den in den Beratungsprojekten erzielten Ergebnissen zusammen. Für das HR-A-Projekt soll konkret untersucht werden, welche Faktoren die Leistung der Beratungsteams (hier als Ergebnisse der Kund:innenprojekte definiert) beeinflussen. Die Rechtskonformität der Untersuchung dieser Frage wird von dem/der zuständigen Datenschutzbeauftragten unter der Prämisse, dass die finalen Datenanalysen lediglich auf Teamebene mit einer Mindestzahl von sechs Personen durchgeführt werden, positiv eingeschätzt.

(3) Informationssammlung. Beim deduktiven Vorgehen dient diese Phase einer ersten Ursachenforschung zu der bereits definierten Fragestellung für das HR-A-Projekt. Beim induktiven Vorgehen liegt der Fokus auf der Suche nach möglicherweise interessanten Themenfeldern, auf Basis derer anschließend eine konkrete Fragestellung für das Projekt definiert wird. Dabei können drei verschiedene Bereiche als Recherche- oder Inspirationsquelle dienen:

- Unternehmenserfahrungen (z. B. durch Interviews mit Vorgesetzten und Beschäftigten),
- Literatur (z. B. Metaanalysen und bisherige Anwendungsbeispiele aus anderen Organisationen),
- quantitative Daten (d. h. explorative Analysen vergangener Projektanfragen, z. B. im Hinblick auf Anforderungen der Kund:innen wie die Anzahl der Berater:innen oder deren Zusammensetzung).

(4) Hypothesenbildung. Auf Grundlage einer ersten Informationssammlung sollte HR-A als Methode zur Bearbeitung der formulierten Fragestellung noch einmal hinterfragt werden. Dazu können der potenzielle Aufwand und Nutzen mit alternativen Bearbeitungsmöglichkeiten verglichen werden. Anschließend geht es in der vierten Phase um das Aufstellen konkreter Hypothesen, die erst ein methodisch fundiertes und datenschutzkonformes Vorgehen[1] ermöglichen. Gemeinsam mit den entscheidungstragenden Personen sollten die Hypothesen besprochen und bereits hier der spätere Umgang mit den Ergebnissen festgelegt werden.

> Im Beispiel der TecPlant GmbH werden unter anderem folgende Hypothesen formuliert:
> - Je häufiger und länger Berater:innen zusammenarbeiten, desto erfolgreicher sind sie in ihren Kund:innenprojekten – unabhängig von ihrer kumulierten individuellen Berufserfahrung.
> - Es besteht ein positiver Zusammenhang zwischen der mittleren subjektiven Zufriedenheit der Beschäftigten mit ihrem Beratungsteam und dessen Leistung.

(5) Datenplanung. Sobald die Hypothesen aufgestellt sind, können die für deren Bearbeitung relevanten Daten definiert werden. Dabei sollten benötigte Daten für ein Projekt nicht immer neu erhoben, sondern bereits existierende Daten im bestmöglichen Ausmaß genutzt werden. Auf die Datenbedarfs- folgt daher eine Datenbestandsanalyse, die sowohl HR-bezogene als auch weitere unternehmensinterne und externe Datenquellen (siehe Abschnitt 2.1) umfasst, sowie die Güte (Objektivität, Reliabilität und Validität, siehe Abschnitt 2.1.3) und rechtmäßige Verarbeitungsmöglichkeit dieser Daten berücksichtigt. Nach Überprüfung des Personenbezugs in den vorgesehenen Daten bildet die Formulierung einer Rechtsgrundlage für deren Verarbeitung (z. B. auf Basis von Art. 6 DSGVO) den Abschluss dieser Phase.

> Für die im Beispiel der TecPlant GmbH aufgeführten Hypothesen sind sowohl Daten zu Leistungskriterien für die Arbeit der Beratungsteams nötig (z. B. Kund:innenbewertung, Kund:innenfolgeaufträge oder Abweichung von vorgesehener und tatsächlicher Projektdauer) als auch zur Häufigkeit der Zusammenarbeit sowie Zufriedenheit der Berater:innen im Team.

(6) Datenerhebung. Für den Fall, dass der Datenbedarf nicht hinreichend durch den Datenbestand abgedeckt wird, kann eine zusätzliche Datenerhebung nach vorausgehender Ge-

1 Die Verarbeitung personenbezogener Daten muss laut DSGVO Art. 5 Abs. 1 (a) zweckgebunden erfolgen. Dies kann meist erst mit dem Aufstellen konkreter Untersuchungshypothesen erreicht werden.

nehmigung der betrieblichen Mitbestimmung sowie Kommunikation der Zielsetzung an die Betroffenen stattfinden. Diese Schritte gliedern sich in diesem Fall in die fünfte Phase ein, sodass Güte, Personenbezug und Verarbeitungsgrundlage auch für die neu erhobenen Daten geprüft werden.

Mittels einer Online-Umfrage wird von allen Berater:innen deren Zufriedenheit mit ihren derzeitigen Teams erhoben. Um diese Daten in Verbindung mit den bereits existierenden Daten zu bringen, wird auch die Zugehörigkeit zum jeweiligen Beratungsteam abgefragt. Teams mit weniger als sechs Personen werden dabei aus Gründen des Datenschutzes ausgenommen.

(7) Datenzusammenstellung. Notwendige Daten werden mit einem gemeinsamen Identifizierungsmerkmal (abhängig von der Aggregationsebene, die für die Fragestellung benötigt wird, z.B. Teambezeichnung oder Personalnummer) einzeln aus den unterschiedlichen Quellen extrahiert.

Im Beispiel der TecPlant GmbH werden aus dem internen Customer-Relationship-Management-System die benötigten Daten zu Kund:innenaufträgen und -zufriedenheit und deren Zuordnung zu den beteiligten Berater:innen extrahiert. Informationen zu den Beratungsteams sowie deren Eigenschaften werden dem Personalmanagementsystem entnommen. Darüber hinaus werden die Ergebnisse der Online-Umfrage verwendet.

Das Identifizierungsmerkmal wird bei personenbezogenen Daten anschließend verschlüsselt (z.B. mittels Hash-Algorithmus) und Personenbezüge auf ein Minimum reduziert (vgl. Holst et al., 2018). Bei Bedarf folgt die Übersetzung qualitativer Informationen in quantitative Daten. Anschließend sollten die einzelnen Datensätze um fehlende oder falsche Einträge bereinigt und in eine gemeinsame Datenquelle geladen werden. Dort werden die Daten in ein für die Hypothesen geeignetes Format überführt und noch einmal abschließend im Hinblick auf Qualität sowie Personenbezug überprüft.

Die Daten der TecPlant GmbH werden hier auf Teamebene aufbereitet, zusammengefasst und weiter pseudo- beziehungsweise anonymisiert (z.B. mittels Klassenbildung demografischer Daten).

Die Schritte der Datenplanung, -erhebung und -zusammenstellung nehmen erfahrungsgemäß einen sehr großen Teil der gesamten Projektzeit in Anspruch. Insbesondere bei den technischen Schritten im Rahmen der Datenzusammenstellung kann Unterstützung durch andere (auch interne) Personenkreise hilfreich sein.

(8) Datenanalyse. Nach der Auswahl geeigneter Analyseverfahren zur Untersuchung der formulierten Hypothesen sollten die verwendeten Datensätze mittels deskriptiver Statistiken beschrieben und Voraussetzungen für die Anwendung der Analyseverfahren überprüft werden. Anschließend folgt die Auswertung der Hypothesen mittels dieser Verfahren sowie die Beurteilung der Ergebnisgüte.

Zur Überprüfung der im Beispiel aufgestellten Hypothesen wird unter anderem ein multiples Regressionsmodell berechnet, um den Einfluss der Häufigkeit, mit der Berater:innen zusammenarbeiten, auf den Erfolg der Kund:innenprojekte über andere potenzielle Einflussfaktoren hinaus (z.B. Berufserfahrung) zu identifizieren.

(9) Dateninterpretation. Hier geht es nun darum, Erkenntnisse aus den Ergebnissen zu generieren, indem die Fragestellung beantwortet wird. Wichtig ist es dabei, Ergebnisse und Interpretationen kritisch zu hinterfragen und Befunde, sofern möglich, zu validieren. Dies kann intern durch eine erneute Datenanalyse zu einem späteren Zeitpunkt oder extern durch die Auswertung vergleichbarer Untersuchungen geschehen. Die anschließende Ableitung von Handlungsempfehlungen ist zentral für den Erfolg von HR-A-Projekten (vgl. Peeters, Paauwe & Van de Voorde, 2020). Um Entscheidungsträger:innen von den abgeleiteten Handlungsempfehlungen zu überzeugen, empfiehlt es sich daher, finanzielle Potenziale für das Unternehmen aufzuzeigen, die sich durch die Umsetzung der Handlungsempfehlungen ergeben.

> Als wichtige Einflussfaktoren auf die Teamleistung in der TecPlant GmbH zeigen sich die Häufigkeit der Zusammenarbeit sowie die Zufriedenheit im Team der Berater:innen. Dabei müssen jedoch auch einige Limitierungen dieser Untersuchungen berücksichtigt werden (z.B. nicht untersuchte Einflussfaktoren auf die Teamleistung). Der TecPlant GmbH werden Teamworkshops zur Stärkung der Zufriedenheit in den Beratungsteams empfohlen. Auf Grundlage der Regressionsgewichte aus der multiplen Regression, recherchierten Informationen zur Wirkung von Teamworkshops sowie einiger betriebswirtschaftlicher Annahmen zu den Auswirkungen erfolgreicher Kund:innenprojekte (z.B. die Annahme, eine auf einer Skala von 10 um einen Punkt gesteigerte Kund:innenzufriedenheit steigere die Wahrscheinlichkeit eines Folgeauftrags um 10%, der im Mittel ein Volumen von 100.000 Euro umfasst) lässt sich das Kosten-Nutzen-Verhältnis für diese Maßnahmen auch finanziell darlegen.

(10) Ergebniskommunikation. Damit die Datenanalysen auch zur konkreten Entscheidungsfindung genutzt werden, müssen die Ergebnisse den jeweiligen Entscheidungsbefugten (z.B. Personalleitung, Geschäftsführung) kommuniziert werden. Dazu sollten die Ergebnisse anschaulich und zielgruppenorientiert aufbereitet, Limitierungen explizit aufgezeigt und zentrale Ergebnisse an alle relevanten Interessensgruppen kommuniziert werden. Sofern gewünscht oder erforderlich, können an dieser Stelle auch Self-Service-Lösungen, wie z.B. individualisierbare Dashboards mit integrierter Zugriffsverwaltung auf die jeweils aktuellen Daten, entwickelt werden, um Ergebnisse interaktiv und zukünftig gegebenenfalls in Echtzeit den entsprechenden Nutzer:innen zur Verfügung zu stellen.

> In der TecPlant GmbH wird eine interaktive Ergebnisübersicht entwickelt, anhand derer das Zusammenspiel zwischen Einflussfaktoren (Häufigkeit der Zusammenarbeit, Zufriedenheit im Team) und den wichtigsten Leistungskennzahlen wie Kund:innenzufriedenheit für die Geschäftsführung dargestellt wird. Potenziale bei der Umsetzung entsprechender Teamworkshops werden ebenfalls visualisiert. Um die Entwicklung dieser Zusammenhänge auch zukünftig nachvollziehen zu können, soll die Teamzufriedenheit weiter mittels stichprobenartiger Kurzbefragungen erhoben werden.

(11) Umsetzung. Die Analyse von Daten im Kontext von HR-A dient – der in Kapitel 1 beschriebenen Definition zufolge – der Vorbereitung konkreter Entscheidungen. Die reine Untersuchung von Hypothesen zur Beantwortung unternehmensrelevanter Fragestellungen reicht demnach nicht aus. Erst indem unternehmensrelevante Entscheidungen auf Basis durchgeführter Datenanalysen getroffen werden, entsteht durch das HR-A-Projekt ein Mehrwert für das Unternehmen. In der Umsetzungsphase sollte also von den Verantwortlichen auf Basis der Handlungsempfehlungen eine Entscheidung getroffen und diese

an die Betroffenen kommuniziert werden. Während der Umsetzung sind Regeltermine zwischen Entscheidungsbefugten und Projektverantwortlichen zu empfehlen, um über den Umsetzungsstand zu informieren und bei Bedarf weitere Schritte einzuleiten. Dabei sollten für die Evaluationsphase alle Auswirkungen der Maßnahmen transparent dokumentiert werden.

> In der TecPlant GmbH werden die empfohlenen Maßnahmen zur Stärkung der Zufriedenheit im Team, unter anderem die genannten Teamworkshops, im Laufe eines halben Jahres umgesetzt.

(12) Evaluierung. Es darf nicht davon ausgegangen werden, dass die Zielsetzung bestimmter Maßnahmen mit deren Umsetzung zwangsläufig erreicht wird (Bohnet, 2016). Deshalb sollte die Bedeutung einer fundierten Evaluierung nicht unterschätzt werden. Dazu kann nun eine erneute Betrachtung der in der zweiten Phase festgelegten Evaluationskriterien erfolgen und deren jetzige mit der vorherigen Ausprägung verglichen werden. Bei Bedarf sollten weitere Schritte zur Sicherstellung der Nachhaltigkeit des gesamten HR-A-Projekts und zur Unterstützung zukünftiger ähnlicher Projektinitiativen eingeleitet werden.

> Im Beispiel der TecPlant GmbH zeigt sich, dass die Leistung der Beratungsteams ein Jahr nach Umsetzung der Teamworkshops leicht gesteigert wurde. Auch die Zufriedenheit in den Beratungsteams ist leicht angestiegen. Die Verantwortlichen für das HR-A-Projekt und die Geschäftsführung einigen sich darauf, ein internes bereichsübergreifendes Team zusammenzustellen, welches ähnliche Projekte in regelmäßigen Abständen initiieren soll.

Einordnung

Mit seinen insgesamt 75 Einzelschritten, aufgeteilt in die oben beschriebenen 12 Phasen, enthält der Leitfaden deutlich mehr Prozessschritte als bisherige Modelle und Schemata für HR-A-Projekte. Im Rahmen einer 2020 auf Basis des Leitfadens durchgeführten wissenschaftlichen Fallstudie in einem mittelständischen Unternehmen hat sich der Leitfaden bereits als nützlich erwiesen. Der Leitfaden beantwortet dabei nicht die Frage, *warum* HR-A-Methoden angewendet werden sollten, sondern *wie* deren Einsatz möglichst nutzbringend gestaltet werden kann. Praktiker:innen in Unternehmen erhalten somit einen insbesondere in der Planungsphase eigener HR-A-Projekte wichtigen, wissenschaftlich fundierten Leitfaden, um den Projektumfang abzuschätzen, alle relevanten Schritte zu berücksichtigen und größtmöglichen Nutzen aus dem anstrebten HR-A-Projekt zu ziehen. Wünschenswert ist es, wenn der Leitfaden so als Grundlage verwendet und entsprechend konkreten Unternehmensspezifika auf den jeweiligen Einsatzkontext angepasst wird.

5 Kompetenzen für HR-Analytics: Die Rolle von HR-Analyst:innen

Wenn Sie der Chronologie des Buches folgen, haben Sie sich bis zu diesem Punkt schon durch verschiedene Herausforderungen gearbeitet: Für die Initiierung und Durchführung von HR-A-Projekten ist die Beschäftigung mit technischen, organisationalen, gesetzlichen und gesellschaftlichen Rahmenbedingungen wichtig. Diese Rahmenbedingungen angemessen zu beachten, bringt verschiedene Anforderungen mit sich, die unter anderem juristische, psychologische oder analytische Kenntnisse notwendig machen. Wir widmen uns im Folgenden daher diesen Fragen: Welche Kompetenzen sind für die Umsetzung erforderlich? Welche Kompetenzen sollten Sie mitbringen oder sich aneignen oder welche Personen sollten Sie für Ihr HR-A-Team rekrutieren?

Das Thema der notwendigen Kompetenzen ist wichtig, denn mangelnde Kompetenzen von Personaler:innen werden als Hauptgrund angeführt, weshalb Unternehmen beim Thema HR-A hinterherhinken oder HR-A nicht implementieren (Angrave et al., 2016; Kryscynski, Reeves, Stice-Lusvardi, Ulrich & Russell, 2018). Wir erinnern uns an die einleitenden Worte des ersten Kapitels: „HR hat das falsche Mindset, die falschen Skills, den falschen Fokus und die falsche Kommunikation". Der Mangel an Kompetenz wird zum Teil auf mangelnde Motivation und die falsche Ausbildung zurückgeführt. Wenig Personen würden berichten, dass sie den beruflichen Weg in die Personalabteilung wählten, weil sie besonders gerne mit Daten arbeiten oder die Statistikvorlesung im Studium so spannend fanden (Wirges, Ahlbrecht & Neyer, 2020). Im ersten Kapitel haben wir gesehen, dass sich die Personalabteilung weg von einer eher administrativen Rolle hin zu einer von Daten gestützten strategischen Rolle bewegt. In Einklang damit verändern sich konsequenterweise auch die Anforderungen, die an HR-Mitarbeiter:innen gestellt werden.

5.1 Kompetenzen und Kompetenzmodelle

Unter Kompetenzen werden im beruflichen Kontext Merkmalssets verstanden, die eine Person befähigen, komplexe Anforderungen einer Arbeitssituation zu bewältigen. Es geht also um speziell für den Arbeitskontext relevante Merkmale, die eine Person für die Ausführung einer bestimmten Tätigkeit benötigt (Krumm, Mertin & Dries, 2012). Darunter werden Kenntnisse, Fähigkeiten, Fertigkeiten und Einstellungen (sogenannte KSAs: Knowledge, Skills, Attitudes) gefasst, die in ihrer Gesamtheit eine Person befähigen, in einem spezifischen arbeitsbezogenen Bereich qualifiziert zu handeln (Ahmad, Zafar, Hafeez & Aamir, 2019). Für HR-A sind unter anderem Kompetenzen im Umgang mit Daten und Analysen notwendig, wie beispielsweise Kenntnisse über statistische Verfahren, die Fertigkeit große Datenmengen zu managen oder die Fertigkeit, mit Statistikprogrammen wie SPSS oder R umgehen zu können. Für die erfolgreiche Anwendung von HR-A würden wir erwarten, dass eine Person diese Kenntnisse und Fertigkeiten nicht nur „besitzt", sondern sie gemäß den konkreten beruflichen Anforderungen zielführend einsetzen kann.

Kompetenzen sind erlernbar und entwickelbar. Um in einer dynamischen Arbeitswelt flexibel und handlungsfähig zu bleiben, ist es für Organisationen wichtig, aufseiten der Angestellten notwendige Kompetenzen zu identifizieren und Entwicklungspotenziale zu diagnostizieren. Im Kontext unseres Themas – der Implementierung von HR-A – ist es für

Organisationen wichtig zu wissen, welche Kompetenzen gefordert sind. Was müssen die Mitarbeiter:innen wissen, anwenden und umsetzen können, um mit HR-A erfolgreich zu sein? Wenn wir die wichtigsten Kompetenzen identifizieren, kann auf der Basis beispielsweise eine interne Auswahl geeigneter Mitarbeiter:innen für ein HR-A-Projektteam erfolgen. Oder es können Trainingsbedarfe festgelegt oder neue Mitarbeiter:innen mit den notwendigen Kompetenzen eingestellt werden (dies ist eng verwandt mit dem Thema der Personalbedarfsplanung, siehe hierzu Kapitel 10).

Um einen Überblick über erforderliche Kompetenzen zu erhalten, werden diese üblicherweise gebündelt im Rahmen von Kompetenzmodellen betrachtet. Kompetenzmodelle integrieren (siehe Kapitel 9) und strukturieren Kompetenzen, die für den Unternehmenserfolg als relevant erachtet werden. Die Kompetenzmodelle können anschließend die Basis für Entscheidungen über Personalauswahl, -entwicklung, -entlohnung oder -training sein (Caldwell, 2009; Krumm et al., 2012). Zu diesem Zweck werden verschiedene Spezifizierungsgrade von Kompetenzen betrachtet, die sich, wie in Abbildung 11 dargestellt, auf einem Kontinuum von abstrakt bis konkret anordnen lassen (Campion et al., 2011).

Den höchsten Abstraktionsgrad bilden Kompetenz*frameworks,* welche mehrere Kompetenzmodelle bündeln und auf die Strategie und Vision der Organisation ausrichten. Ein Beispiel: Für ein Ingenieursdienstleistungsunternehmen werden kritische Kompetenzen eher im Bereich technischer Konstruktion oder Testungen liegen, wohingegen eine Marketingagentur eher von Kompetenzen im Bereich Kreativität und Suchmaschinenoptimierung profitiert. Kompetenz*modelle* ordnen sich dem unter und definieren konkreter, welche Merkmalssets für bestimmte Tätigkeiten, Jobgruppen oder Funktionsbereiche notwendig sind. Spezifische Kompetenzmodelle für Ingenieur:innen, Vertriebsmitarbeiter:innen, HR-Mitarbeiter:innen etc. würden sich beispielsweise dem allgemeinen Kompetenzframework des In-

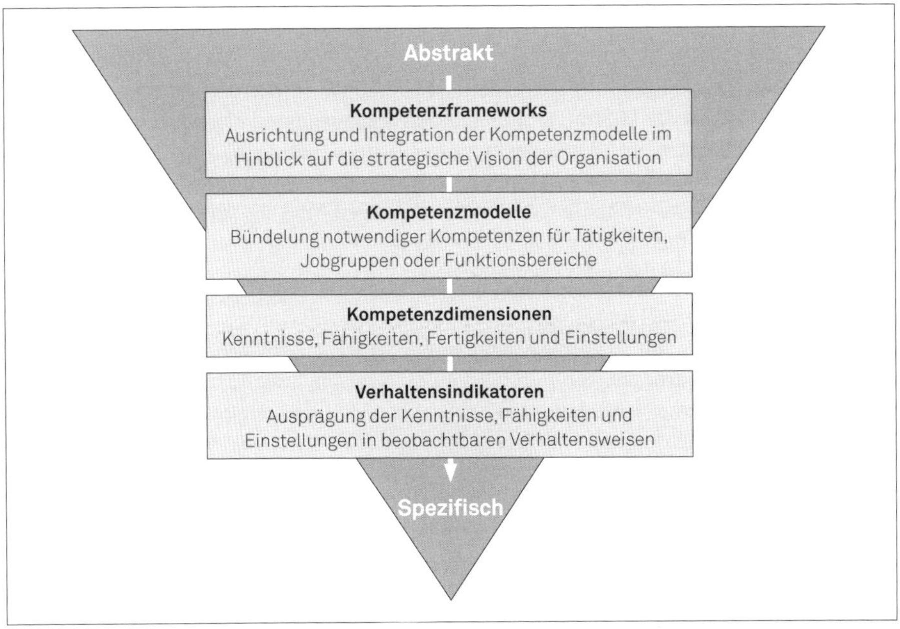

Abbildung 11: Je nach Zweck lassen sich Kompetenzen abstrakt oder spezifisch formulieren (Darstellung der Terminologie in Anlehnung an Campion et al., 2011)

genieursdienstleistungsunternehmens unterordnen. Diese Kompetenzmodelle umfassen wiederum Kompetenz*dimensionen,* welche die einzelnen Facetten des Kompetenzmodells näher definieren. Auf dieser Ebene werden konkrete Kenntnisse, Fähigkeiten, Fertigkeiten oder Einstellungen beschrieben: Was müssen Ingenieur:innen, Vertriebsmitarbeiter:innen, HR-Mitarbeiter:innen etc. wissen, anwenden und umsetzen können, um in der jeweiligen Fachabteilung erfolgreich zu agieren? Der feinste Spezifizierungsgrad beschreibt dann beobachtbare und spezifische *Verhaltensindikatoren* zu den jeweiligen Kompetenzdimensionen (Campion et al., 2011). HR-Mitarbeiter:innen sollten beispielsweise verschiedene Personalauswahlmethoden für ein Jobinterview kennen (Wissen) und geeignete Methoden auswählen und durchführen können (Fertigkeit). Je nach Vorhaben und Ziel (z. B. Rekrutierung, Leistungsbeurteilung oder Karriereentwicklung) eignen sich für Organisationen Modelle mit unterschiedlichem Detaillierungsgrad.

5.2 HR-Kompetenzmodelle

Kompetenzmodelle für Mitarbeiter:innen der Personalabteilung (HR-Professionals) haben sich über die Jahre stetig weiterentwickelt. Ein Kompetenzmodell aus dem Jahr 1987 formuliert *betriebswirtschaftliches Wissen, personalwesenspezifisches Wissen* und *Veränderungsmanagement* als Kernkompetenzen, die Mitarbeiter:innen der Personalabteilung für eine erfolgreiche Personalarbeit mitbringen sollten (University of Michigan and RBL Group – Ulrich & Brockbank, zitiert nach Ulrich, Brockbank, Ulrich & Kryscynski, 2015). Über die Jahre wurden die von HR-Professionals geforderten Kompetenzen vielfältiger; ein Fokus auf eher administrative Aufgaben wird von breit gefächerten Anforderungen abgelöst.

Ulrich, Kryscynski, Ulrich und Brockbank (2017) bilden die Diversität geforderter Kompetenzen in neun HR-Kompetenzen ab, die sich in drei Kompetenzdimensionen gliedern. Die drei Kompetenzdimensionen werden wie folgt beschrieben:

1. *Organization Enabler* (Befähiger:in für organisationale Prozesse): Wissen zu den Themen Change Management, Kulturmanagement und Personalentwicklung; effektives Managen des Wohlbefindens der Mitarbeiter:innen durch finanzielle und nicht-finanzielle Anreize
2. *Core Drivers* (Kerntreiber): Unterstützung der Unternehmensführung bei der strategischen Positionierung des Unternehmens am Markt; Aufbau von vertrauensvollen Beziehungen durch proaktives Handeln; In-Einklang-Bringen von kurz- und langfristigen Zielen
3. *Delivery Enablers* (Befähiger:in von Ergebnissen): Technische und mediale Kompetenzen; analytische Fähigkeiten; Kenntnisse von gesetzlichen Rahmenbedingungen.

Dieses Kompetenzmodell ist auf einem recht hohen Abstraktionsgrad formuliert. Generische Formulierungen von „Change Management“ oder „analytischen Fähigkeiten“ sind noch relativ weit entfernt von konkreten Verhaltensweisen, anhand derer sich Kompetenz messen lassen würden. Die Modelle sind jedoch hilfreich für einen Einblick in die Entwicklung der Anforderungen an HR-Mitarbeiter:innen. Wir sehen an der Weiterentwicklung des HR-Kompetenzmodells von 1987 bis 2017 deutlich, dass die geforderten Kompetenzen breiter und diverser werden. Besonders interessant ist, dass in der Weiterentwicklung und Anpassung der HR-Kompetenzmodelle über die Jahre ein immer stärker werdender Fokus auf den Kompetenzbereich „HR-Information, Analyse und Tools“ beobachtbar ist (Ulrich et al., 2015). Dabei wird historisch zunächst die Rolle des *Technology Proponent* (Befürworter:in von Technologien) beschrieben. HR-Professionals sind demnach gefordert, Technologien zu nutzen, um effizientere Dienstleistungen anzubieten (Stichwort E-HRM, siehe Abschnitt 1.2.3). Sie sollen beispielsweise in der Lage sein, digitalisierte administrative Systeme (z. B. Abrechnungssysteme) zu nutzen. Sie sollen aber auch in der Lage sein, Technologien zu nutzen, um das Unternehmen öffentlichkeitswirksam darzustellen und Mitarbeiter:innen und externe Personen mit dem Unternehmen beispielsweise über Social Media zu vernetzen (Ulrich, Younger, Brockbank & Ulrich, 2012). Über die Jahre differenzierten sich die geforderten Kompetenzen im generischen Bereich Technologie weiter aus, wie wir an der Kompetenzdimension des *Delivery Enablers* (technische und mediale Kompetenzen, analytische Fähigkeiten) sehen. Die Entwicklung der HR-Kompetenzmodelle spiegelt demnach die Entwicklung der HR-Funktion von einer administrativen, über eine technologiegestützte, hin zu einer datengetriebenen Rolle wider.

In der Darstellung der bis hierhin beschriebenen Kompetenzmodelle gliedern sich die analytischen Fähigkeiten als eine weitere Subfacette und Anforderungsdimension ein. Das zeigt die Relevanz von Technologie, Daten und Analysen für den HR-Bereich. Es hilft uns aber noch nicht, im Detail zu verstehen, was analytische Fähigkeiten oder technische Kompetenz bedeutet: Datenanalyse auf Data-Scientist-Niveau oder Sicherheit im Umgang mit Excel-Berechnungen? Darüber hinaus ist fraglich, ob die Eingliederung der potenziell für HR-A relevanten Kompetenzen in das generische HR-A-Anforderungsmodell sinnvoll ist. Zwar bieten diese generischen Ansätze das Potenzial, die allgemeingültigen Kompetenzdimensionen effizient auf verschiedene Rollen anzupassen. Sie bilden jedoch nicht ab, welche Merkmalssets für Personen im operativen vs. strategischen HR-Geschäft besonders wichtig sind oder ob das gleiche Merkmalsset für HR-Generalist:innen und -Spezialist:innen gleichermaßen Berufserfolg bedingt. Durch generalistische Beschreibungen werden situations- und personenspezifische Anforderungen nur ungenügend abgebildet (Caldwell, 2009; McCartney, Murphy & McCarthy, 2020). Wollen wir wissen, was HR-Professionals speziell für HR-A wissen und können müssen, ergibt es Sinn, sich spezifische Merkmalssets für eben diese Rolle anzuschauen.

5.3 HR-Analyst:in

Um dem Kontext bei der Beschreibung von notwendigen Anforderungen Rechnung zu tragen, werden mit HR-A betraute Mitarbeiter:innen zunehmend als „HR-Analyst:in" bezeichnet (Kryscynski et al., 2018; McCartney et al., 2020). Damit wird betont, dass Mitarbeiter:innen, die diese Rolle bekleiden, eine technische, analytische und datenzentrierte Funktion zugeschrieben wird, die ein spezifisches Merkmalsset benötigt (McCartney et al., 2020).

Für HR-Analyst:innen werden, wie es bereits die Rollenbezeichnung nahelegt, primär analytische Kompetenzen gefordert. Kryscynski et al. (2018) definieren *analytische Kompetenz* als die Fähigkeit, (a) eine kausale „Logik" zu entwickeln, die aufzeigt, wie relevante organisationale Merkmale und Prozesse zusammenhängen, (b) geeignete „Analysen" zu nutzen, um kausale Beziehungen in den Daten zu testen, (c) geeignete „Messmethoden" (Datenauswahl und Datenqualität) sicherzustellen und (d) einen „Prozess" für den Einbezug der Erkenntnisse in die organisationale Entscheidungsfindung zu gewährleisten. Diese analytischen Fähigkeiten sollen HR-Analyst:innen dazu befähigen:

- im Rahmen der Personalauswahl mit höherer Wahrscheinlichkeit geeignete von nicht geeigneten Bewerber:innen unterscheiden zu können,
- zielgerichtete Empfehlungen für Geschäftsentscheidungen geben zu können, die zur Erreichung strategischer Ziele beitragen,
- den strategischen Einfluss von HR zu stärken,
- Erkenntnisse durch Datenanalyse und -interpretation zu generieren, die bei der Beantwortung strategischer Fragestellungen hilfreich sind,

- besser mit anderen „zahlengetriebenen“ Funktionen (z. B. Finanzabteilung, Vertrieb) zu kommunizieren und zu kooperieren (Kryscynski et al., 2018).

In einer Befragung von 1.117 HR-Professionals aus 449 Organisationen wurde deutlich, dass HR-Professionals mit ausgeprägten analytischen Fertigkeiten von ihren Vorgesetzten als kompetenter eingeschätzt werden im Vergleich zu Kolleg:innen mit weniger analytischen Fertigkeiten (Kryscynski et al., 2018). Die analytische Fertigkeit war besonders für HR-Generalist:innen und Mitarbeiter:innen im Talent Management von entscheidender Bedeutung. Da HR-Generalist:innen keine spezialisierte HR-Funktion bekleiden, sondern primär als strategische Business Partner spezifische Unternehmensprobleme bearbeiten, scheint hier die Rolle analytischer Fähigkeiten zur Bewältigung komplexer Situationen besonders wichtig zu sein. Auch für Mitarbeiter:innen im Talent Management zeigte sich ein starker positiver Einfluss analytischer Fähigkeiten. Bedingt durch den allgegenwärtigen Fachkräftemangel und das Bewusstsein um diese Problematik auf Managementebene, wird hier ein stärkerer Einfluss analytischer Vorgehensweisen beobachtet, um dieser Herausforderung zu begegnen.

Die Wichtigkeit analytischer Kompetenzen zeigt sich auch darin, dass die Deutsche Gesellschaft für Personalführung (DGFP) das Thema der analytischen Kompetenz als zentrale Anforderung an HR-Professionals für die digitalisierte Arbeitswelt der Zukunft ansieht. Unter dem Schlagwort der *digitalen Kompetenz* beschreibt die DGFP notwendige Kompetenzen, die HR-Mitarbeiter:innen mitbringen sollten, um zur digitalen Unternehmensentwicklung beizutragen. Die DGFP fasst diese in drei Dimensionen zusammen: fachlich-technische Kompetenzen, Businesskompetenzen und digitale Fitness (Deutsche Gesellschaft für Personalführung e. V., 2016):

1. *Fachlich-technische Kompetenz:* Analytische Kompetenzen sowie Informations- und Datenschutzkompetenzen
2. *Businesskompetenz:* Eigenverantwortlichkeit, Kommunikationsfähigkeit, Vernetzungskompetenz und Agilität
3. *Digitale Fitness:* Interesse und Offenheit gegenüber der Digitalisierung, grundsätzliches Wissen über die technologischen Möglichkeiten, die Anwendung dieses Wissens auf das eigene Tätigkeitsfeld und Sensibilität bezüglich rechtlicher Rahmenbedingungen.

Für den effektiven Umgang mit Technik und Daten sind also neben technischen Fähigkeiten auch unter anderem kommunikative, rechtliche und soziale Kompetenzen notwendig. Wir haben in den ersten Kapiteln dieses Buches gesehen, dass für HR-A-Projekte nicht nur die Auswahl und Analyse von Daten entscheidend sind. Es ist unbestritten, dass analytische Kompetenzen ein Kernbestandteil für HR-A sind, denn ohne Datenmanagement und -analyse kommen wir nicht an datengestützte Erkenntnisse (technische Rahmenbedingungen). Mindestens genauso entscheidend ist jedoch, dass die Erkenntnisse verständlich an Entscheidungsträger:innen kommuniziert werden (Stakeholder-Kommunikation, dieses Thema vertiefen wir im nachfolgenden Kapitel 6), dass das Vertrauen und die Akzeptanz der Mitarbeiter:innen gewonnen werden (organisationale Rahmenbedingungen) und datenschutzrechtliche Grundlagen beachtet werden (gesetzliche Rahmenbedingungen).

Diese Multidimensionalität notwendiger Kompetenzen wird sowohl im *HR-Analyst-Kompetenzmodell* von McCartney et al. (2020) als auch im *Kernkompetenzmodell für People-Analytics-Teams* von Green (2017) abgebildet. In beiden Modellen werden sechs Kompetenzdimensionen für HR-Analyst:innen beschrieben, die sich in vielen Punkten ähneln. Diese sind in Tabelle 4 dargestellt.

Tabelle 4: Zusammenfassung der Kompetenzdimensionen von HR-Analyst:innen oder HR-A-Teams nach McCartney et al. (2020), Green (2017) und Andersen (2016)

HR-Analyst-Kompetenzmodell (McCartney et al., 2020)	**Kernkompetenzen eines People-Analytics-Teams** (Green, 2017, basierend auf Andersen, 2016)	**Beschreibung der Kompetenzdimension**
Datenkompetenz und Datenanalyse	Mathematik- und Statistikkenntnisse	• Extraktion, Integration, Management und Analyse von (großen) Datensätzen
Technisches Wissen		• Verständnis von Systemen und technologischen Plattformen (HRIS, Datenbanken, Visualisierungssoftware)
HR- und betriebswirtschaftliches Wissen	Betriebswirtschaftliches Wissen	• Fokus auf strategischem Nutzen (Geschäftssinn) • Wissen um Prioritäten von CEO und Management • Nutzung von HR-Wissen zur Beantwortung strategischer Fragen
Forschung und Entdeckung		• Formulierung testbarer Forschungsfragen zur Beantwortung unternehmensrelevanter Fragen und Aufdeckung wichtiger Herausforderungen, Trends und Treiber
Storytelling und Kommunikation	Storytelling- und Datenvisualisierungskompetenz	• Verständnis der Bedürfnisse der Zielgruppe bei der Kommunikation von Ergebnissen • Übersetzung und Präsentation komplexer Erkenntnisse/Analysen in effektive und anregende Berichte
Beratung	Change-Management-Kompetenz	• Einbezug von Forderungen und Wünschen verschiedener Stakeholder • Aussprechen von datengestützten Empfehlungen an Stakeholdergruppen • Management von Projekten und Kollaborationen • Effektive Problemlösestrategien

Tabelle 4: Fortsetzung

HR-Analyst-Kompetenzmodell (McCartney et al., 2020)	**Kernkompetenzen eines People-Analytics-Teams** (Green, 2017, basierend auf Andersen, 2016)	**Beschreibung der Kompetenzdimension**
	Psychologische Fähigkeiten	• Aufbau von Vertrauen zu Mitarbeiter:innen • Berücksichtigung menschlicher Urteile, Bedürfnisse und Wahrnehmungen bei der Durchführung von HR-A-Projekten

Analytische Kompetenzen sind ein Teil beider Kompetenzmodelle und werden in den Dimensionen *Datenkompetenz und Datenanalyse* beziehungsweise *Mathematik- und Statistikkenntnisse* adressiert. Die Fähigkeit, qualitativ hochwertige Daten auszuwählen, zu integrieren, zu analysieren und zu berichten, ist eine notwendige Grundvoraussetzung für HR-Analyst:innen.

Die Facette wird im Modell von McCartney et al. (2020) um die Dimension des *technischen Wissens* ergänzt. Als HR-Analyst:in sollte man demzufolge ein gutes Wissen über HR Information Systems (HRIS) und Datenbanken haben. In vielen Stellenausschreibungen werden Kenntnisse von Datenanalyse und Visualisierungstools (Excel, Tableau, Power BI, R, Stata etc.) gefordert, welche unter dieser Kompetenzdimension subsumiert werden.

Als nächste Kompetenzdimension öffnet sich in beiden Modellen das *betriebswirtschaftliche Wissen*. Zur Abschätzung und Planung von Projekten, die den größten strategischen Nutzen für das Unternehmen versprechen, ist ein „Geschäftssinn" notwendig. Diese Kompetenz erlaubt HR-Analyst:innen, HR-A auf die Prioritäten der Managementebene und die größten strategischen Herausforderungen auszurichten. Ergänzend wird in vielen Stellenausschreibungen ein grundlegendes Verständnis von HR-Praktiken gefordert (z. B. Rekrutierung und Personalauswahl, Vergütung, Training und Entwicklung etc.).

Unter der Dimension *Forschung und Entdeckung* verstehen McCartney et al. (2020) die Kompetenz, überprüfbare Hypothesen zu formulieren, die strategisch relevante Fragestellungen im Unternehmen abbilden und beantworten können. In Analogie zu Wissenschaftler:innen, sollten HR-Analyst:innen verstehen, wie sich relevante Zusammenhänge aufdecken lassen und wie sich wichtige Treiber (Prädiktoren, Moderatoren, Mediatoren) empirisch identifizieren lassen.

Eine weitere Kompetenzdimension umfasst die Themen *Storytelling, Kommunikation und Visualisierung*. Von HR-Analyst:innen wird die Fähigkeit gefordert, statistische Kennwerte und Analysen an Stakeholdergruppen verständlich kommunizieren zu können, damit Handlungsimplikationen deutlich werden. Damit Entscheidungsträger:innen die Relevanz und Implikation der Ergebnisse verstehen, müssen HR-Analyst:innen nicht nur statistische Ergebnisse berichten (z. B. p-Werte), sondern die *Implikationen* der Ergebnisse anregend darlegen (warum ist das Ergebnis wichtig?). Die Fähigkeit, aus Daten gewonnene Erkenntnisse für ein nicht technisches Publikum vereinfacht und effektiv zu erklären und die Erkenntnisse in eine „betriebswirschaftliche Sprache" zu übersetzen, wird als zentrale Kompetenz angesehen – zum Teil als sogar noch essenzieller, im Vergleich zu analytischen Fähigkeiten (Fu, Keegan & McCartney, 2022). Storytelling kann auch in Form von „Selling" von („Werbung machen für") HR-A als wichtiges Instrument innerhalb der Organisation eingesetzt werden („storytelling as selling"; Fu et al., 2022). Damit ist gemeint, dass HR-Analyst:innen innerhalb der Organisation den potenziellen Nutzen von HR-A „bewerben" müssen, damit HR-A vorangetrieben wird und entsprechende Unterstützung vom Management erhält. HR-Analyst:innen sollten beide Kompetenzen mitbringen und HR-A-Ergebnisse ansprechend visualisieren und erklären und gleichzeitig den allgemeinen Nutzen von HR-A für die Organisation bewerben (Fu et al., 2022).

In Analogie an die Prozessmodelle von HR-A (siehe Kapitel 1) sollten auf die Kommunikation der Ergebnisse Handlungsschritte und Maßnahmen folgen. Damit diese erfolgreich umgesetzt und begleitet werden, sollten HR-Analyst:innen sowohl Kompetenzen im Bereich der *internen Beratung* als auch des *Change Managements* mitbringen.

Schlussendlich führt Green (2017) noch *psychologische Fähigkeiten* als notwendige Kompetenz ein. Diese Kompetenzdimension schlägt die Brücke zu den in Abschnitt 2.2 beschriebenen organisationalen Rahmenbedingungen, in dessen Rahmen wir die Wichtigkeit von organisationalem Vertrauen und organisationaler Gerechtigkeit adressiert haben. Die Fähigkeit, menschliche Urteile, Bedürfnisse und Wahrnehmungen bei der Einführung und Umsetzung von HR-A zu berücksichtigen, ist für HR-Analyst:innen erfolgsentscheidend und wird von Green (2017) auf die *psychologischen Fähigkeiten* zurückgeführt.

Wenngleich sich die Modelle in den inhaltlichen Dimensionen überschneiden (siehe Tabelle 4), liegt ein Unterschied der Modelle darin, dass McCartney et al. (2020) die Kompetenzdimensionen für die Person des/der HR-Analyst:in formulieren, wohingegen Green (2017) diese Kompetenzen in einem HR-A-*Team* vereint sieht. Damit muss nicht eine Person alle Kompetenzen gleichermaßen mitbringen, sondern die erforderlichen Kompetenzen werden von verschiedenen Teammitgliedern eingebracht. Ob HR-A in einem Unternehmen von einer Person oder einem Team bearbeitet wird, hängt maßgeblich von der Größe und dem analytischen Reifegrad des Unternehmens ab. Ein kleines Unternehmen, welches erste Schritte im Bereich HR-A gehen möchte, wird weniger Personen mit HR-A betrauen als ein internationaler Konzern, der eine eigene HR-A-Abteilung beschäftigt. Nichtsdestotrotz spiegelt die Bearbeitung von HR-A in Projekt*teams,* die sich beispielsweise aus HR-Generalist:innen und Spezialist:innen, Jurist:innen und Data Scientists zusammensetzen, eher die Realität und den wünschenswerten Zustand wider als die Bearbeitung des Themas durch eine einzelne Person. Die beschriebenen Kompetenzdimensionen (siehe Tabelle 4) würden daher erwartungsgemäß durch verschiedene Personen abgebildet werden.

Für HR-Analyst:innen ergeben sich durch den Anspruch an HR-A-*Team*arbeit weitere Herausforderungen. Durch die Multidimensionalität der notwendigen Kompetenzen sind HR-A-Teams zumeist heterogen, d. h. es kommen Personen aus verschiedenen Abteilungen zusammen, die unterschiedliche Arbeitsstile gewohnt sind und unterschiedliche fachliche, funktionale oder disziplinäre Hintergründe mitbringen (Brandstädter, Schleiting & Sonntag, 2018). Für HR-A werden zudem häufig interdisziplinäre Teams eingesetzt, bei denen die einzelnen Teammitglieder aus verschiedenen Fachabteilungen beziehungsweise Disziplinen kommen.

5.4 Interdisziplinäre Teamarbeit

Arbeiten Personen unterschiedlicher Fachdisziplinen zusammen, bringt dies Vorteile, aber auch einige Nachteile mit sich. Für HR-A ist ein offensichtlicher Vorteil, dass die Vielzahl an notwendigen Kompetenzen durch verschiedene Personen eingebracht werden kann. Die Heterogenität von Perspektiven führt dazu, dass Teams vielfältigere Lösungsmöglichkeiten generieren und innovativere und kreativere Arbeitsergebnisse als homogenere Teams präsentieren (Brandstädter et al., 2018). Das große „Aber" kommt in Form diverser Herausforderungen. Die Interdisziplinarität in Teams führt häufig zu Kommunikationsbarrieren und zu einer mangelnden Integration aller Teammitglieder, woraus sich ein großes Konfliktpotenzial und mangelndes Vertrauen im Team ergeben (Beddoes, 2020; Brandstädter et al., 2018). Häufig sprechen Teammitglieder verschiedener Disziplinen nicht „die gleiche Sprache", sodass es nicht gelingt, ein gemeinsames mentales Modell über die Aufgabe zu schaffen (Beddoes, 2020).

> Stellen Sie sich vor, ein HR-A-Team möchte ein organisationsspezifisches Experiment durchführen. Der Einsatz neuer HR-Praktiken soll systematisch zwischen Fachabteilungen variiert werden, um den Effekt der Maßnahmen zu beurteilen. Der leitende HR-Analyst ist Psychologe und berichtet dem Team von der geplanten „Manipulation". Die Betriebsrätin (Juristin) ist entsetzt und widerspricht der verdeckten Steuerung und Beeinflussung der Mitarbeiter:innen. Der HR-Analyst versteht den Einspruch nicht, da er als Psychologe unter „Manipulation" die experimentelle Variation von Bedingungen versteht. Die verschiedenen Ausbildungen (Psychologie vs. Jura) führen dazu, dass die beiden Teammitglieder verschiedene Dinge unter „Manipulation" verstehen – ein kommunikatives Missverständnis, welches ohne Bewusstsein um dessen Existenz schwer aufzuklären ist und weiteres Konfliktpotenzial mit sich bringen kann.

Damit Teams Kommunikationsbarrieren überwinden können, sollten die Teammitglieder spezifische Kompetenzen für interdisziplinäre Teamarbeit mitbringen oder erwerben. In Tabelle 5 sind zwei Kompetenzmodelle interdisziplinärer Teamarbeit dargestellt, die im Kern auf die Bedeutsamkeit von kommunikativen und kooperativen Kompetenzen abzielen. Das „interdisziplinäre Handlungskompetenzmodell" von Brandstädter et al. (2018) beschreibt fünf globale Kompetenzbereiche (Spezial-, Themen-, Führungs-, Team- und Arbeitskompetenz), die sich wiederum in 39 Kompetenzen gliedern. Da dieses Modell mit der Fülle an Kompetenzen sehr umfangreich ist, stellen wir hier nicht das gesamte Originalmodell vor. Wir konzentrieren uns stattdessen auf sieben Facetten, die auf Basis der Befragung von Leiter:innen interdisziplinärer Projektgruppen aus Wirtschafts- und Industrieunternehmen als die wichtigsten Kompetenzen für die interdisziplinäre Teamarbeit im Wirtschaftskontext extrahiert wurden. Diese sind in Tabelle 5 dargestellt. Die Kompetenzen des Modells sind potenziell für verschiedene Teams – und nicht ausschließlich für interdisziplinäre Teams – relevant, so beispielsweise auch die Kompetenzen *Wertschätzung* und *Teamfähigkeit* (siehe Tabelle 5). Das Modell von Claus und Wiese (2021) zeigt einige Überschneidungen mit dem Modell, ist jedoch mit den vier Kompetenzdimensionen *zielgruppenspezifische Kommunikation, Initiative zum Austausch, Wissensintegration* und *Reflexion der eigenen Fachdisziplinen* sparsamer und gezielter auf interdisziplinäre Teamarbeit zugeschnitten. Beispielhafte Verhaltensindikatoren für die Kompetenzbereiche sind in Tabelle 5 aufgeführt.

Tabelle 5: Darstellung relevanter Kernkompetenzen für interdisziplinäre Teamarbeit nach Brandstädter et al. (2018) sowie Claus und Wiese (2021)

Die sieben wichtigsten interdisziplinären Kompetenzen im Wirtschaftskontext (nach Brandstädter et al., 2018)	**Modell interdisziplinärer Kompetenzen** (nach Claus & Wiese, 2021)	**Beschreibung und Verhaltensindikatoren** (Claus & Wiese, 2021)
Wertschätzung		
Teamfähigkeit		
Kommunikationsfähigkeit Abstraktionsfähigkeit Sprachanpassung	Zielgruppenspezifische Kommunikation	• Übersetzen zwischen verschiedenen Disziplinen • Geduldiges Erklären • Behutsames Einführen von Fachbegriffen • Behutsames Hinweisen auf Missverständnisse
Diskurs- und Moderationsfähigkeit	Initiative zum Austausch	• Einbringen von Vorschlägen • Initiierung konkreter Diskussionen • Dranbleiben • Nicht darauf warten, dass andere aktiv werden
Perspektivübernahme	Wissensintegration	• Intellektuelle Neugierde • Offenheit für andere • Aktive Suche nach Querverbindungen zwischen bislang separaten Themenfeldern
	Reflexion der eigenen Fachdisziplinen	• Erkennen der Möglichkeiten und Grenzen der eigenen Fachdisziplin • Begründung und Aufrechterhaltung der eigenen Qualitätskriterien

Bedingt durch die Heterogenität notwendiger Kompetenzen, werden HR-A-Teams mit guten interdisziplinären Kompetenzen erfolgreicher sein als HR-A-Teams, deren Teammitglieder weniger ausgeprägte interdisziplinäre Kompetenzen aufweisen. Die Notwendigkeit interdisziplinärer Kompetenzen ist in den zuvor dargestellten Kompetenzmodellen jedoch nicht abgebildet. Wenn Organisationen also die Personalauswahl oder -entwicklung auf die Kompetenzmodelle für HR-Analyst:innen oder HR-A-Teams stützen (siehe Tabelle 4 auf Seite 73), werden interdisziplinäre Kompetenzen gegebenenfalls nicht berücksichtigt. Fachlich kompetente HR-A-Teams könnten in Folge an einem Mangel interdisziplinärer Kompetenzen scheitern.

5.5 HR-Analyst:in im interdisziplinären Teamarbeitskontext

Schauen wir uns daher nun die Wichtigkeit interdisziplinärer Teamkompetenzen für HR-Analyst:innen an und inwieweit sich die jeweils relevanten Kompetenzen integrieren lassen. Die Integration dieser Kompetenzbereiche war das Ziel einer Studie, in deren Rahmen elf Expert:innen zu ihrer Arbeit in HR-A-Projektteams befragt wurden[2]. In den Interviews wurde deutlich, dass typischerweise viele verschiedene Fachdisziplinen an der Durchführung der HR-A-Projekte beteiligt sind. Je nach Projektfortschritt und Art der Beteiligung waren nach Expert:innenaussagen in die Projekte HR-Spezialist:innen und Generalist:innen, Softwareentwickler:innen, Data-Analyst:innen und Statistiker:innen, Mitarbeiter:innen der internen Kommunikations- und Rechtsabteilung und themenspezifische Fachexpert:innen eingebunden. Zudem wurde häufig von Abstimmungen mit Mitarbeiter:innen der betrieblichen Mitbestimmung und des Datenschutzes sowie vom Reporting und der Absprache mit internen Auftraggeber:innen (zumeist HR-Leiter:innen oder Top-Management) berichtet. Die Interdisziplinarität wurde für HR-A-Projekte in verschiedenen inhaltlichen Bereichen, beispielsweise der Personalplanung und Personalkostenplanung, Diversität oder Fluktuation berichtet. Dies deutet die Wichtigkeit interdisziplinärer Kompetenzen bereits an. Auf Basis der Interviews wurde ein Kompetenzmodell für die Arbeit in interdisziplinären HR-A-Projektteams entwickelt. Das Ergebnis ist in Abbildung 12 zusammengefasst. Im Folgenden werfen wir einen Blick auf die Dimensionen des Kompetenzmodells.

Zunächst lässt sich durch die Aussagen der Expert:innen die Bedeutsamkeit *statistischer, technischer und methodischer Kenntnisse* unterstreichen. Die in Abbildung 12 zusammengefassten notwendigen Kenntnisse, Fähigkeiten und Einstellungen umfassen Kompetenzen in den Bereichen Datenmanagement, -analyse und -aufbereitung. Dabei machen die Expert:innen deutlich, dass man nicht ein

> Checker in Multilevel-Analysis [sein muss], weil es doch oft leichtere Analyse[-Verfahren sind], aber wenn man nicht gerne mit einem technischen System arbeitet oder nicht gerne Zahlen zieht, dann finde ich, ist es der falsche Job für einen. (Zitat eine:r Teilnehmer:in an der Interviewstudie)

Der Spaß an der Berechnung von Analysen und die „Liebe für die Zahlen" werden in den Interviews als unabdingbare Einstellungen für die Arbeit in einem HR-A Team beschrieben. Im Kontext statistischer Fertigkeiten wird darüber hinaus *Ethik und Datenschutz* als Kompetenzdimension betont. Darunter fallen umfassendes Wissen über den vertraulichen Umgang mit Daten, Wissen über den Datenschutz und Anonymisierungsmöglichkeiten. Häufig sind Analysen oder Herangehensweisen rein rechtlich möglich, vor dem Hintergrund ethischen Handelns rät eine befragte Person jedoch, sich die Frage zu stellen: „Ist es dennoch opportun?"

Die Kompetenzdimension *organisationale Prozesse und Vernetzung* umfasst betriebswirtschaftliche Kenntnisse zu Geschäftsprozessen und Organisationsstrukturen, eine Kompetenzdimension, die wir auch schon in vorherigen Kompetenzmodellen kennengelernt haben. Zusätzlich wird die Bedeutsamkeit des Aufbaus und Bedienens eines organisations-

---

2 Wir bedanken uns bei Kyra Iconomou für die im Rahmen ihrer Masterarbeit „Entwicklung eines Kompetenzmodells für HR-Analytics Professionals bei der Arbeit in interdisziplinären Teams" durchgeführte Datensammlung und Datenanalyse.

	Kompetenz-dimension	Kenntnisse, Fähigkeiten, Fertigkeiten und Einstellungen
	Statistik, Methodik und Technik	• Kenntnis statistischer Verfahren, deren Einsatz und Grenzen • Projektspezifische Identifizierung angemessener Programme und Tools • Durchführung statistischer Analysen • Nutzung von Analyse- und Visualisierungssoftware • Technische Kenntnisse über Datenbanken, Datenstrukturen, Datenqualität • Auffinden und Aufbereiten von Daten • Umgang mit Programmiersoftware • Statistik-Affinität
	Ethik und Datenschutz	• Kenntnis datenschutzrechtlicher Grundlagen • Kenntnis von Anonymisierungsmöglichkeiten von Daten • Abwägung technischer Möglichkeiten gegenüber sozialen Auswirkungen • Kenntnis ethischer Grundsätze • Ethisches und integres Verhalten • Einhaltung wissenschaftlicher Standards
	Organisationale Prozesse und Vernetzung	• Hintergrundwissen zu Geschäftsprozessen und Organisationsstrukturen • Bildung eines Netzwerkes im Unternehmen • Fachspezifisches Wissen • Interkulturelle Kompetenz (auch Sprachkompetenz)
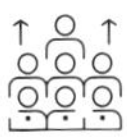	Personal-management	• Verständnis von Personalprozessen • Generalistisches HR-Wissen • Kenntnis von HR-Kennzahlen
	Psychologie	• Allgemeinpsychologisches Grundwissen • Kenntnis und Anwendung arbeits- und organisationspsychologischer Theorien
	Stakeholder-Kommunikation	• Verbale und schriftliche zielgruppengerechte Stakeholder-Kommunikation • Zielgruppengerechtes Aufbereiten und Präsentieren von Ergebnissen • Storytelling • Offene, sachliche Kommunikation • Transparenter regelmäßiger Austausch • Aktives Zuhören
	Interdisziplinäres Arbeiten	• Teamfähigkeit • Bemühung um gegenseitiges Verständnis (Aufbau geteilter mentaler Modelle) • Berücksichtigung verschiedener Sichtweisen • Wertschätzung und gegenseitige Unterstützung • Enge Abstimmung • Diplomatisches Verhalten • Konfliktmanagement • Beharrlichkeit • Virtuelle Kooperation
	Projekt-management	• Erstellung von Zeit- und Kommunikationsplänen • Koordinierung der Arbeit in Teams inkl. Initiierung regelmäßiger Treffen • Aufgabendelegation • Moderation von Meetings • Dokumentation des Projektfortschrittes • Iteratives Vorgehen durch agiles Projektmanagement • Zeitmanagement
	Gewissenhafte Arbeitsweise	• Gründlichkeit • Klare Strukturierung • Selbstorganisation/Verbindlichkeit • Organisation, Kontrolle, Koordination • Kritisches Reflektieren der eigenen Arbeitsweise
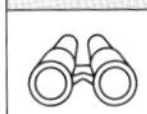	Weitblick	• Zielorientierte Ausrichtung von Projekten • Beachtung des „großen Ganzen“

Abbildung 12: Kompetenzmodell für die Arbeit im interdisziplinären HR-Analytics-Team

internen Netzwerks betont sowie die Rolle interkultureller Kompetenzen (inklusive Sprachkompetenz) in international agierenden Unternehmen.

Der Kompetenzbereich *Personalmanagement* adressiert ebenfalls eine bereits im Rahmen der HR-A-Kompetenzmodelle eingeführte Dimension. Personalmanagement wird dabei als ein fundiertes Verständnis von Personalprozessen, als generalistisches HR-Wissen, aber auch als Wissen über konkrete HR-Kennzahlen beschrieben. HR-Analyst:innen müssen „HR hoch und runter deklinieren können".

Die Kompetenzdimension *Psychologie* wird vor allem mit Blick auf das Wissen um und Anwenden von arbeits- und organisationspsychologischen Fragestellungen als bedeutsam erachtet. Fachkenntnis in Arbeits- und Organisationspsychologie befähigt HR-Analyst:innen zur theoretisch fundierten Planung von Datenanalysen und zur theoretischen Einordnung von Ergebnissen. Ein beispielhaftes Anwendungsfeld, in dem das psychologische Wissen zum Tragen kommt, ist die Herangehensweise bei der internen Kommunikation.

In den Bereich der *Stakeholder-Kommunikation* fallen die zielgruppengerechte Ergebnispräsentation und das Storytelling. HR-Analyst:innen sollten in der Lage sein, die wichtigsten Erkenntnisse in kurzer Zeit ansprechend zu präsentieren und den regelmäßigen Austausch mit Stakeholdergruppen zu initiieren und zu pflegen. Da wir den Aspekt des Stakeholder Managements in Bezug auf das Gelingen von HR-A in Organisationen für zentral halten, greifen wir dieses detailliert im nächsten Kapitel (Kapitel 6) auf.

Die Expert:innen beschreiben *interdisziplinäres Arbeiten* als zentral, sodass sich diese Dimension in multiple Kompetenzen gliedert. Nach den Expert:innen gäbe es „kaum einen Job, der stärker auf Zusammenarbeit basiert". So sollten HR-Analyst:innen allgemeine Teamfähigkeit mitbringen und gerade vor dem Hintergrund der Interdisziplinarität in der Lage sein, verschiedene Anspruchsgruppen sowie deren Sichtweisen zu berücksichtigen. Um „ein Verständnis zu entwickeln, wie das jeweilige Gegenüber tickt und wie man es ... zu nehmen hat", müssen HR-Analyst:innen die Fähigkeit mitbringen, individuelle Interessen und Bedürfnisse zu erkennen und sensibel zu behandeln. Zur Förderung der Kooperation und Minimierung von Konflikten ist eine enge Abstimmung und diplomatisches Verhalten durch wertschätzende und gegenseitig unterstützende Kooperation notwendig. Gleichzeitig müssen HR-Analyst:innen Beharrlichkeit zeigen, um den eigenen Standpunkt durchzusetzen. Aufgrund der COVID-19-Pandemie wurde zudem die Fähigkeit zur virtuellen Zusammenarbeit mehrfach angesprochen.

Die Erfahrungshorizonte der Expert:innen spiegeln einen häufig projektbasierten Ansatz von HR-A wider, weshalb HR-Analyst:innen Kompetenzen im *Projektmanagement* mitbringen und sich mit dieser Arbeitsweise wohlfühlen sollten. Die Fähigkeit, Zeit- und Kommunikationspläne zu erstellen, deren Einhaltung zu verfolgen, Arbeitsschritte aufzuteilen und abzustimmen, den Überblick zu behalten und Arbeitsergebnisse zu bündeln, sind dafür elementar. Für die Bewältigung komplexer HR-A-Projekte ist die Kenntnis und Umsetzung agiler Arbeitsweisen hilfreich, um iterative Vorgehensweisen zu ermöglichen.

Auf individueller Ebene wird *gewissenhaftes Arbeiten* als erfolgsrelevante Kompetenzdimension angesprochen. Statistische Analysen erfordern Gründlichkeit und eine kritische Reflexion der eigenen Arbeit, denn „ein ganz kleiner Fehler [kann] einen riesen Impact ... in den Daten [haben]". Eine strukturierte Vorgehensweise ist notwendig, um zeitnah und methodisch korrekt auf die Bedürfnisse der auftraggebenden Person (beziehungsweise Abteilung) abgestimmte Ergebnisse zu liefern. Darüber hinaus ist es für die Arbeit in HR-A-Teams notwendig, sich selbst organisieren zu können und den Blick für das Gesamtprojekt nicht zu verlieren, denn HR-Analyst:innen sollen die Rolle der Person bekleiden, bei der „die Knotenpunkte zusammenlaufen".

Zu guter Letzt lässt sich der Aspekt des *Weitblicks* als Kompetenz beschreiben, bei flexibler Herangehensweise das Projekt und Handeln stets auf das Ziel und das „große Ganze" auszurichten.

Zusammenfassend sind in dem Kompetenzmodell für die Zusammenarbeit im interdisziplinären HR-A-Team (vgl. Abbildung 12) viele der von McCartney et al. (2020) und Green (2017) beschriebenen Kompetenzdimensionen in ähnlicher oder gleicher Form vorhanden. Das Modell ist mit Blick auf die interdisziplinären Teamkompetenzen jedoch umfangreicher. Darüber hinaus kamen in den Expert:innenbefragungen auch die Dimensionen ethischen und gewissenhaften Handelns und Kompetenzen im Projektmanagement zum Vorschein. Gerade vor dem Hintergrund der komplexen gesetzlichen und gesellschaftlichen Einflussfaktoren (siehe Kapitel 3) möchten wir die Kompetenzdimension *Ethik und Datenschutz* in ihrer Wichtigkeit betonen.

5.6 Fazit

Die Vielfalt an Anforderungen, die HR-A-Projekte mit sich bringen, zeigt sich in der Multidimensionalität notwendiger Kompetenzen. Vielleicht haben Sie dieses Kapitel als Student:in gelesen und hatten die Frage im Kopf, welche Kompetenzen Sie im Laufe Ihres Studiums erwerben wollen und sollten, um eine Tätigkeit im Bereich HR-A anzustreben. Vielleicht haben Sie sich als HR-Leiter:in gefragt, wie Sie Ihr HR-A-Team am besten zusammenstellen. Oder Sie haben dieses Kapitel als Dozent:in im Bereich der Arbeits-, Organisations- und Wirtschaftspsychologie aufgeschlagen, um zu erfahren, welche Kompetenzen Sie Ihren Studierenden lehren sollten. Wir hoffen, mit diesem Kapitel Antworten auf diese und ähnliche Fragen gegeben zu haben. Die Kompetenzmodelle für HR-Analyst:innen und HR-A-Arbeit in interdisziplinären Teams zeigen Kernbereiche notwendiger Qualifikationen und Qualifizierungen auf. Dabei sind Kompetenzen im Bereich der *statistischen/methodischen/technischen Fertigkeiten, betriebswirtschaftliches und personalspezifisches Wissen* sowie *kommunikative Fähigkeiten* Kernkompetenzen für HR-Analyst:innen. Werden Personen verschiedener Fachrichtungen als (Projekt-)Team mit HR-A in Unternehmen betraut, steigt mit zunehmender Heterogenität der Teams das Potenzial für Missverständnisse und Konflikte. In diesem Kontext werden ergänzend *interdisziplinäre Teamarbeitskompetenzen* erfolgskritisch. Als Stellschraube für den Einsatz kompetenter Teams kann für Unternehmen sowohl die (interne oder externe) Personalrekrutierung als auch -auswahl dienen (Selektion kompetenter HR-Analyst:innen). Eine weitere Stellschraube liegt im Kompetenzerwerb durch Training (Personalentwicklung).

Eine wichtige Kompetenz, die im Rahmen des Kompetenzmodells für HR-Analyst:innen vorgestellt wurde, ist das Stakeholder Management, beziehungsweise die Stakeholder-Kommunikation. Fachexpert:innen im Bereich HR-A betonen, dass HR-Analyst:innen nicht nur Ergebnisse zielgruppengerecht (d.h. für bestimmte Stakeholder) berichten müssen, sondern auch ein regelmäßiger Austausch mit Stakeholdergruppen initiiert und gepflegt werden muss. Da dies einen entscheidenden Erfolgsfaktor für HR-A-Projekte darstellt (Falletta & Combs, 2021), werden wir das Thema Stakeholder Management im folgenden Kapitel vertiefen.

6 HR-Analytics und Stakeholder Management

Sie wollen ein HR-A-Projekt starten ...

- ... und fragen sich, ob die Metriken, die Sie nutzen wollen, bereits „irgendwo“ in der Organisation existieren?
- ... und fragen sich, ob es Daten in der Organisation gibt, die für Ihren Zweck aufbereitet werden könnten?
- ... überlegen, wer Ihnen in der Organisation dabei helfen kann, die Daten so zu organisieren, dass Sie die Analysen durchführen können?
- ... oder haben bereits „grünes Licht“ vom Top-Management dafür erhalten – und Sie fragen sich, warum es auf Ebene der Mitarbeitenden Gerüchte gibt, bevor es überhaupt losgeht?

Bei all diesen Fragen kann Stakeholder Management helfen, konstruktive Antworten zu finden. Bei den ersten drei Fragen kann Stakeholder Management dabei unterstützen, die Personen in der Organisation aufzuspüren, die wissen, wo welche Daten in welcher Form verfügbar sind. Stakeholder Management kann sensibilisieren, die Befindlichkeiten und Interessen der Stakeholder zu erkennen, den Beitrag der Stakeholder im Projekt wertzuschätzen und einen Dialog zu etablieren, der die verschiedenen Anliegen in einer Organisation zu einer gemeinsamen Lösung führt. Stakeholder Management kann ebenso dazu beitragen, Gerüchte und die dahinterliegenden Unsicherheiten zu antizipieren. Denn je höher die Unsicherheit darüber, was in einer Organisation passiert, umso höher die Wahrscheinlichkeit von Gerüchten (Bordia & DiFonzo, 2013).

6.1 Der Ansatz des Stakeholder Managements

Organisationen sind gesellschaftliche Akteure in einer Umwelt, in der weitere Organisationen und Akteure in sogenannten Lebenswelten „leben“: die Stakeholder (oder deutsch „Anspruchsgruppen“). Stakeholder sind z. B. die aktuellen Mitarbeiter:innen, potenzielle Mitarbeiter:innen beziehungsweise Bewerber:innen, Gewerkschaften und Personalvertretungen, Kapitalgeber:innen, Zulieferer, der Staat, die Städte und Gemeinden, NGOs (Non-Governmental Organizations wie z. B. Umweltschutzorganisationen), die Öffentlichkeit allgemein sowie die Kund:innen (Rüegg-Stürm, 2002). Organisationen haben die Aufgabe, bei den Stakeholdern und deren durchaus unterschiedlichen Interessen sowie Anliegen Akzeptanz zu schaffen – dazu dient das Stakeholder Management.

Stakeholder in einem HR-A-Projekt können sein:

- Personen, die die Daten für die HR-A-Projekte generieren (z. B. die Personen, die „erfasst werden“, also die Personen, über die Informationen gesammelt und deren Daten genutzt werden),
- Personen, die an einer Zusammenstellung der Daten abteilungs- oder organisationsübergreifend beteiligt sind (z. B. Mitarbeiter:innen der Business Intelligence Unit),
- Personen, die von den damit verbundenen Entscheidungen betroffen sein werden,
- Personen, die an der Verbesserung durch eine Intervention (meistens das Management) interessiert sind,

- Personen, die dazu beitragen können, Metriken/Daten zu identifizieren und Zugang zu diesen zu erhalten (die Subject Matter Experts). Denn ohne Daten, können wir nichts „rechnen“.

Definition: Stakeholder

Stakeholder sind alle Gruppen oder Einzelpersonen, die die Zielerreichung und die Zweckbestimmung einer Organisation beeinflussen können oder durch die Zielerreichung beeinflusst werden (Cornelissen, 2017; Freeman, 2010; Kluge, 2021).

Ein „Stake“ ist ein Anspruch, ein Interesse oder eine ideelle (z.B. Beachtung der sozialen Verantwortung und Beachtung von Menschenrechten sowie Kinderrechten oder Fair Trade, auch wenn man im Ausland fertigt) bzw. finanzielle Anteilnahme (z.B. in Form von finanziellen Beteiligungen, Aktienbesitz).

Beim Stakeholder Alignment (siehe Abschnitt 6.2.2) geht es darum, das Unternehmen oder die Organisation dazu zu befähigen und zu unterstützen, als Team (z.B. als HR-A-Team) zusammenzuarbeiten. Um einen Überblick über die Arbeit mit Stakeholdern zu erhalten, bietet sich das Rahmenmodell der Stakeholder-Partizipation nach Tan, Zhang, Sun, Wang

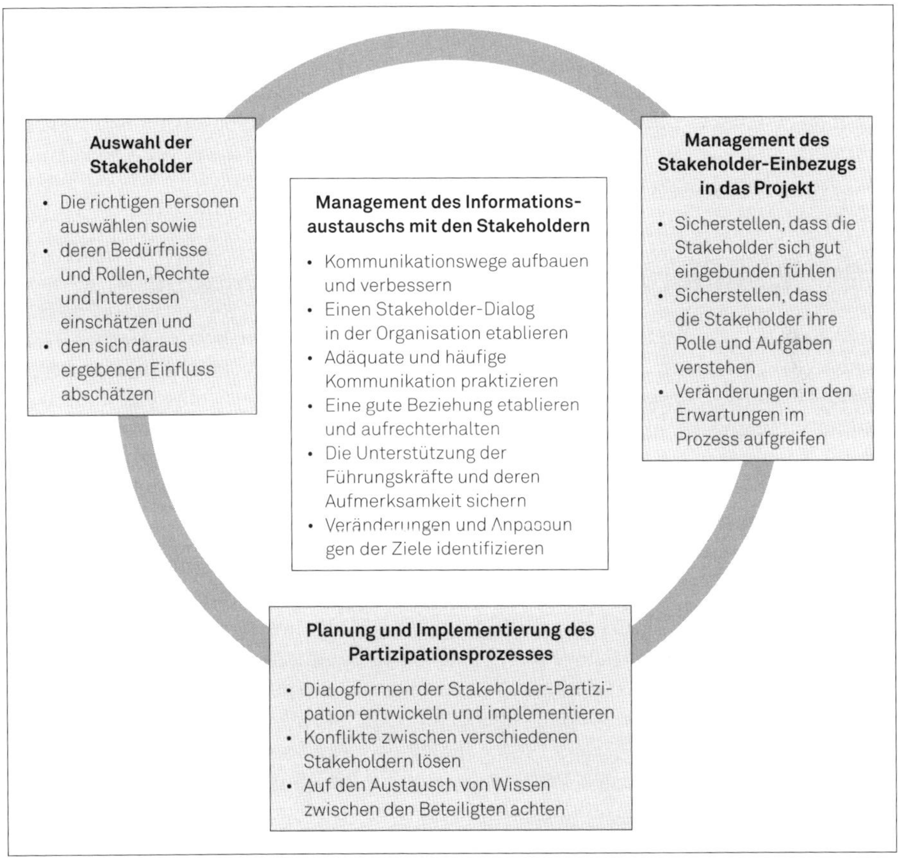

Abbildung 13: Rahmenmodell des Stakeholder Managements (angelehnt an Tan et al., 2018)

und Zheng (2018) an (vgl. Abbildung 13). Es müssen vor dem Start eines HR-A-Projekts die „richtigen“ Stakeholder ausgewählt werden. Einige Stakeholder sind z. B. durch das Betriebsverfassungsgesetz oder die DSGVO „gesetzt“. Diese müssen zwangsläufig eingebunden werden, z. B. der Betriebsrat bei Entscheidungen über die Einführung technischer Einrichtungen (siehe Abschnitt 3.2). Andere, wie z. B. Expert:innen einer Domäne, müssen erst identifiziert werden. Zu klären sind deren Rechte und Interessen, Erwartungen und der Einfluss auf das Gelingen eines HR-A-Projekts. Die Beziehung zu und die Einbeziehung von den Stakeholdern wird anschließend durch Kommunikationsprozesse etabliert und aufrechterhalten. Dabei wird sichergestellt, dass sich die Stakeholder eingebunden fühlen und ihre Aufgaben verstehen. Ebenso dienen diese Kommunikationswege dazu, im Falle der Veränderung und Anpassung der Projektziele miteinander eine Anpassung der gemeinsam geteilten mentalen Modelle (d. h. ein gemeinsames Verständnis über Aufgaben, Ziele etc.) vorzunehmen.

Die Stakeholder-Partizipation muss in einer Organisation entsprechend der Auswahl der Stakeholder geplant und als Prozess etabliert werden. Wichtige Fragen zur Planung des Beteiligungsprozesses können sein: Wie werden die Stakeholder informiert? Wo findet der gemeinsame Dialog über die Themen statt? Wie sollen Konflikte gelöst werden?

Zur Beantwortung dieser Fragen wird ein Prozess benötigt, der es ermöglicht, die Expertise, die Bedürfnisse und Interessen „dialogisch“ einzubeziehen und tragfähige Lösungen und Vorgehensweisen zu entwickeln, die bei der Erreichung des HR-A-Projektziels unterstützen. Im Zentrum all dieser Aktivitäten steht zum einen der Aufbau von Kommunikationskanälen sowie -strukturen, die eine belastbare Beziehung zu den Stakeholdern aufbauen und erhalten, zum anderen Aktivitäten, die Aufmerksamkeit und Unterstützung der Führungskräfte sichern, sodass sie flexibel auf eine Entwicklung sowie auf eine Veränderung der Ziele reagieren können.

6.2 Etablierung eines Stakeholder-Dialogs

Ein Stakeholder-Dialog ist ein strukturierter interaktiver und proaktiver Prozess zur Entwicklung von Strategien, in denen die Anliegen aller Stakeholder berücksichtigt werden (Kaptein & van Tulder, 2017). Der Stakeholder-Dialog gilt als eine Schlüsseldeterminante der Eindrücke und des Images, die Stakeholder von einer Organisation bilden. Die Eindrücke der Stakeholder, die durch eine solche dialogische Kommunikation geprägt sind, sind ein wesentlicher Treiber für die Marktbewertung einer Organisation (Nartey, Henisz & Dorobantu, 2023).

Der Stakeholder-Dialog erfordert ein aktives Engagement in einer reichhaltigen zweiseitigen Kommunikation, die darauf abzielt, ein gegenseitiges Verständnis über die Probleme sowie von gemeinsamen Interessen und Strategien zu deren Bewältigung zu entwickeln (vgl. Tabelle 6). Durch die Dialoge soll eine Organisation für die Interessen und Anliegen der Stakeholder sensibilisiert werden, aber auch die Stakeholder sollen die Dilemmata verstehen, in denen sich Organisationen häufig befinden. In einem Stakeholder-Dialog kann sich die Beziehung zwischen dem Unternehmen und den Stakeholdern von einer Beziehung der Konfrontation und des Wettbewerbs zu einer Beziehung der Konsultation und Zusammenarbeit entwickeln. Forderungen von „vertraue mir“ und „zeig es mir“ werden ersetzt durch ein „beteilige mich“, „schließe dich mir an“ oder „beziehe mich ein“ (Kaptein & van Tulder, 2017).

Tabelle 6: Stakeholder-Debatte vs. Stakeholder-Dialog (nach Kaptein & van Tulder, 2017)

Stakeholder-Debatte	Stakeholder-Dialog
Wettbewerb mit einem/einer einzelnen Gewinner:in oder nur Verlierer:innen (Entweder-Oder-Denken)	Kooperation, bei der es nur Gewinner:innen gibt (Und-Und-Denken)
Egozentrisch, da die andere Partei als eine Bedrohung oder ein Mittel zum persönlichen Profit verstanden wird	Empathisch, da die andere Partei als eine Chance verstanden wird, die ein intrinsisches Interesse vertritt
Sich selbst in ein besseres Licht rücken	Man selbst sein
Sprechen, dem anderen zuhören müssen	Dem anderen zuhören, bevor man selbst spricht
Beeinflussung	Überzeugungsarbeit
Konfrontation, kämpferisch und destruktiv, wobei die Schwächen und Fehler der anderen Partei gesucht und die Ähnlichkeiten negiert werden	Konstruktiv und unter dem Gesichtspunkt des gegenseitigen Verständnisses und Respekts werden Ähnlichkeiten gesucht, aus denen die Unterschiede betrachtet werden können
Eine geschlossene und defensive Haltung, weil man davon ausgeht, dass man selbst die „Wahrheit" am besten kennt	Eine verletzliche Haltung (weil es viele Wahrheiten gibt), bei der Parteien offen für Kritik an ihrer eigenen Leistung sind und sie dies nutzen können, um voneinander zu lernen
Nehmen und (Zurück-)Halten	Geben und Empfangen
Teile und herrsche	Teile und diene

Der Ausgangspunkt für Entscheidungen in Unternehmen im Sinne eines Stakeholder-Dialogs, wie z. B. zur Durchführung eines HR-A-Projekts, ist die „Kunst des Möglichen" (Goodijk, 2002): Wie können die Anliegen von Aktionär:innen, Kund:innen und Mitarbeiter:innen vor dem Hintergrund existierender Realitäten allparteilich erreicht werden? Wie kann ein verantwortungsvolles Gleichgewicht zwischen Menschen, Planet und Umsatzzielen geschaffen werden? Im Stakeholder-Ansatz ist der Anspruch an eine gute Praxis der Unternehmensführung (Corporate Governance) so organisiert, dass eine optimale Interessenabwägung möglich ist (Goodijk, 2002).

Wenn die Beteiligten in der Organisation, in welcher ein HR-A-Projekt geplant wird, im Stakeholder-Dialog erfahren sind, ist das eine sehr gute Voraussetzung für die Einbindung eben dieser in den gemeinsamen Projektentwicklungsprozess. Organisationen, die weniger erfahren sind, könnten einen HR-A-Prozess nutzen, um sich im Stakeholder-Dialog zu erproben und erste Erfahrungen zu sammeln. In der Praxis kann ein Stakeholder-Dialog beispielsweise in Form eines Workshops angestoßen werden. Im Rahmen des Workshops können die Personengruppen die Möglichkeit bekommen, ihre Sichtweisen zu besprechen und zu diskutieren.

6.2.1 Auswahl der Stakeholder

Starten wir zunächst mit unserer „Einladungsliste“: Stakeholder, die in einem HR-A-Projekt berücksichtigt werden sollten, sind (Guenole, Ferrar & Feinzig, 2017):

1. *Stakeholder, die man mit den Ergebnissen bei einer Entscheidung unterstützen will:* HR-Manager:innen, Geschäftsbereichsleiter:innen, Vorstände. Diese Stakeholder interessiert primär, inwieweit der genutzte HR-A-Ansatz die Organisation im Hinblick auf große Herausforderungen (strategische Ziele) unterstützen kann.
2. *Stakeholder, von denen man abhängig ist:* Die „Data Owner“, die Rechtsabteilung, der Betriebsrat, Expert:innen. Diese Stakeholder interessieren vor allem die Zielsetzung des Projekts, die Wichtigkeit, die sie selbst dabei einnehmen, sowie die dahinterliegenden Absichten der Organisationsleitung.
3. *Stakeholder, deren Arbeit sich nach dem Projekt und durch die Ergebnisse verändert:* Mitarbeiter:innen, Entscheidungsträger:innen. Diese Stakeholder interessieren sich vor allem für die Art des Analytics-Ansatzes (welche Daten werden erfasst?), die erwarteten Vorteile, den Erkenntnisgewinn und wie sich dieser auf die eigene Arbeit auswirken wird, was von ihnen erwartet wird und welches Feedback benötigt wird, um Veränderung zu bewirken und warum (Guenole, Feinzig, Green & Zhang, 2017).

Eine inzwischen häufig genutzte Herangehensweise an die Analyse von Stakeholder-Interessen ist die sogenannte Einfluss-Interessen-Matrix, die auch für HR-A-Projekte empfohlen wird (Waters, Streets, McFarlane & Johnson-Murray, 2018; siehe Abbildung 14). Sie differenziert den Einfluss und das Interesse der jeweiligen Stakeholder und wird in einer weiteren Darstellung durch positive oder negative Einstellungen zum Prozess ergänzt (vgl. Abbildung 15).

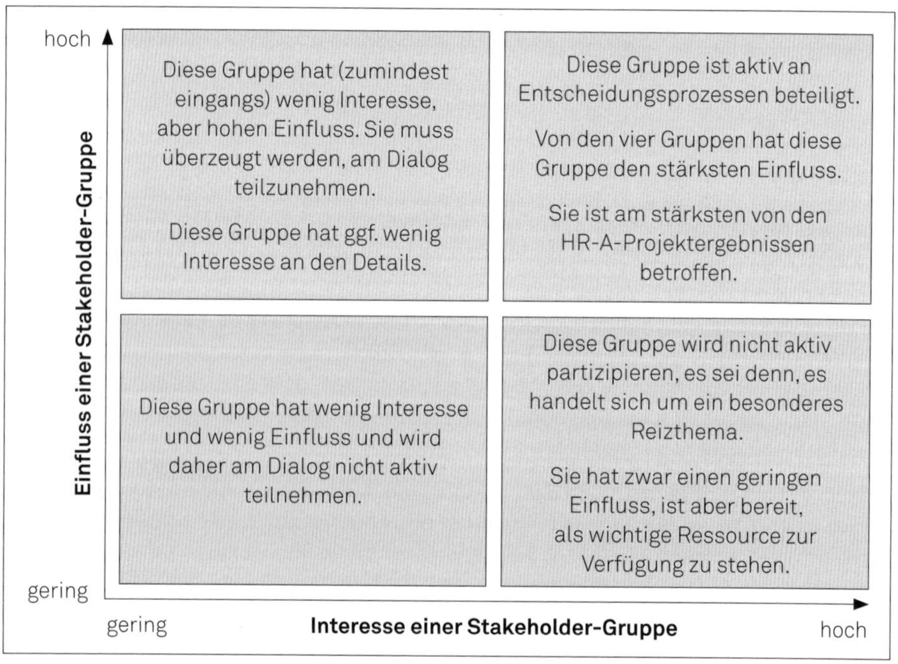

Abbildung 14: Die Einfluss-Interessen-Matrix (in Anlehnung an Waters et al., 2018)

Der Einfluss auf den Verlauf (und damit auf den Erfolg) des Prozesses in einem HR-A-Projekt ergibt sich einerseits aus der Position, andernfalls der Ressourcenmacht einer Person in der Organisation oder ihrem tatsächlichen Einfluss, der sich aus ihrer Glaubwürdigkeit als Führungskraft oder Person mit Expertise ergibt. Das Interesse an dem Projekt oder Programm wird verstanden als der Umfang, in dem sich eine Person aktiv oder passiv in einen Prozess einbringen wird. Die Einstellung ergibt sich nach Murray-Webster und Simon (2006) aus dem Ausmaß, in dem die Person „unterstützen" (sich zielführend einbringen) oder „blockieren" (Widerstand leisten) wird. Die sich daraus ergebenden Kombinationen werden von Murray-Webster und Simon eher überspitzt benannt und sind nicht empirisch geprüft – können aber als Heuristik hilfreich sein, um bei der Planung der einzuladenden Stakeholder z. B. zum Auftakt eines Stakeholder-Workshops zu einem HR-A-Projekt mögliche Stakeholder-Reaktionen zu antizipieren.

Werden die Dimensionen von Interesse und Einfluss ergänzt um die Dimension der Macht, die eine Gruppe hat, den erfolgreichen oder konstruktiven Verlauf eines HR-A-Projekts zu verhindern oder zu fördern, ergibt sich eine dreidimensionale Matrix, wie von Murray-Webster und Simon (2006) dargestellt. Stakeholder können z. B. unbedeutend, passiv, aber blockierend sein (und damit in der Bezeichnung der Autor:innen zum „Stolperdraht" werden), aber auch einflussreich, passiv und blockierend (und damit in der Darstellung der Autor:innen zur „Zeitbombe" werden). Die Idee hinter diesen Darstellungen ist erstens, als Projektgruppe vorher zu durchdenken sowie zu antizipieren, welche Stakeholdergruppen im Prozessverlauf den Prozess in gewünschter, d. h. prozessförderlicher, oder unerwünschter, d. h. prozesshinderlicher, Art und Weise beeinflussen können. Zweitens, wie diese Stakeholdergruppen aktiv angesprochen werden müssen, um sie anzuregen, am Dialog teilzunehmen und sich aktiv einzubringen.

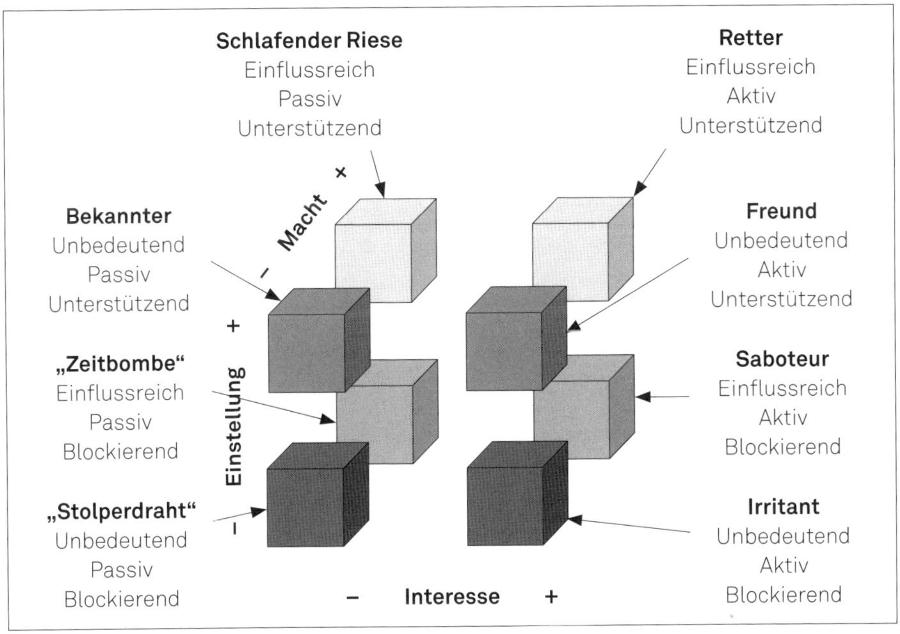

Abbildung 15: Dreidimensionale Matrix zum Stakeholder-Einfluss, deren Interesse und Einstellung (in Anlehnung an Murray-Webster & Simon, 2006)

Weitere Möglichkeiten für Stakeholder-Analysen finden sich z. B. bei Walker, Bourne und Shelley (2008). Je nach Zielsetzung des Projektes, für welches die Stakeholder-Interessen eingeschätzt werden sollen, kann es hilfreich sein, auch andere Dimensionen in die Überlegungen mit einzubeziehen. Walker et al. (2008) unterscheiden die folgenden Stakeholder-Dimensionen:

- vermutete politische Perspektiven von Stakeholdern,
- Haltung zu Zweck und Zielen der Berücksichtigung von Stakeholdern,
- der in der Organisation angenommene Wert der Berücksichtigung von Stakeholdern,
- Berücksichtigung der Interventionsebene (auf individueller, Team- oder organisationaler Ebene), auf welcher Stakeholder einbezogen werden könnten,
- Berücksichtigung der Art und Weise, wie die Interessen der Stakeholder durchgesetzt werden können.

Die Teilnehmer:innenliste für ein Stakeholder-Meeting variiert je nach Aufbau-, Ablauf- und Prozessorganisation und in Abhängigkeit der HR-bezogenen Zusammenhänge, die betrachtet werden sollen. Personen außerhalb der HR-Abteilung verfügen möglicherweise über besonders relevantes Fachwissen (und starkes Interesse) über die Ziele der Intervention und damit verbundene Investitionen. Sowohl ihr Fachwissen als auch ihre Interessen sind wichtig. Daten können von mehreren Stellen in der Organisation stammen und verschiedene Beteiligte werden gebraucht, um Zugang zu diesen zu erhalten (siehe Daten-Silos, beschrieben in Abschnitt 2.1.2).

In der Regel kommen die Teilnehmer:innen für das Stakeholder-Meeting oder den Workshop (im Falle eines Unternehmenssitzes in Deutschland und den entsprechenden Mitbestimmungsgesetzen) aus den Bereichen

- der HRM-Abteilung (gegebenenfalls einschließlich Schulungspersonal),
- der Personen mit Expertise,
- der Finanzen,
- der Business Intelligence und IT,
- der Geschäftsführung,
- der Mitarbeiter:innen, deren Daten genutzt werden sollen,
- der Personalvertretungen und Sozialpartner:innen (Betriebs- oder Personalrat),
- des Datenschutzes,
- der Unternehmenskommunikation.

Zusammengefasst ist es wichtig, die für das jeweilige HR-A-Projekt relevanten Stakeholder zu identifizieren (siehe Einfluss-Interessen-Matrix in Abbildung 14 auf Seite 86), wobei die Liste der für HR-A-Projekte typischerweise relevanten Personengruppen Orientierung liefern kann. Besteht ein Überblick über die „Gästeliste“, kann ein Stakeholder-Dialog in Form von einem oder mehreren Meetings oder Workshops initiiert werden.

6.2.2 Stakeholder Alignment

Wer in der Organisation mit einem HR-A-Projekt startet, ist vielleicht versucht, zu untersuchen, was sie oder ihn schon immer interessiert hat – oder was einfach zu messen ist. Im Sinne des strategischen HRM beziehungsweise eines HR-Business-Partner-Konzeptes sollte aber untersucht werden, was die treibenden Wirkkräfte in Bezug auf die Aktivitätsfelder im Bereich HRM sind, mit klarem Bezug zu den strategischen Zielen der Organisation (siehe Abschnitt 1.2 und Kapitel 9). Dies entspricht der in Abschnitt 1.4

angesprochenen *Wettbewerbs-Analytics-Phase* (Levenson, 2018), die den Start des HR-A-Projekts bilden sollte. Die klare Ausrichtung von HR-A-Projekten auf die strategischen mittel- und langfristigen Organisationsziele wird auch „Alignment" (Ausrichtung) genannt (Pease, Byerly & Fitz-Enz, 2012). Die Stakeholder-Ausrichtung stellt sicher, dass die Logik hinter einem HR-A-Projekt mit den Geschäftsergebnissen im Einklang steht. Die Ausrichtung der Stakeholder (z. B. durch einen Workshop) bietet ein Forum, um die individuellen Probleme und Anliegen der Stakeholder anzuhören. Stakeholder-Meetings können dazu dienen, zu prüfen, ob die vermuteten Korrelationen und Zusammenhänge zwischen Prädiktoren (d. h. erklärenden Faktoren), Moderatoren (d. h. Rahmenbedingungen, die einen Effekt signifikant beeinflussen) und Geschäftsergebnissen oder weiteren strategisch relevanten Kenngrößen korrekt sind (Pease et al., 2012). Das Ziel des Stakeholder-Dialogs in Form von Meetings oder Workshops muss sein, dass die Stakeholder über die in einem HR-A-Projekt im Fokus stehenden Verhaltensweisen, beobachtbaren (messbaren) Teile eines Geschäftsprozesses und den Zusammenhang zwischen diesen Faktoren diskutieren. Zudem ist es von großem Wert (wie oben schon angedeutet), verschiedene Stakeholder aus dem Bereich IT oder Business Intelligence (siehe Kasten) einzubeziehen, um die notwendigen Daten (zu den Metriken, die sie verwenden wollen) zu erhalten.

Definition: Business Intelligence (BI)

Business-Intelligence-Systeme werden im deutschsprachigen Raum als analytische Informationssysteme verstanden sowie als ein technologiegetriebener Prozess zur Analyse von Daten und zur Präsentation verwertbarer Informationen, der Führungskräfte, Manager:innen und andere Endanwender:innen unterstützt, evidenz- beziehungsweise datenbasierte Entscheidungen zu treffen. In diesem Sinne bezeichnet Business Intelligence einen integrierten, unternehmensspezifischen, IT-basierten Gesamtansatz zur betrieblichen Entscheidungsunterstützung (Kemper et al., 2010). Dazu werden Daten aus internen Systemen und externen Quellen gesammelt, für die Analyse vorbereitet, Abfragen entwickelt und ausgeführt, Berichte, Dashboards und Datenvisualisierungen erstellt, die dann den Entscheidungsträger:innen und operativen Mitarbeiter:innen zugänglich gemacht werden.

Beim Erstellen einer Einladungsliste für Stakeholder-Meetings ist es wichtig, Stakeholder aus dem Management nach der Quelle ihrer Daten zu fragen, die für sie persönlich zusammengestellt werden. Denn es ist oft der Fall, dass ein/e Mitarbeiter:in aus der Business Intelligence Unit einzelnen Führungskräften bestimmte Daten in einfach zu interpretierender und entscheidungsunterstützender Form zur Verfügung stellt. Wenn dies der Fall ist, sollte diese Person einbezogen werden (Pease et al., 2012).

Durch Stakeholder-Workshops oder -Meetings kann ein HR-A-Projekt organisationale Silos überwinden und die Zusammenarbeit zwischen den Geschäftseinheiten fördern (zu organisationalen Silos siehe auch Abschnitt 2.1). Das Stakeholder Alignment sollte zu Beginn der Planung eines HR-A-Projekts gewährleistet werden.

Das Ziel des Stakeholder-Dialogs sollte sein, dass alle Beteiligten ein gemeinsames Verständnis der folgenden Aspekte entwickeln:

- Die beabsichtigten *Ergebnisse* einer Intervention, z. B. die Einführung einer Learning-Experience-Plattform, und die damit verbundenen Investitionen, die im HR-A-Projekt betrachtet werden sollen.

- Die *Hypothesen* bezüglich des Messprojekts (z. B. den Effekt der Einführung einer Learning-Experience-Plattform auf die organisationalen Ziele und die Geschäftserfolge) im HR-A-Projekt, welche konkrete Annahmen spezifizieren, die geprüft werden sollen (um anschließend Entscheidungen zu begründen).
- Die *Teilnehmer*:innen des Projekts (d. h. die Teil-Öffentlichkeit im Unternehmen).
- Die relevanten *Metriken und Datenquellen* zur Analyse und der Zugang zu diesen.
- Eine Liste der für das Projekt relevanten und *vorhandenen Daten* innerhalb der Organisation (siehe Abschnitt 2.1.1) sowie aller *Daten, die für das Messprojekt gesammelt* werden müssen (als Beispiel siehe „Metrics List" der Society for Human Resource Management, 2018).
- Eine Liste von *demografischen Variablen* (z. B. Betriebszugehörigkeit, Standort, Bildung), die z. B. als Ko-Variablen (d. h. Variablen, die sich auf einen Zusammenhang auswirken oder diesen alternativ erklären können, aber nicht explizit miterhoben wurden) zu berücksichtigen sind.

6.2.3 Die Landkarte der Messgrößen

Die meisten HR-A-Projekte bieten Möglichkeiten, HR-bezogene Ergebnisse und Wirkungen in finanziellen Größen auszudrücken. Ein Messplan/eine Messlandkarte gibt eine Übersicht darüber, welche Daten zu welchem Zeitpunkt von wem erhoben und ausgewertet werden beziehungsweise welche verfügbaren Daten verknüpft werden. Diese ist zentral, um die konkreten Zusammenhänge von z. B. einer Intervention mit der Veränderung von Geschäftsergebnissen in eine gewünschte Richtung erfolgreich bewerten zu können (Pease et al., 2012). Außerdem kann so sichergegangen werden, dass ein geteiltes Verständnis zwischen den Stakeholdergruppen entwickelt wurde.

Im Messplan wird dargelegt, wie eine Fragestellung (z. B. über den Nutzen der Einführung einer Experience-Plattform auf den Geschäftserfolg, siehe das Beispiel unten) konkret anhand welcher vermuteten Zusammenhänge, mit welchen Daten und mit welchen Analytics-Verfahren beantwortet werden soll. Wenn ein Messplan entworfen wird, sollten die möglichen Datenquellen für diese Finanzinformationen berücksichtigt werden, was bedeutet, einen sachkundigen Stakeholder aus diesem Bereich frühzeitig in den Prozess einzubeziehen. Die Beteiligung der Stakeholder an der Entwicklung eines Messplans und bei der Stellung einer Messlandkarte ist daher unerlässlich. Im Beispiel unten zur Nutzung einer Learning-Experience-Plattform bezieht sich ein Messplan auf die Festlegung von Indikatoren (höhere Lerngeschwindigkeit), deren Bezug zu (a) gewünschten organisationalen Zielen (z. B. höhere Beratungsqualität, weniger Reklamationen), (b) den Größen des Geschäftserfolgs (Umsatz und Gewinn) und (c) den getätigten Investitionen (in die Learning-Experience-Plattform).

In Abbildung 16 finden Sie ein Beispiel einer Landkarte für Messgrößen. Diese Messgrößen-Landkarte ist eine visuelle Darstellung der Ausrichtung einer im folgenden Beispiel gewählten Intervention (z. B. das „values festival", siehe Abschnitt 9.3) auf ein strategisch relevantes Geschäftsergebnis (z. B. die Kund:innenloyalität). Eine Intervention ist hier im allgemeinen Sinne zu verstehen und kann alle möglichen Maßnahmen umfassen, die dazu dienen, einen Ist-Zustand in einen Soll-Zustand zu verändern (weitere Beispiele sind Trainings, die Gestaltung von Stellenanzeigen, Arbeitsplatzgestaltungsmaßnahmen, Mitarbeiter:innenbefragungen oder Feedbacksysteme).

Durch die Darstellung der logischen Beziehungen zwischen z. B. einer Intervention und den Zielen der Organisation (wie in Abbildung 16) bietet die Karte eine Orientierung, um auf einen Blick die messbaren Verbindungen darzustellen, welche die Grundlagen des HR-A-

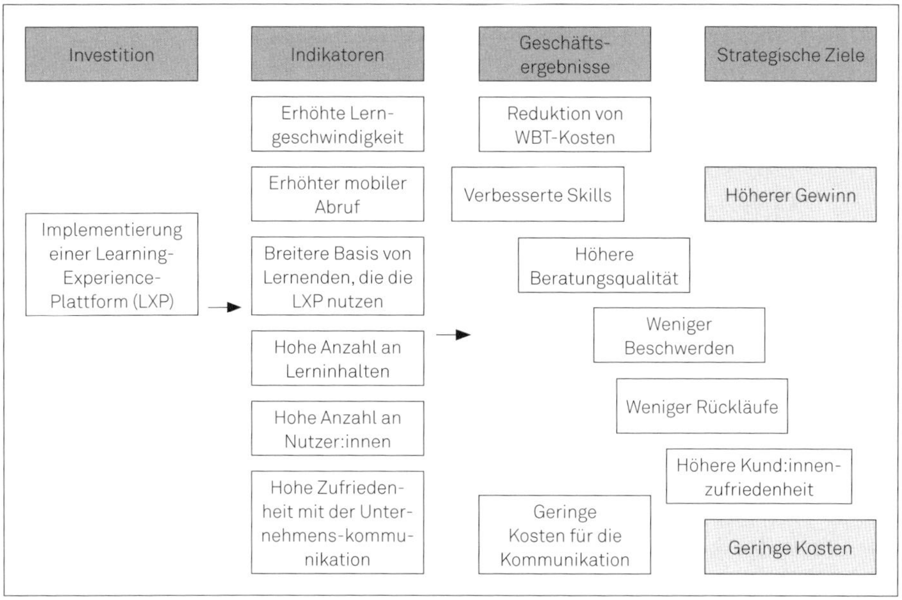

Abbildung 16: Messlandkarte der Messgrößen anhand des Beispiels der Einführung einer Learning-Experience-Plattform

Projekts sein können. Diese Karte wird zusammen mit den Stakeholdern entwickelt. Im Kontext der Landkarte der Messgrößen werden folgende Größen bestimmt (Pease et al., 2012):

- *Investitionen* in Menschen sind eine Intervention oder eine Reihe von Interventionen, die sich auf die Geschäftsergebnisse auswirken, z. B. eine Personalentwicklungsmaßnahme, ein Bonusprogramm oder ein Performance-Management-Programm.
- *Indikatoren* (und auch Prädiktoren) sind nicht-finanzielle Werte, die anzeigen, ob Sie auf dem richtigen logischen Weg (einer Kausalkette) sind. Sie treten vorne in der Kausalkette auf und liefern erste Hinweise auf messbare Geschäftsergebnisse.
- *Geschäftsergebnisse,* oft als Key Performance Indicator (KPIs) bezeichnet, sind Metriken im Sinne eines finanziellen Wertes. Wenn eine Metrik keinen finanziellen Wert abbildet, handelt es sich nicht um eine Metrik mit messbarem Business Impact.
- *Strategische Ziele* sind die langfristig gewünschten Endergebnisse der Intervention oder einer Reihe von Interventionen. Für die meisten Unternehmen läuft dies auf die Verbesserung der finanziellen Leistung hinaus – entweder durch Umsatzsteigerung oder Kostensenkung (Pease et al., 2012).

Informationen, die Sie im Stakeholder-Workshop dann gemeinsam mit den Stakeholdern über jede Messgröße in Erfahrung bringen sollten, sind:

1. Variablenname der Metrik
2. Einheiten, in denen die Metrik gemessen wird (Stunden, Euro, Prozentpunkte etc.)
3. Maximaler und minimaler Bereich der Metrik (in einigen Fällen sind negative Werte nicht zulässig)
4. Zeiträume, für die die Daten verfügbar sind (sind Informationen sowohl vor als auch nach der Investition für einen Pre-Posttestvergleich verfügbar?)
5. Finanzieller Wert der Einheit (wie viel ist es wert?)
6. Gewünschte Richtung der Veränderung (Zunahme oder Abnahme)

7. Erwartete Auswirkungen der Investition
8. Kontakt: Wer ist für die Erfassung dieser Metrik verantwortlich? Wer kann Fragen dazu beantworten?

6.3 Die Rolle der internen Unternehmenskommunikation

Wie zu Beginn dieses Kapitels angedeutet, ist nicht nur das Stakeholder Management relevanter Teil eines HR-A-Projekts, sondern auch eine gute Verzahnung mit der internen Kommunikation, um Gerüchte zu reduzieren. Es ist die Aufgabe der Unternehmenskommunikation, die aus den verschiedenen Ansprüchen der Stakeholdergruppen entstehenden Chancen und Konflikte kommunikativ zu bewältigen und dabei die gesellschaftliche Bedeutung des Unternehmens zu vermitteln (Schmid & Lyczek, 2007). Dazu hilfreich ist der Ansatz des Stakeholder-Dialogs (siehe Abschnitt 6.2), der von der Unternehmenskommunikation geplant und gemanagt wird.

Definition: Unternehmenskommunikation

Als *Unternehmenskommunikation* bezeichnet man alle Kommunikationsprozesse, mit denen ein Beitrag zur Aufgabendefinition und -erfüllung geleistet wird und die insbesondere zur internen und externen Handlungskoordination sowie Interessensklärung zwischen Unternehmen und ihren Bezugsgruppen beziehungsweise Stakeholdern beitragen (Zerfaß, 2014).

Organisationen haben auch bei der Einführung von HR-A und Projekten, die in diesem Zusammenhang gestartet werden, die Aufgabe, die Beziehungen zu Anspruchsgruppen in der Organisation (Personalvertretungen, Mitarbeiter:innen, Führungskräfte) sowie im Umfeld der Organisation (z.B. wenn Daten der Kund:innenzufriedenheit mit einbezogen werden) zu gestalten (Kluge, 2021). Eine Herausforderung für die Organisation ist dabei, die gleichzeitig wirkenden, gegebenenfalls sich gegenseitig ausschließenden Ansprüche unterschiedlicher Anspruchsgruppen kommunikativ zu bewältigen (ein Beispiel: elektronisches Leistungsmonitoring, siehe Abschnitt 8.2, kann zum einen als fair und objektiv erlebt werden, aber auch als überwachend).

Die interne Kommunikation hat bei HR-A-Projekten die wichtige Funktion, Unsicherheit zu reduzieren (Bradac, 2001; Hargie, Tourish & Wilson, 2002). Eine qualitativ und quantitativ stakeholderorientierte Unternehmenskommunikation reduziert die Wahrscheinlichkeit von Gerüchten (Bordia & DiFonzo, 2013; Rosnow & Foster, 2005) und zeigt deutliche Zusammenhänge mit der generellen Arbeitszufriedenheit (Jimmieson, Rafferty & Allen, 2013). Die Vorstellung der Mitarbeiter:innen (ob nun „richtig" beziehungsweise zutreffend oder nicht) zu dem, was eine Organisation mit Daten alles machen kann und was im Zuge von technischen Entwicklungen im Bereich der Digitalisierung, Data Science und den HR-A Themen möglich ist, führt dabei zu Unsicherheit und Anstrengungen aufseiten der Mitarbeiter:innen, diese Unsicherheit zu reduzieren (Bradac, 2001; Martins, 2015), insbesondere wenn Mitarbeiter:innen wenig Informationen über die Organisation und ihre Entwicklungen erhalten. Bei erlebter Unsicherheit entwickeln Mitarbeiter:innen eigene Theorien und Hypothesen, wie die Organisation funktioniert, und suchen nach Erklärungen für das, was passiert, um mit Ängsten und den wahrgenommenen Unsicherheiten umzugehen (Michelson & Mouly, 2000; Rosnow & Foster, 2005). Gerade wenn es keine objektiven Anhaltspunkte und Belege für die Einschätzung der Situation in einer Organisation gibt, bilden sich Gerüchte. Gerüchte entbehren Beweise in Bezug auf ihre Authentizität oder ihre Wahrheit und beinhalten nicht geprüfte Annahmen und Hypothesen über die Vorgänge in der Organisation (Michelson & Mouly, 2000).

Wie in Abschnitt 6.1 beschrieben, haben vor allem auch die Stakeholder ein Interesse an den Ergebnissen, denn sie sind von den Ergebnissen des HR-A-Projekts betroffen (z. B., weil sich anschließend ihre Arbeitsweise oder -prozesse ändern). Beim Stakeholder-Dialog und der daran angelehnten Kommunikation liegt ein wesentliches Ziel in der Reduzierung der emotionalen und kognitiven Unsicherheit (Bordia & DiFonzo, 2013; Mast, 2007). Für die Kommunikation mit den „Auftraggeber:innen" ist dagegen eine Aufbereitung der Ergebnisse im Sinne der Zielsetzung der Gesamtorganisation relevant.

Eine Integration des Stakeholder Managements in die in Kapitel 1 vorgestellten Vorgehensmodelle ist in Abbildung 17 vorgenommen. Der Prozess zur Einbeziehung der Stakeholder wird spätestens nach der Definition der Frage- beziehungsweise Problemstellung begonnen und bezieht in den folgenden Schritten die Stakeholder in alle weiteren Aktivitäten ein. Es ist hilfreich, den Stakeholder-Dialog bereits bei der Erarbeitung der Fragestellung zu initiieren, da dies auch die Ausrichtung der Zielsetzung des HR-A-Projektes an den strategischen Zielen und den erlebten Problemen der Stakeholder sicherstellen kann. Dies wird durch die wechselseitigen Pfeile in Abbildung 17 zwischen der Initiierung des Stakeholder-Dialogs und der Identifizierung der Fragestellung verdeutlicht. Die Ansprache der Stakeholder ist ebenfalls im Leitfaden zur Durchführung von HR-Analytics-Projekten (vgl. „Hinweise zu den Online-Materialien" im Anhang) integriert.

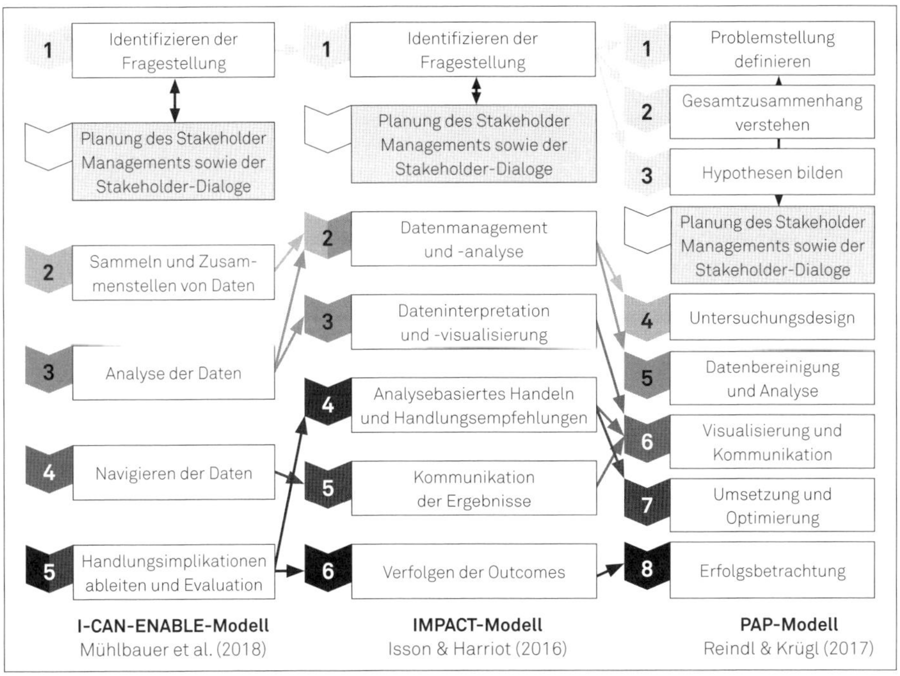

Abbildung 17: Ergänzung der HR-Analytics-Prozessmodelle um das Stakeholder Management

Wie die *Visualisierung* der Ergebnisse aussehen kann, findet sich z. B. in folgenden Artikeln:

- Ferrar, J. (2019, September 27). *Workforce analytics: data storytelling and why you should know your audience*. Retrieved from https://www.hrzone.com/engage/employees/data-storytelling-know-your-audience
- O'Hara, C. (2014, July 30). *How to Tell a Great Story*. Retrieved from https://hbr.org/2014/07/how-to-tell-a-great-story.%202
- Davenport, T. H. (2014, May 5). *10 Kinds of Stories to Tell with Data*. Retrieved from https://hbr.org/2014/05/10-kinds-of-stories-to-tell-with-data
- SAS Institute. (2017). *Data Visualization Techniques: From Basics to Big Data with SAS Visual Analytics*. Retrieved from https://www.sas.com/en/whitepapers/data-visualization-techniques-106006.html
- Berinato, S. (2016). *Visualizations that Really Work*. Retrieved from https://hbr.org/2016/06/visualizations-that-really-work

Von den Grundlagen zur Anwendung

Der Aufbau des Buches folgt einer zweigeteilten Struktur: Der erste Teil des Buches ist den Grundlagen gewidmet: In den ersten Kapiteln haben wir uns mit den Fragen beschäftigt, was HR-A ist und wie es technisch, aber auch im Kontext einer Organisation funktioniert (Kapitel 1). Wir haben uns technische, organisationale, gesetzliche und gesellschaftliche Rahmenbedingungen für die Durchführung von HR-A angeschaut (Kapitel 2 und 3), beleuchtet, welche Kompetenzen HR-Professionals (oder HR-Analyst:innen) für die Durchführung von HR-A brauchen (Kapitel 5) und wie alle relevanten Stakeholder in den Prozess mit einbezogen werden können (Kapitel 6). Wir haben bisher ebenfalls gesehen, wie ein HR-A-Projekt ganz konkret eingeführt werden kann; dafür steht der von Jonas Galemann entwickelte, detaillierte und konkrete Leitfaden zur Verfügung (siehe Kapitel 4 und „Hinweise zu den Online-Materialien" im Anhang).

Im zweiten Teil des Buches wenden wir uns nun verschiedenen Anwendungskontexten von HR-A zu. Die folgenden Kapitel orientieren sich grob an der „Employee Journey", also der Reise eines/einer Mitarbeiter:in durch ein Unternehmen, abstrakt dargestellt in Abbildung 18. Wir starten bei der Rekrutierung geeigneter Mitarbeiter:innen und schauen, wie sich die Nutzung von Daten und Datenanalyse im Rahmen von Auswahl- und Einstellungsprozessen ausgestalten kann (Kapitel 7). Hat ein Unternehmen – hoffentlich die geeignetsten – Mitarbeiter:innen eingestellt, geht es um die Frage, wie deren Leistung in der Organisation beurteilt werden kann und welche Rolle HR-A in diesem Kontext spielen kann (Kapitel 8). HR-A kann außerdem im Kontext von Lernen und Entwicklung zum Tragen kommen. Dies betrifft HR-A im Rahmen von Training, Personalentwicklung, Kompetenzmanagement und Talent Management, welches wir gebündelt in Kapitel 9 betrachten. Schlussendlich wollen Unternehmen nicht nur die geeignetsten Personen

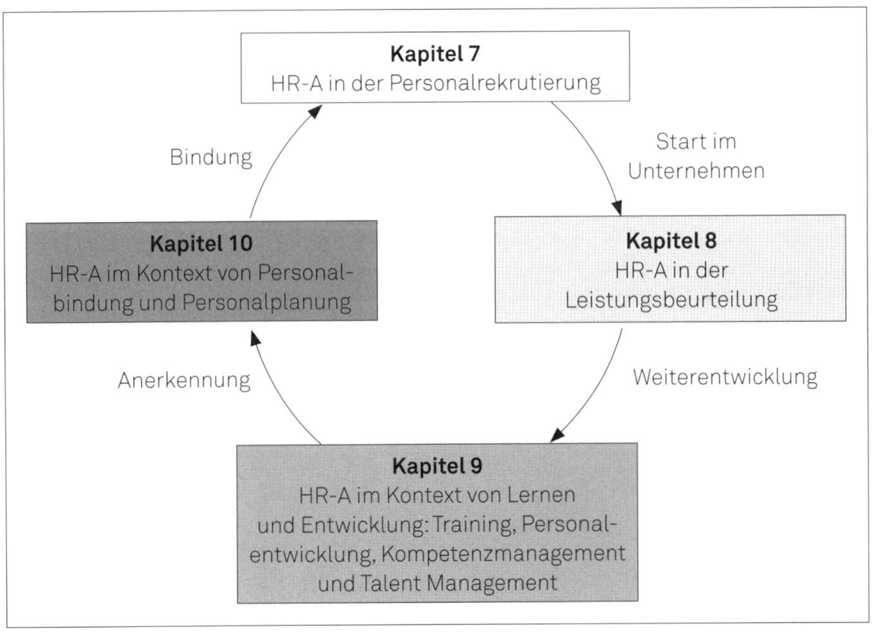

Abbildung 18: Ein Überblick über die folgenden Anwendungskapitel, orientiert an der Employee Journey

einstellen und deren Kompetenzen für gegenwärtige und zukünftige Herausforderungen entwickeln. Sie wollen auch, dass die Personen im Unternehmen bleiben (wollen) und motiviert ihren Tätigkeiten nachgehen. Auch ist es von großer Relevanz zu wissen, wann, wo im Unternehmen welche Mitarbeiter:innen mit welchen Fähigkeiten und Fertigkeiten vorhanden sind und vorhanden sein werden. Wir schließen daher mit der Betrachtung von HR-A im Kontext der Personalbindung und Personalplanung (Kapitel 10).

Die folgenden Anwendungskapitel von HR-A im Kontext konkreter HR-Prozesse und -Strategien sollen helfen, die im ersten Teil des Buches vermittelten Grundlagen auf organisationale Fragestellungen anzuwenden. Die Anwendungskapitel sollen außerdem vertiefte Einblicke in die psychologischen Voraussetzungen und Konsequenzen von HR-A in den jeweiligen Anwendungskontexten geben: Was „macht" es mit Mitarbeiter:innen, wenn wir Daten zur Leistungsbeurteilung oder zur Personalbindung nutzen? In den nachfolgenden Kapiteln wollen wir daher nicht nur Anwendungsbeispiele skizzieren, sondern auch mit Rückbezug auf die in den Grundlagenkapiteln dargestellten Rahmenbedingungen ausloten, wie HR-A in den jeweiligen Anwendungskontexten humanzentriert gestaltet werden kann.

Teil II: Anwendung

7 HR-Analytics in der Personalrekrutierung

Stellen Sie sich vor ...

- ... ein IT-Dienstleistungsunternehmen erhält nur wenige Bewerbungen auf eine Stellenanzeige für Programmierer:innen – wie lassen sich die Gründe dafür herausfinden? Gibt es nicht ausreichend Fachkräfte, wurde die Stelle nicht ausreichend beworben, ist die Stelle zu wenig ansprechend formuliert oder ist das Employer Image im Vergleich zu dem der Konkurrenz zu unattraktiv?
- ... es zeigen sich große Unterschiede in der Häufigkeit von Kündigungen neu angestellter Arbeitnehmer:innen noch innerhalb der Probezeit zwischen verschiedenen Filialen einer Bank. Liegen die Gründe hierfür bei den neuen Angestellten (werden die „falschen" Personen, d. h. ungeeignete oder nicht zum Unternehmen/der Stelle passende Personen, eingestellt?), oder liegen die Gründe bei den Filialen (gibt es Unterschiede in der Organisations- oder Führungskultur in den Filialen)?
- ... das Budget für die Bewerbung einer offenen Stelle soll festgelegt werden: Kann vorhergesagt werden, wie viele Bewerbungen beim Einsatz eines bestimmten Budgets generiert werden? Welcher Werbekanal ist für welche Stellenanzeige der erfolgversprechendste, d. h. welcher generiert die meisten und passendsten Bewerbungen?

Diese und ähnliche Fragen lassen sich mit HR-A im Bereich Personalrekrutierung beantworten. Unter Personalrekrutierung – auch Personalbeschaffung, Personalgewinnung oder Recruiting – werden eine Vielzahl unternehmerischer Aktivitäten und Praktiken verstanden, die sich auf die Identifikation, Auswahl und Gewinnung neuer Mitarbeiter:innen beziehen (Verhoeven, 2020). Die Aktivitäten und Praktiken dienen in Summe dem Ziel, die passenden Mitarbeiter:innen in qualitativer, quantitativer, räumlicher und zeitlicher Hinsicht zu beschaffen. Dies ist eine bedeutsame Aufgabe für Unternehmen, denn die Auswahl geeigneter Mitarbeiter:innen ist zentral für den Unternehmenserfolg (Barber, 1998). Personalrekrutierung bedeutet nicht nur, geeignete Mitarbeiter:innen zu finden, sondern auch die Fragen zu beantworten, was „geeignet" bedeutet, wie potenzielle Bewerber:innen auf offene Stellen (intern und extern) aufmerksam gemacht werden können, wie deren Passung geprüft werden kann und ob dieser Prozess effektiv und effizient ist. Bevor wir zu den eingangs gestellten Fragen und damit dem Einfluss von HR-A im Bereich der Rekrutierung kommen, schauen wir uns zunächst den klassischen Personalrekrutierungsprozess an. Schematisch lässt sich der Personalrekrutierungsprozess in vier Hauptaktivitätsbereiche zusammenfassen (Marcus, 2011):

1. Im Rahmen der *Anforderungsanalyse* werden die beruflichen Anforderungen für eine zu besetzende Stelle bestimmt; diese bilden die Grundlage für die Stellenausschreibung.
2. Die Stellenausschreibung wird verbreitet, wobei möglichst viele geeignete Personen angesprochen werden sollen. Dies ist Aufgabe des *Personalmarketings.*
3. Nach Eingang der Bewerbungen erfolgt der eigentliche Einsatz der *Personalauswahlverfahren,* mittels derer die Passung und Eignung einer Person zur ausgeschriebenen Stelle und zum Unternehmen geprüft werden. Für diese Prüfung bildet die Anforderungsanalyse den Ausgangspunkt.
4. Schlussendlich wird im Idealfall der gesamte Prozess im Hinblick auf *Kosten und Nutzen evaluiert.*

Dieser chronologische Prozess ist in Abbildung 19 zusammengefasst.

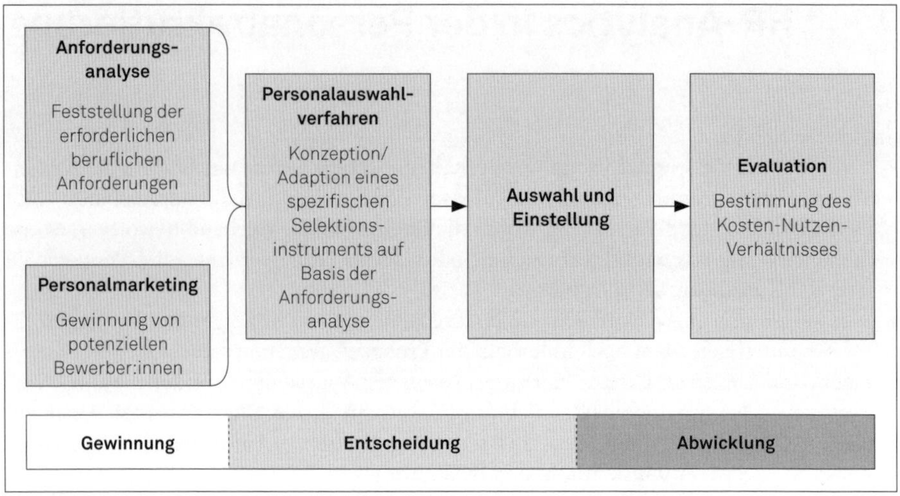

Abbildung 19: Die Phasen des Personalrekrutierungsprozesses (nach Kauffeld, 2014)

Da die Vor- oder auch Nachteile der Nutzung von digitalen Lösungen, von Künstlicher Intelligenz (KI) und von HR-A für die Personalrekrutierung sich nur erschließen, wenn gegenwärtige und bewährte Vorgehensweisen, Prozesse und Prinzipien der Personalrekrutierung bekannt sind, geben wir zunächst einen kurzen Überblick über die Grundlagen des jeweiligen Prozessschrittes. Das Ziel ist eine kurze Darstellung jedes Schrittes. Daher verweisen wir an den entsprechenden Stellen auf ausführliche Darstellungen für alle diejenigen, die sich vertieft mit einem dieser Schritte auseinandersetzen möchten. Die Ausführungen in diesem Buch sind darauf fokussiert, den nachfolgend dargestellten Beitrag von HR-A zu bewährten Vorgehensweisen verständlich zu machen.

7.1 Der Rekrutierungsprozess

7.1.1 Anforderungsanalyse

Um eine offene Stelle im Unternehmen erfolgreich zu besetzen, ist es notwendig, zu bestimmen, was die neu einzustellende Person zur erfolgreichen Ausführung der Stelle können muss. Mit welchen Merkmalen lassen sich Personen beschreiben, die in dieser bestimmten Stelle, Tätigkeit oder Karriere erfolgreich sind? In Kapitel 5 haben wir beleuchtet, welche Kenntnisse, Fähigkeiten, Fertigkeiten und Einstellungen erfolgreiche HR-Analyst:innen kennzeichnen. In ähnlicher Weise sucht die psychologische Anforderungsanalyse nach einer Summe von Merkmalen (im Sinne von Leistungsvoraussetzungen), die für eine erfolgreiche Stellenausführung notwendig sind (Blickle, 2019). Wie bereits bei der Beschreibung der Kompetenzmodelle, können wir uns auch hier wieder an den „KSAs" orientieren, also Kenntnissen, Fähigkeiten, Fertigkeiten und Einstellungen (Knowledge, Skills, Attitudes; Marcus, 2011). Darüber hinaus können weitere „sonstige" Merkmale relevant sein, beispielsweise Interessen, Persönlichkeit, Motive oder Werthaltungen (Marcus, 2011). Im Unterschied zu Kompetenzmodellen, bei denen zukunftsorientierte Analysen der Organisationspassung von Interesse sind, stehen bei der Anforderungsanalyse aktuelle, stellenbezogene Besonderheiten im Fokus, weswegen eine stärkere Detailtiefe gefordert ist (Höft & Goerke, 2014). Kompetenzmodelle können jedoch einen Ausgangspunkt für die weitere Spezifikation notwendiger Anforderungen liefern.

7.1.2 Personalmarketing/Employer Branding

Die Ergebnisse der Anforderungsanalyse fließen in eine Ausschreibung ein und es gilt nachfolgend, potenzielle Bewerber:innen auf diese aufmerksam zu machen. Genau das ist Inhalt und Aufgabe des Personalmarketings, bei welchem qualifizierte Mitarbeiter:innen langfristig gewonnen und gebunden werden sollen (Kauffeld, 2014). Damit erfüllt Personalmarketing nicht nur eine Akquise-Funktion, die dazu dient, spezifische Stellen und das Unternehmen für externe Bewerber:innen sichtbar und attraktiv zu machen, sondern auch eine Motivationsfunktion, mithilfe derer die Identifikation und Bindung von Mitarbeiter:innen an das Unternehmen sichergestellt werden sollen (Kauffeld, 2014). Die Verbindung zwischen der Akquise neuer Mitarbeiter:innen und der Bindung vorhandener Mitarbeiter:innen ist die Profilierung eines Unternehmens bzw. das Employer Branding. Ziel des Employer Branding ist es, eine strategische Arbeitgeber:innenmarke aufzubauen, die das Image und die Besonderheiten des Unternehmens kommuniziert (Backhaus & Tikoo, 2004). Eine ausführliche Beschreibung finden Sie im Buch „Employer Brand Management" der Autoren von Walter und Kremmel (2016). Im Kern versucht ein Unternehmen zu kommunizieren, wieso es ein „Great Place to Work" ist. Dabei können unterschiedliche Faktoren wie beispielsweise die Organisationskultur, Führungsstile, Produkte oder Dienstleistungen die Grundlage der jeweiligen „Value Proposition" bilden, also des „Nutzenversprechens" (was bietet mein Unternehmen?). Die Kommunikation der Value Proposition über externe und interne Marketingkanäle unterstützt dann wiederum die Akquise und Motivationsfunktion des Personalmarketings. Für das Personalmarketing können verschiedene Kanäle und Methoden genutzt werden. Beispiele sind Stellenanzeigen (intern und extern, z. B. Zeitungen, Websites, Portale, Intranet), Vorträge, Messen, Broschüren oder Bewerber:innentage (Marcus, 2011; Thielsch, Träumer, Pytlik & Kanning, 2012).

7.1.3 Personalauswahl/Eignungsdiagnostik

Im besten Fall führt das Personalmarketing dazu, dass sich viele Personen bewerben, sodass nachfolgend eine geeignete Person ausgewählt werden kann. Es muss also die Eignung einer Person für eine Position diagnostiziert werden. Was eine Person in einer bestimmten Position erfolgreich machen würde, ist im besten Fall aus der Anforderungsanalyse bekannt. Nun geht es darum, eine Person auf eben diese Kriterien zu testen, um festzustellen, ob sie diese Merkmale und Fähigkeiten mitbringt. Je nachdem, welche Art von berufsrelevantem Verhalten oder Eigenschaften getestet werden sollen, stehen verschiedene Verfahren zur Verfügung. Armoneit, Schuler und Hell (2020) oder Schuler (2020) stellen ausführlich verschiedene Verfahren vor. Ziel der eignungsdiagnostischen Verfahren ist es, objektive, reliable, valide, aber auch praktikable und akzeptierte Verfahren zu wählen. Über die Güte von Daten haben wir bereits in Abschnitt 2.1.3 berichtet, und auch für die Eignungsdiagnostik nehmen die psychometrischen Gütekriterien einen zentralen Stellenwert ein. Es ist einleuchtend, dass ein Auswahlverfahren nur dann hilfreich ist, wenn es das misst, was es messen soll (Inhaltsvalidität) und die gemessenen Merkmale auch tatsächlich mit der beruflichen Leistung zusammenhängen (Kriteriumsvalidität; Marcus, 2011). Für die

Eignungsdiagnostik ist es darüber hinaus zentral, dass die eingesetzten Verfahren praktikabel sind. Denn auch wenn eine ganztägige Arbeitsprobe gegebenenfalls eine sehr gute prädiktive Validität aufweisen würde (also sehr gut die spätere berufliche Leistung vorhersagt), ist die Durchführung ganztägiger Beobachtungen durch Personaler:innen kein ressourcenschonendes Mittel. Gleichzeitig ist es für ein Unternehmen von Bedeutung, faire und akzeptierte Personalauswahlverfahren einzusetzen, denn dies hat nicht nur rechtliche Konsequenzen (Sicherstellung von Gleichbehandlung und Unterbindung von Diskriminierung), sondern wirkt sich auch darauf aus, wie das Unternehmen bei Bewerber:innen und in der Öffentlichkeit wahrgenommen wird (Stichwort: Employer Brand).

Der Stellenwert psychometrischer Gütekriterien für die Eignungsdiagnostik zeigt sich darin, dass diese in einer Prozessnorm festgeschrieben sind. Die DIN 33430 schreibt Anforderungen an die berufsbezogene Eignungsdiagnostik fest (vgl. Diagnostik- und Testkuratorium, 2018). Diese beziehen sich auf die Planung, Durchführung und Auswertung der Personalauswahlverfahren. Die DIN 33430 fordert unter anderem, dass (a) die Auswahl der Verfahren evidenzbasiert passiert (Verwendung valider Tests und nachweislich prädiktiver Kriterien), (b) die Auswahl, Durchführung und Auswertung aller eingesetzten Verfahren nach vorab festgelegten, transparenten Regeln erfolgt und (c) der gesamte Prozess nachvollziehbar dokumentiert wird. Eine ausführliche Beschreibung der DIN-Norm findet sich im Buch „Personalauswahl kompetent gestalten“, herausgegeben vom Diagnostik- und Testkuratorium (2018).

7.1.4 Evaluation

Ob der Rekrutierungsprozess erfolgreich war, kann anhand von Kennzahlen evaluiert werden. Die am weitesten verbreiteten Kenngrößen zur Beurteilung des Nutzens von Personalauswahlverfahren sind die Basisrate und die Selektionsrate (Schuler, 2020):

- *Basisrate:* Anteil der Bewerber:innen, die grundsätzlich infrage kommen (geeignete Bewerber:innen) im Verhältnis zur Gesamtanzahl der Bewerber:innen.
- *Selektionsrate:* Anzahl zu besetzender Stellen im Verhältnis zur Anzahl der Bewerber:innen.

Je höher die Basisrate ist, desto größer ist die Chance eines Unternehmens, eine geeignete Person in dem Pool an Bewerber:innen zu finden. Je mehr Bewerber:innen zur Auswahl stehen, desto strenger können Unternehmen in der Auswahl der Personen sein, d.h. desto geringer ist die Selektionsrate. Ein erfolgreicher Rekrutierungsprozess ist also durch eine hohe Basis- und eine niedrige Selektionsrate gekennzeichnet.

7.2 Von analoger zu digitaler KI-basierter Rekrutierung

Aufbauend auf den „üblichen“ Methoden und Prozessen der Personalrekrutierung stellt sich nun die Frage, wie sich HR-A dahingehend einfügt. Allgemein ist die Personalrekrutierung bereits stärker als andere Personalarbeitsbereiche von Digitalisierung, Technologie und Automation geprägt. Die digitalisierte Form der Rekrutierung wird unter dem Schlagwort *E-Recruiting* diskutiert, analog zum E-HRM, welches wir in Kapitel 1 kennengelernt haben.

7.2.1 E-Recruiting

Unter E-Recruiting fallen alle Prozesse und Methoden, bei denen zur Personalrekrutierung oder -auswahl digitale Kommunikationstechnologien (z. B. Computer-, Internet- oder Mobiltechnologie) genutzt werden (Woods, Ahmed, Nikolaou, Costa & Anderson, 2020). Damit umfasst E-Recruiting in der einfachsten Form beispielsweise elektronische (statt postalische) Bewerbungen oder Stellenausschreibungen im Internet bzw. Intranet (statt in den Printmedien). Darüber hinaus kommen in vielen Unternehmen beispielsweise die folgenden Soft- und Hardwarelösungen unterstützend zum Einsatz (Kulkarni & Che, 2019):

- Aggregierte Stellenausschreibungsportale (Job-Aggregator Software) suchen und bündeln Stellenausschreibungen von verschiedenen Websites. Recruiter:innen nutzen diese, um die eigenen Stellenausschreibungen sichtbarer zu machen. *(Personalmarketing)*
- Software zur Testung von Bewerber:innen (Candidate Assessment Software) im Hinblick auf vorab definierte Kriterien *(Anforderungsanalyse)*. Recruiter:innen bekommen eine elektronische Auswertung der Testergebnisse (z. B. von digitalisierter Intelligenztestung). *(Personalauswahl)*
- Mobile oder cloudbasierte Software zur digitalen Durchführung von Videointerviews (statt Face-to-Face-Interviews). *(Personalauswahl)*
- Bewerber:innen-Managementsoftware (Applicant Tracking System, ATS) hilft Recruiter:innen bei der administrativen Verwaltung von Bewerbungen (z. B. gebündelte Darstellung der Bewerbungsunterlagen, Terminmanagement mit Bewerber:innen). Das ATS ist oft eingebunden in das Human Resource Information System (HRIS). *(Gesamtprozess)*

7.2.2 KI-Recruiting

Der nächste Schritt in der Digitalisierung des Rekrutierungsprozesses ist die Einbindung von KI-gestützten und damit zunehmend automatisierten Prozessen (Wesche & Sonderegger, 2021). Anders als beim E-Recruiting liegt der Fokus beim *KI-Recruiting* auf Verfahren, welche KI zur Unterstützung bei der Rekrutierung und Auswahl von Bewerber:innen einsetzen (Hunkenschroer & Luetge, 2022). Aus Sicht der Bewerber:innen sind Ihnen vielleicht sogenannte „Job Recommender Systems“ bekannt, d. h. Systeme, welche auf Basis Ihres persönlichen Profils (z. B. auf LinkedIn) geeignete Stellenangebote vorschlagen und/oder diese für Sie nach Ihren Interessen sortiert auflisten (Ochmann & Laumer, 2020). In diesem Fall nutzen Sie als Bewerber:in aktiv das System. Für Recruiter:innen ist das gleiche Prinzip aus der anderen Perspektive hilfreich: Sogenannte „CV Recommender Systems“ ordnen offenen Stellenanzeigen geeignete Kandidat:innen auf Basis ihrer Profile (z. B. auf LinkedIn) zu. Die Kandidat:innen sind in diesem Fall passive Nutzer:innen, auf welche das System angewendet wird (Ochmann & Laumer, 2020). Weitere Beispiele für KI-gestützte Systeme in den verschiedenen Phasen des Rekrutierungsprozesses (siehe Abbildung 19 auf Seite 100) sind (Hunkenschroer & Luetge, 2022; Kulkarni & Che, 2019; Ochmann & Laumer, 2020; Yarger, Cobb Payton & Neupane, 2020):

- KI-basierte Anpassung von Stellenausschreibungen auf Basis von Schlüsselbegriffen, die sich statistisch gesehen auf die „Leistung“ der Stellenanzeigen auswirken (z. B. die Reichweite einer Stellenanzeige oder Optimierung im Hinblick auf die Ansprache diverser Personengruppen). *(Personalmarketing)*
- KI-basierte Evaluation der Eignung von Bewerber:innen auf Basis der eingereichten Bewerbungsunterlagen („CV Parsing“ oder „Applicant Screening“) im Hinblick auf vorab definierte Kriterien (z. B. in Form von Rankings) oder KI-basierte Prognose der zukünf-

tigen berufsbezogenen Leistung von Bewerber:innen auf der Basis von Bewerbungsunterlagen oder auf der Basis der Leistung der Bewerber:innen in Auswahlverfahrenstests. *(Screening, Vorauswahl)*
- KI-basierte Evaluation vorab definierter berufsbezogener Kriterien (z. B. Intelligenz, technisches Wissen, Risikobereitschaft, Motivation, Persönlichkeit, Planungskompetenz etc.) auf Basis von z. B. (gamifizierten) Online-Assessments, Videointerviews oder Simulationen. *(Auswahl)*
- KI-basierte Analyse personenbezogener Spurendaten (z. B. Social-Media-Profile) von Bewerber:innen im Hinblick auf vorab definierte Kriterien (z. B. Persönlichkeit). *(Auswahl)*
- KI-basierte Kommunikation mit Bewerber:innen über Chatbots, z. B. zur Beantwortung häufiger Fragen, Steigerung des Bewerber:innen-Engagements oder Terminkoordination. *(Einstellung)*

Die Beispiele zeigen, dass das Ziel des Einsatzes von KI ist, die Komplexität von Informationen zu reduzieren (Vorauswahl durch KI) oder Muster in einer großen Menge von Daten zu erkennen, sodass Recruiter:innen in der Entscheidungsfindung unterstützt werden (Bursell & Roumbanis, 2022). Digitale und KI-gestützte Lösungen haben einen Vorteil: Sie sind schnell und effizient (Tippins, Oswald & McPhail, 2021). Darüber hinaus liefern digitalisierte und KI-gestützte Tools eine Menge interessanter Daten, welche zur Beantwortung von strategischen Fragen herangezogen werden können. Denn die Einstellung von Personen, die zum Unternehmen passen und Leistungserwartungen erfüllen, dient im Kern dem strategischen Ziel der Organisation. Nur mit geeigneten Mitarbeiter:innen können organisationale Ziele erreicht werden. Die bisher vorgestellten Tools verfolgen dieses Ziel primär durch die Analyse individueller personenbezogener Daten. Es geht beispielsweise darum
- passive Bewerber:innen durch die Analyse von individuellen Profilen in sozialen Netzwerken zu identifizieren und so den Pool geeigneter Kandidat:innen zu erweitern,
- die Employer Brand zielgruppenorientiert anzupassen, sodass mehr oder bestimmte Gruppen von Bewerber:innen angezogen werden,
- auf individueller Ebene Prognosen über die Leistung oder Eignung einer bestimmten Person zu erstellen und so deren Eignung vorherzusagen.

Im Kern zielt die Sammlung und Auswertung von Daten also darauf ab, die Auswahl geeigneter Bewerber:innen zu optimieren. Wir haben jedoch in Kapitel 1 gesehen, dass nicht jedes strategische Problem die Analyse individueller Daten auf Mitarbeiter:innen- oder Teamebene notwendig macht. Viele strategische Fragen manifestieren sich eher auf einer aggregierten Ebene. Ausgehend von strategisch relevanten Fragen (siehe Kapitel 1), macht es im Rahmen von HR-A-Projekten in Bezug auf die Rekrutierung Sinn, eine Analyse von Daten auf Meta-Ebene anzustreben und damit über das E-Recruiting und KI-Recruiting zu *Recruiting Analytics* zu kommen. Damit lassen sich auch wichtige Probleme von KI-gestützten Rekrutierungsprozessen umgehen, welche wir in Abschnitt 7.4 adressieren werden.

7.3 Recruiting Analytics

Definition: Recruiting Analytics

Verhoeven (2020) definiert Recruiting Analytics als „den Aufbau eines automatisierten Kennzahlensystems, das … [Unternehmen] in die Lage versetzt, (a) rückblickend beurteilen zu können, wie erfolgreich Recruiting-Aktivitäten waren, und (b) zukünftige Recruiting-Aktivitäten datenbasiert planen zu können“ (S. 41).

Es geht also nicht darum, die Leistung oder Eignung einer bestimmten Person vorherzusagen, sondern die *Güte des Rekrutierungsprozesses* an sich zu betrachten. Dabei sollen Zusammenhänge, Kausalketten, Einflussfaktoren und Wirkungen zwischen verschiedenen Bereichen des Rekrutierungsprozesses identifiziert werden (Verhoeven, 2020), sodass eine optimale Ausrichtung der Rekrutierung im Hinblick auf die strategischen Ziele der Organisation möglich wird.

Stellen Sie sich vor, ein Unternehmen hat unter anderem die folgenden strategischen Ziele formuliert:

1. Das Unternehmen möchte zum attraktivsten Arbeitgeber der Branche werden und die „besten Köpfe" anwerben und halten.
2. Das Unternehmen möchte eine diverse Belegschaft anwerben und halten.

Orientiert am klassischen Rekrutierungsprozess (vgl. Abbildung 19 auf Seite 100), kann eine Analyse jedes einzelnen Prozessschrittes dabei helfen, diese Ziele zu erreichen. Ein Beispiel für mögliche Fragestellungen im Rahmen von Recruiting Analytics ist in Abbildung 20 dargestellt.

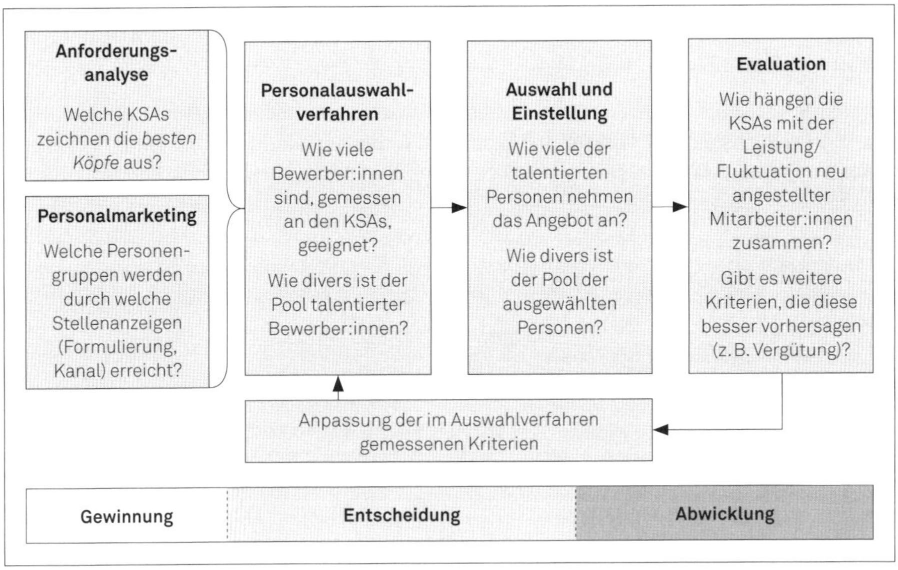

Abbildung 20: Analyse des Rekrutierungsprozesses anhand des Beispiels, ob die „besten Köpfe" und eine diverse Belegschaft rekrutiert werden

Die Fragen zielen darauf ab, den Erfolg der aktuellen Rekrutierungsstrategien besser zu verstehen, sodass Anpassungen im Prozess vorgenommen werden können, welche die Erreichung der strategischen Ziele fördern. Die Sammlung von Daten im Rahmen der Anforderungsanalyse (z.B. über Interviews mit Führungskräften) in Kombination mit der Analyse digitalisierter Leistungsdaten aus dem Human Resource Information System (HRIS) über die KSAs von als talentiert wahrgenommenen Angestellten ermöglicht eine Orientierung der Rekrutierungskriterien an den strategischen Zielen der Organisation (wer soll eingestellt werden, wer gilt als geeignet?). Die Analyse des Personalmarketings im Hinblick darauf, welche Bewerber:innen über welchen Kanal angezogen werden, ermöglicht eine gezieltere Planung des Marketingbudgets. So kann die Frage beantwortet werden, wie viele

Stellenanzeigen pro Kanal generiert werden. Es können auch verschiedene Versionen (Verwendung verschiedener Phrasen/Schlüsselwörter) von Stellenanzeigen über verschiedene Kanäle verbreitet werden. So kann herausgefunden werden, welche Personengruppen (z.B. getrennt nach Geschlecht) primär über welche Formulierungen oder Kanäle angesprochen werden. Im Rahmen der Evaluation des Rekrutierungsprozesses *nach* Einstellung von Bewerber:innen kann ein Blick auf die Güte der Auswahlkriterien gelegt werden, um den Prozess iterativ zu optimieren. Stellt sich hier beispielsweise heraus, dass die im Auswahlverfahren gemessenen KSAs keinen Zusammenhang zur Leistung oder Zufriedenheit der eingestellten Personen aufweisen, müssen die Auswahlkriterien – oder Erfolgsmaße – überdacht werden.

Unternehmen sollten darauf hinarbeiten, von einem rein beschreibenden Berichtswesen hin zu präskriptiven Analysen zu kommen. Orientiert an den analytischen Reifegraden von HR-A (siehe Kapitel 1), kann das wie folgt aussehen: Die Daten, die durch digitalisierte Rekrutierungsprozesse generiert werden, können zunächst deskriptiv analysiert werden (*„was ist passiert?“*, wie in Abbildung 21 dargestellt). Im nächsten Schritt können korrelative Untersuchungen angestrebt werden, um darauf aufbauend die Gründe für sich zeigende Muster aufzudecken (*„warum ist das passiert?“*) und darüber zu prädiktiven Analyse zu kommen, welche die Frage beantworten *„was wird passieren?“*. Beispiele für Fragestellungen finden sich in Abbildung 21.

Verhoeven (2020) schätzt, dass nur wenige Unternehmen präskriptives Recruiting Analytics (*„was sollte passieren?“*) anwenden (können). Gründe dafür könnten ein Mangel strukturierter und qualitativ hochwertiger Daten sein. Zur Beantwortung von Recruiting-Ana-

Analytischer Reifegrad (↓)

Recruiting Analytics	Beispielhafte Fragen
Deskriptives Recruiting Analytics	• Wie viele Bewerbungen werden pro Stellenausschreibungskanal generiert? • Wie divers sind die Bewerbungen, z.B. im Hinblick auf Geschlecht und Ethnie, die über einen bestimmten Kanal generiert werden? • Wie viele Bewerber:innen kommen aus der Region des Unternehmens? • Wie viele neu angestellte Personen verlassen das Unternehmen innerhalb der Probezeit pro Abteilung?
Prädiktives Recruiting Analytics	• Hängt die Art der Formulierung in Stellenanzeigen damit zusammen, (a) wie viele Bewerbungen generiert werden, (b) wie divers die generierten Bewerbungen sind? • Hängen KSAs, Vergütung, Wohnort oder Zufriedenheit der angestellten Personen mit der Fluktuation während der Probezeit zusammen? • Hängen Charakteristika der Abteilungen (z.B. Arbeitszeiten, Arbeitszeitmodelle, Führungsstrukturen) mit der Fluktuation während der Probezeit zusammen?
Präskriptives Recruiting Analytics	• Wie viele Bewerbungen wird eine Stellenanzeige pro Kanal generieren? • Wie wahrscheinlich ist es, dass eine Stellenanzeige, die bestimmte Formulierungen aufweist (Phrasen, Schlagworte), eine bestimmte Personengruppe (z.B. Frauen) anspricht? • Wie wahrscheinlich ist es, dass einer Person innerhalb der Probezeit gekündigt wird?

Abbildung 21: Beispielhafte Fragen für Recruiting Analytics, organisiert nach verschiedenen analytischen Reifegraden (aufbauend auf Verhoeven, 2020)

lytics-Fragestellungen wie den in Abbildung 21 genannten Beispielen müssen eine Vielzahl unterschiedlicher Daten aus verschiedenen Quellen (z.B. Webdaten, HRIS-Daten etc.) integriert werden und dies ist für viele Unternehmen aktuell noch eine der großen Hürden zur Initiierung von HR-A-Prozessen (siehe Kapitel 2). E-Recruiting und KI-Recruiting sind dagegen auf dem Vormarsch und viele (gerade große) Unternehmen nutzen bereits verschiedene Bausteine digitalisierter und KI-gestützter Lösungen.

Der britische Konzern Unilever beispielsweise integriert eine Reihe von Lösungen. Als multinationaler Großkonzern erhält Unilever circa 2 Millionen Bewerbungen pro Jahr (Marr, 2018b). Um diese Masse an Bewerbungen zu evaluieren, setzt Unilever in Kooperation mit *PsyMetrics* im ersten Rekrutierungsschritt Online-Assessments ein: Die Bewerber:innen absolvieren 12 „Spiele", welche verschiedene kognitive und soziale Fähigkeiten und Eigenschaften messen sollen (Bechervaise, 2020). PsyMetrics nutzt zur Evaluation der Leistung der Bewerber:innen Trainingsdaten aktueller Top-Performer:innen aus den Unternehmen (diese bilden die sogenannten „Erfolgsprofile") und gleicht die Leistung der Bewerber:innen mit diesen Erfolgsprofilen ab, um deren potenzielle Leistung im Unternehmen vorherzusagen (Hunkenschroer & Luetge, 2022). Sind Bewerber:innen durch die KI als geeignet evaluiert, reichen sie ein Videointerview ein, welches ebenfalls von einem maschinellen Lernalgorithmus hinsichtlich der Körpersprache und gesprochenen Sprache analysiert wird. Die Online-Spiele und Videointerviews zielen darauf ab, die Passung der Bewerber:innen mit dem Unternehmen zu erfassen (Marr, 2018b).

Es ist nachvollziehbar, dass Unilever durch die automatisierten Prozesse Ressourcen einsparen kann (Marr, 2018b). Wie bereits erwähnt, ist ein Vorteil von E-Recruiting und KI-Recruiting, dass diese zeitersparend sind: So können beispielsweise Personenstunden bei der Ablage und Sortierung von Bewerbungsunterlagen (z.B. durch Bewerbungsmanagementsoftware), Interviewzeiten pro Kandidat:in (z.B. durch digitale Lösungen) oder dem Screening von Bewerbungsunterlagen (z.B. durch KI-gestützte Evaluation der Eignung) reduziert werden und es entfallen auch auf Bewerber:innenseite z.B. Kosten zur Anreise (durch digitale Interviews). Des Weiteren können globalere Märkte erreicht werden (z.B. durch aggregierte Stellenausschreibungsportale und digitalisierte Bewerbungsprozesse), was gerade vor dem Hintergrund des zunehmenden Fachkräftemangels an Relevanz gewinnt (Wesche & Sonderegger, 2021). Auch gelten digitalisierte und gamifizierte Auswahlprozesse als modern und attraktiv, was sich günstig auf die Employer Brand auswirken und damit mehr Bewerber:innen anziehen kann (Tippins et al., 2021).

Betrachten wir ein weiteres Beispiel eines anderen Konzerns: Amazon hat den Einsatz eines KI-gestützten Personalauswahlsystems getestet, bei welchem auf der Datengrundlage der Lebensläufe aktueller Mitarbeiter:innen Vorhersagen für die Eignung und Leistung von Bewerber:innen getroffen werden. Es zeigte sich, dass das System männliche Bewerber bevorzugte (Hsu, 2020). Das KI-System wurde auf Basis von Bewerbungsunterlagen der letzten zehn Jahre trainiert, sodass der Algorithmus lernte, Muster zu erkennen. Die meisten Bewerbungsunterlagen der letzten zehn Jahre stammten von Männern, was den hohen Anteil männlicher Beschäftigter in der gesamten Technologiebranche widerspiegelt. Der mit diesen Daten der Vergangenheit angelernte Algorithmus lernte jedoch durch diesen Umstand, Frauen als weniger geeignet einzustufen (Dastin, 2018).

Darüber hinaus können noch weniger offensichtliche Verzerrungen entstehen: Ein System kann beispielsweise lernen, dass die Belichtung der Fotos im Lebenslauf ein Kriterium für die Güte des/der Kandidat:in ist und dies entsprechend reproduzieren. Das KI-System würde nun primär Bewerber:innen mit gut belichteten Fotos „vorschlagen" (z.B. auf eine Kurzliste setzen). Dieser „Bias" (Verzerrung) in der Beurteilung ist nicht leicht nachvollziehbar und so kann eine schwerwiegende Ungleichbehandlung entstehen.

Dies führt ebenfalls dazu, dass der European „AI Act" (Artificial Intelligence Act) KI-gestützte Rekrutierungssysteme als *Hochrisikosysteme* einstuft. Als Hochrisikosysteme werden KIs klassifiziert, die ein Risiko für die Gesundheit und Sicherheit für Menschen oder eine Gefährdung der Grundrechte bedeuten (Europäische Kommission, 2021). Dabei werden KIs, die im Kontext der Auswahl und Einstellung von Mitarbeiter:innen eingesetzt werden, als kritisch eingestuft, da diese die Karrierechancen und auch die Lebensgrundlage einer Person bedeutsam beeinflussen können. Entscheidend für diese Einstufung ist nicht nur die Funktionalität eines Systems, sondern auch der Zweck und die konkrete Anwendung.

Neben den Risiken, die sich durch ein verzerrt arbeitendes KI-System ergeben, stellen sich auch aus arbeits- und organisationspsychologischer Sicht weitere kritische Fragen: Möchte ich als Bewerber:in lieber durch eine KI statt durch einen Menschen beurteilt und eingeschätzt werden? Ist die Vorhersage der Bewerber:innenleistung durch eine KI statt durch einen Menschen besser? Macht ein digitalisierter und KI-gestützter Auswahlprozess ein Unternehmen für Bewerber:innen attraktiver, da das Unternehmen als modern und der Bewerbungsprozess als objektiv und schnell wahrgenommen werden? Oder ist das Gegenteil der Fall und der Einsatz entsprechender Verfahren macht das Unternehmen aus Perspektive der Bewerber:innen unattraktiver, da sie beispielsweise unfaire und unmenschliche Urteile fürchten? Im Folgenden wollen wir uns unter anderem diesen Fragen widmen und den Einsatz digitalisierter und KI-gestützter Rekrutierungsprozesse aus psychologischer Perspektive betrachten.

7.4 Psychologische Betrachtung von digitalisierter und KI-basierter Rekrutierung

7.4.1 Urteilsverzerrungen

Befürworter:innen des Einsatzes von KI im Rahmen der Personalrekrutierung führen das Argument an, dass Maschinen (hier: KI) weniger Urteilsverzerrungen („Biases") unterliegen als Menschen, was den Rekrutierungsprozess fairer und objektiver machen soll (Leicht-Deobald et al., 2019). Das Argument dahinter ist, dass eine KI alle Bewerber:innen anhand der gleichen Kriterien misst und bewertet, wohingegen Menschen subjektiv verzerrter urteilen (Wesche & Sonderegger, 2021). Menschen unterliegen – unbewusst oder bewusst – Vorurteilen. Das bedeutet, dass aufgrund von Merkmalen, die für die berufliche Leistung irrelevant sind, wie dem Geschlecht oder der Ethnie, verzerrte Urteile getroffen werden (Bald & Kanning, 2019). Beispielsweise werden als physisch attraktiv eingeschätzte Personen tendenziell auch als intelligenter wahrgenommen (Talamas, Mavor & Perrett, 2016). In Kapitel 8 beschreiben wir weitere menschliche Urteilsverzerrungen, die im Kontext der Leistungsbeurteilung relevant sind. Im Kontext der Rekrutierung ist das Thema Urteilsverzerrungen für Unternehmen aus zweierlei Gründen wichtig:

1. Urteilsverzerrungen können dazu führen, dass geeignete Bewerber:innen abgelehnt oder ungeeignete Bewerber:innen angenommen werden, d.h. dass eine falsche Entscheidung getroffen wird. Dies kann für Unternehmen einen Wettbewerbsnachteil oder höhere Kosten bedeuten, z.B. dadurch, dass geeignete(re) Kandidat:innen sich für ein anderes Unternehmen entscheiden, oder ausgewählte, aber ungeeignete Bewerber:innen nicht die erwartete Leistung bringen oder auch schneller wieder kündigen und die Stelle daher schnell wieder neu besetzt werden muss.
2. Urteilsverzerrungen können dazu führen, dass eine homogene Belegschaft rekrutiert wird, da beispielsweise Bewerber:innen bevorzugt werden, die den aktuellen Angestellten ähnlich sind. Dies ist zum einen aus rechtlichen Gründen (Diskriminierung) problematisch und unerwünscht. Darüber hinaus ist eine *Diversität* (d.h. Heterogenität der Belegschaft) wichtig, da diverse Teams im Vergleich zu homogenen Teams höhere Innovation und Kreativität zeigen (Ochmann & Laumer, 2019). Somit sollten Unternehmen sowohl aus ethischen Gründen als auch aus Wettbewerbsgründen eine diverse Belegschaft anstreben.

Digitale Softwarelösungen können Unternehmen/Recruiter:innen dabei unterstützen, Urteilsverzerrungen zu minimieren, beispielsweise indem sie potenziell vorurteilsbeladene Merkmale ausblenden und Bewerbungen dadurch neutraler gestalten: Die webbasierte Software *Unbias.io* blendet Fotos und Namen bei LinkedIn-Profilen aus, sodass potenzielle implizite Vorurteile/verzerrte Bewertungen durch Recruiter:innen nicht aktiviert werden können (Houser, 2019). Ein anderes Beispiel ist die Software *Textio*, welche Stellenanzeigen optimiert, sodass diese tendenziell einen diversen Bewerber:innenkreis anziehen (Yarger et al., 2020). Dabei werden Phrasen/Jargon/Schlüsselwörter vermieden, die Bewerber:innengruppen abschrecken könnten (z.B. Phrasen, die primär Männer und weniger Frauen ansprechen), sodass die Chance, einen diverseren Bewerbungspool von qualifizierten Kandidat:innen auf eine entsprechend optimierte Stellenanzeige zu bekommen, steigt.

Über diese konkreten Beispiele hinaus ist aus der Grundlagenforschung bekannt, dass mathematische Vorhersagen tendenziell zutreffender sind als intuitive Vorhersagen (Meehl, 1954). Expert:innen (z.B. Recruiter:innen oder Manager:innen) finden beispielsweise auf der Basis von gelernten Heuristiken bei gut strukturierten Fragestellungen oder Problemen gute Lösungen (im Sinne von dem Problem angemessene; Reimer & Rieskamp, 2007). Solche Heuristiken sind jedoch bei komplexen Problemen tendenziell weniger effektiv (Kahneman, 2012). Was bedeutet das im Kontext der Personalrekrutierung? Recruiter:innen sammeln Informationen und Eindrücke über Bewerber:innen (Fähigkeiten, Erfahrung etc.) und bilden sich auf dieser Basis ein *intuitives* Urteil (ist die Person geeignet oder ungeeignet für eine spezifische Stelle?). Würden wir die gleichen Informationen in quantifizierter Form (z.B. Qualität der Fähigkeiten, Quantität der Erfahrungen) in ein *mathematisches Modell* einfügen, könnte auch dieses Modell eine Vorhersage im Hinblick auf die Eignung einer Person machen. Voraussetzung dafür ist, dass wir aus der Vergangenheit Wissen (Daten) über den Zusammenhang zwischen den quantifizierten Kriterien und der Eignung haben, z.B. aus Metaanalysen oder Daten von aktuell angestellten Personen. Liegen solche Daten vor, ist das mathematische Modell tendenziell dem intuitiven Urteil überlegen, d.h. dass es die Eignung einer Person zuverlässiger korrekt einschätzt (Kuncel, Klieger, Connelly & Ones, 2013; Meehl, 1954). Der Grund dafür ist, dass Menschen zwar gut darin sind, festgelegte Kriterien durch Gespräche oder Fragebögen zu erheben – Menschen sind jedoch tendenziell schlechter darin, diese Information verzerrungsfrei zu kombinieren und zu gewichten (Kuncel et al., 2013).

Wir haben jedoch bereits an dem Beispiel des Amazon-Algorithmus (vgl. Abschnitt 7.3) gesehen, dass auch eine KI-unterstützte Lösung von Verzerrungen betroffen sein kann, also z.B. rassistische oder sexistische Urteilstendenzen reproduziert, wenn sie auf Basis verzerrter Daten angelernt wird. Das liegt daran, dass die Mathematik (das Modell, der Algorithmus, die KI) nur das anwendet, was diese aus den Trainingsdaten ableitet. Wenn wir dem Modell (unbewusst) „beibringen", dass primär weiße Männer in einem Unternehmen erfolgreich sind, weil die aktuelle Belegschaft im Hinblick auf das Geschlecht und die Hautfarbe wenig divers ist, dann wird das Modell nur den gelernten Stereotyp reproduzieren und ist dann nicht besser oder sogar schlechter (d.h. weniger objektiv) als das menschliche Urteil. Ein Algorithmus/ein Modell wird keine zuverlässigen Schlussfolgerungen über Personengruppen treffen können (z.B. über schwarze Männer oder über weiße und schwarze Frauen), wenn es von dieser Personengruppe im Trainingsdatensatz wenig oder keine Informationen gibt (Houser, 2019). Das heißt, nur wenn ein Algorithmus auf der Basis qualitativ hochwertiger, unverzerrter Daten trainiert ist und somit keine impliziten Verzerrungen „eingebaut" werden, kann ein Algorithmus objektiv urteilen.

Über das Design der KI hinaus, haben noch weitere Faktoren einen Einfluss darauf, ob ein KI-gestütztes Rekrutierungssystem Urteilsverzerrungen minimiert und Diversität maximiert – oder das Gegenteil der Fall ist. Wir gehen für die folgenden Überlegungen von einem auf der Basis qualitativ hochwertiger, unverzerrter Daten arbeitendem KI-System aus, welches objektiv und ohne Urteilsverzerrungen funktioniert. Das KI-System wird für das Screening der Bewerbungsunterlagen eingesetzt und liefert eine Shortlist an geeigneten Kandidat:innen. Die KI setzt Bewerber:innen auf die Shortlist, die notwendige, tätigkeitsbezogene Merkmale besonders erfüllen (Qualifikation, Erfahrung, Wissen, Fähigkeiten und Fertigkeiten), wobei Merkmale wie das Geschlecht und die Ethnie unbeachtet bleiben. Wir gehen davon aus, dass diese Shortlist unverzerrt und objektiv ist und damit sollte das KI-System eine diverse Personalauswahl sicherstellen – oder? Ganz so einfach ist es nicht, denn selbst eine korrekt funktionierende KI, die auf Basis unverzerrter Daten angelernt wurde, bedeutet noch nicht, dass der gesamte Rekrutierungsprozess objektiv funktioniert. Der Einsatz von KI während des Screening-Prozesses kann dazu führen, dass Recruiter:innen im weiteren Prozess *weniger* objektiv urteilen (Bursell & Roumbanis, 2022). In einer Studie wurde die Diversität der Bewerber:innenauswahl untersucht, wenn Recruiter:innen (a) Personen aus einer KI-sortierten Shortlist auswählen oder wenn sie (b) ohne KI-Unterstützung aus einem Gesamtbewerbungspool Personen auswählen. Dabei zeigt sich, dass die Auswahl der Recruiter:innen auf Basis der KI-gestützten Shortlist weniger divers ausfällt (Bursell & Roumbanis, 2022). Ein Grund dafür kann darin liegen, dass die Recruiter:innen (unbewusst) die Verantwortung für die Sicherstellung von Objektivität an die KI delegieren und somit vor eigenen Urteilsverzerrungen weniger „auf der Hut" sind (Bursell & Roumbanis, 2022). Ein anderer Grund kann sein, dass die Vorschläge der KI (z.B. ein Ranking der Kandidat:innen) unreflektiert übernommen werden und die professionelle Expertise dabei zurückgestellt wird – welche in der Kombination mit dem maschinellen Urteil jedoch wichtig ist. Denn auch wenn ein maschinelles Urteil tendenziell zuverlässiger ist als ein intuitives Urteil, ergibt sich aus der Kombination beider Urteile das beste Ergebnis (Meehl, 1954). Die *beste* Entscheidung ist zu erwarten, wenn der Mensch die Entscheidung der KI reflektiert und mit seinem eigenen, erfahrungs-, und heuristikbasierten Urteil integriert (Meehl, 1954).

Vollautomatisierte Rekrutierungsprozesse, bei denen eine KI selbstständig Entscheidungen trifft (z.B. welche Bewerber:innen abgelehnt werden), sind daher aus einer Vielzahl von Gründen nicht zulässig. Zum einen sind vollautomatisierte Entscheidungsprozesse durch gesetzliche Datenschutzbestimmungen unterbunden: Nach DSGVO (siehe Abschnitt 3.2) hat der Mensch das Recht, bei algorithmischen Entscheidungen „im Loop" zu bleiben, d.h. darüber informiert zu werden, welche Gründe die KI zu ihrem Entscheidungsvorschlag führen (Hunkenschroer & Luetge, 2022). Dies ist auch aus ethischen und moralischen Gründen wichtig. Denn anders als KI-gestützte Empfehlungen im Freizeitbereich (z.B. Empfehlungen für Serien bei Streaminganbietern), haben (KI-gestützte) Entscheidungen im Bereich der Rekrutierung schwerwiegende Auswirkungen auf das Leben der Person (wo sie lebt, wie viel sie verdient). Dies ist auch der Grund, weswegen KI-Systeme im Bereich der Rekrutierung als Hochrisikosysteme eingestuft werden (siehe Abschnitt 7.3; Europäische Kommission, 2021). Auch vor dem Hintergrund der optimalen Entscheidungsfindung sollten digitale und KI-gestützte Lösungen stets als Ergänzung zur menschlichen Urteilsfindung eingesetzt werden, d.h. dass die finale Entscheidung stets beim Menschen liegt. Damit dies möglich ist, ist die Erklärbarkeit und Kontrollierbarkeit der KI und der durch die KI gewonnenen Ergebnisse oder vorgeschlagenen Entscheidungen ausschlaggebend.

7.4.2 Erklärbarkeit und Kontrolle

Ein KI-System kann Daten über Bewerber:innen filtern, einordnen und klassifizieren, um Recruiter:innen Empfehlungen darüber zu geben, welche Bewerber:innen eingestellt werden sollten. Durch zunehmend fortschrittliche maschinelle Lernprozesse werden diese Systeme besser in ihren Vorhersagen – die Prozesse werden dadurch jedoch auch zunehmend komplexer und für Menschen undurchsichtiger: Wie eine KI zu einer Handlungsempfehlung kommt, bleibt häufig eine „Black Box" (Ochmann, Zilker & Laumer, 2021). Nun sind Recruiter:innen in der Situation, einer Handlungsempfehlung eigenverantwortlich zu folgen, deren Entscheidungsgrundlage sie potenziell nicht verstehen (z.B. warum ein System eine Person als geeignet vs. ungeeignet klassifiziert; Ochmann et al., 2021). Dabei ist besonders kritisch, wenn eine KI offen nach Mustern in Daten sucht, um die Leistung/Eignung einer Person vorherzusagen. Im klassischen Bewerbungsprozess werden anhand systematischer Methoden im Rahmen der Anforderungsanalyse Kriterien festgelegt, die eine Person mitbringen sollte, um auf der Stelle erfolgreich zu sein (siehe Abschnitt 7.1.1). Die Anforderungsanalyse sollte nach DIN-Standards transparent und evidenzbasiert erfolgen, d.h. es muss Gründe geben, wieso ein Zusammenhang zwischen einem Merkmal (z.B. der Intelligenz) und der Leistungsfähigkeit angenommen wird (z.B. auf Basis theoretischer Modelle, Metaanalysen, Umfragen). Eine Anforderungsanalyse kann auch durch ein KI-gestütztes System erfolgen. Eine KI kann Muster in Daten von z.B. aktuell angestellten Mitarbeiter:innen erkennen, auch wenn es keinen theoretischen Rahmen dafür gibt. So könnte die KI beispielsweise zu dem Ergebnis kommen, dass Männer erfolgreicher sind als Frauen, weil diese öfter befördert werden (siehe Amazon-Beispiel in Abschnitt 7.3), oder eine Beschäftigung im Homeoffice statt im Büro zu weniger Leistung führt, gemessen an der Anzahl der Beförderungen. Sollte das Geschlecht oder die Präferenz für das Arbeiten im Homeoffice vs. im Büro darauf aufbauend zum Auswahlkriterium für Personalentscheidungen werden? Vermutlich würden Sie widersprechen, da sich intuitiv verschiedene Gründe aufdrängen, die den Zusammenhang zwischen Geschlecht und Arbeitsmodell und der Anzahl der Beförderungen erklären könnten (z.B. diskriminierende Kultur, die Männer bevorzugt; geringere Sichtbarkeit im Homeoffice). Die KI wertet die Daten mit dem primären Ziel aus, eine möglichst gute Vorhersage der Leistung/Eignung abzugeben (Braun & Kuljanin, 2015). Eine theoretische Begründung für die Einbeziehung von Variablen fehlt dabei. Diese verhindert in klassischen Vorgehensweisen jedoch die Konzentration auf irrelevante (nicht berufsbezogene) und voreingenommene Faktoren (Geschlecht, ethnische Zugehörigkeit etc.;

Tippins et al., 2021). In diesem Beispiel gibt es keine theoretische Begründung für einen direkten Zusammenhang zwischen Geschlecht und Erfolg. Dennoch kann der statistische Zusammenhang zwischen den Faktoren („interesting pattern") zum Grund für Personalentscheidungen (hier die Einstellung der Person) werden.

Dieser Umstand führt dazu, dass *transparente* KI-Systeme gefordert werden, die sich „erklären", d.h. deren Prozesse nachvollziehbar sind (Meske, Bunde, Schneider & Gersch, 2022). In dem Kontext wird primär aus technischer Sichtweise argumentiert. Äquivalent zur Forderung, dass eine KI auf Basis unverzerrter, qualitativ hochwertiger Daten trainiert werden muss, ist die Forderung, dass diese zusätzlich so entwickelt sein muss, dass Entscheidungsprozesse nachvollziehbar bleiben (Meske et al., 2022). Dieser Anspruch an die KI-Entwicklung löst das Anwendungsproblem jedoch nur teilweise. Selbst wenn die mathematischen Prozesse nachvollziehbar sind, heißt das nicht, dass Anwender:innen von KI, in diesem Kontext Recruiter:innen, dies auch nachvollziehen können (Gal et al., 2020). Dafür benötigt es „Erklärungen", welche für Domänen-Expert:innen (hier: Recruiter:innen) nachvollziehbar sind und in deren „Sprache" verfasst sind. Denn Recruiter:innen sind keine Mathematiker:innen oder KI-Entwickler:innen und eine entsprechende Expertise ist nicht erwartbar oder sinnvoll. Aus psychologischer Sicht ist daher entscheidend, dass anwendende Personen vielmehr eine realistische Vorstellung von den Potenzialen, Grenzen und Gefahren von KI-Systemen haben und in der Anwendung die *Kontrolle* und *Autonomie* erhalten. In Trainings oder Workshops können Recruiter:innen lernen, die KI als Technologien zu verstehen, die Fehler machen kann und deshalb hinterfragt und zur Verantwortung gezogen werden sollte (Gal, Jensen & Stein, 2020). Dabei sollte das eigenverantwortliche Denken betont werden und ein ausgewogenes Verhältnis des Inputs von Mensch und Maschine (hier: KI-System) angestrebt werden (Gal et al., 2020), sodass die Gefahr unüberlegter Annahmen von algorithmischen Vorschlägen minimiert wird (Bursell & Roumbanis, 2022). Hier muss die menschliche Autonomie und auch das Bewusstsein über diese Autonomie gefördert werden, sodass die Gefahr einer Bevormundung durch die KI („KI-Paternalismus") nicht nur technisch minimiert wird, sondern auch durch die Anwender:innen selbst gesteuert wird (Lin, Hung & Huang, 2021).

> Als Analogie können wir auf menschliches Nutzungsverhalten im privaten Kontext blicken: Wir kennen KI-basierte Empfehlungen beispielsweise von Streamingdiensten (Empfehlungen von Filmen basierend auf dem eigenen Nutzungsverhalten) oder Navigationssystemen (Empfehlungen für schnelle Routen basierend auf aktuellen Verkehrsdaten). Die Entscheidung darüber, welcher Film geschaut wird oder welche Route genommen wird, bleibt zu 100 % beim Menschen. Der Einbezug eigener Erfahrungen erfolgt dabei selbstverständlich, beispielsweise auf Basis von Erfahrungen, die ich mit der Fahrt einer bestimmten Strecke gemacht habe: Die vorgeschlagene Route ist vielleicht ein paar Minuten schneller, aber viel anstrengender zu fahren, weswegen ich mich gegen die Empfehlung der KI entscheide. Darüber hinaus ist klar, dass ich als Autofahrer:in weiter die Verantwortung trage und mich so zwangsläufig einbringen muss (wer blind dem Navigationssystem folgt, wird trotzdem schuld sein, wenn er in eine Einbahnstraße einbiegt).

Genauso selbstverständlich muss die Autonomie von Recruiter:innen bei der Nutzung von KI-basierten Empfehlungen erhalten bleiben. Dies ist zum einen eine Frage der Informationen, die Recruiter:innen über die KI-Lösungen erhalten: Was sind die Möglichkeiten, aber vor allem auch die Grenzen der KI (realistische Einschätzung der Potenziale und Gefahren), welche in Präsenzveranstaltungen, Workshops oder Schulungen vor Ort thematisiert werden können? Es ist zum anderen aber auch eine Frage der Arbeitsgestaltung durch und mit KI (Kluge, Ontrup, Langholf & Wilkens, 2021), da diese immense Auswirkungen auf das Erleben und Verhalten von Recruiter:innen haben kann, z. B. auf ihre Motivation.

7.4.3 Motivation der Recruiter:innen

Aus der Forschung zu automatisierten Prozessen wissen wir, dass die Einführung von Automation am Arbeitsplatz „psychologische Kosten" haben kann. Wenn beispielsweise stimulierende/interessante Arbeitstätigkeiten durch den Einsatz von KI wegfallen und Personen primär die Aufgabe des Monitorings zufällt, kann das dazu führen, dass die Personen Monotonie erleben, wichtige Fähigkeiten verlieren, zu viel oder zu wenig Vertrauen in die Technologie setzen oder Entscheidungen der Automatisierung unreflektiert akzeptieren (Frank & Kluge, 2019; Merritt et al., 2019; Ralph, Onderwater, Thomson & Smilek, 2017). In der Folge erleben die Personen weniger Motivation und Zufriedenheit (Bartzik & Peifer, 2019). Aus arbeitspsychologischer Perspektive ist es daher wichtig, nicht nur technisch gute Systeme (z. B. unverzerrt arbeitende KI) zu designen, sondern die Implementierung an den Bedürfnissen, Potenzialen und Motiven der nutzenden Person (in diesem Fall der Recruiter:innen) auszurichten (Berretta, Tausch, Peifer & Kluge, 2022).

Aus dieser Perspektive sollte die oberste Maxime für die Implementierung digitaler und KI-gestützter Lösungen nicht die technische Machbarkeit (was ist *möglich* zu automatisieren?), sondern die Auswirkungen auf das Wohlbefinden und die Motivation der Mitarbeiter:innen sein (Kluge et al., 2021). Bei dem Einsatz digitaler und KI-gestützter Tools muss sichergestellt werden, dass sie das Wohlbefinden und die Motivation der Recruiter:innen im Sinne der Arbeitsgestaltung positiv beeinflussen. Das Ziel sollte sein, dass die Recruiter:innen und die digitalen und KI-gestützten Lösungen Teams bilden, sodass eine aktive Zusammenarbeit zur Erreichung eines gemeinsamen Ziels möglich wird (Kluge et al., 2021), die nicht nur effektiv zur Erreichung der Arbeitsziele beiträgt, sondern auch das Wohlbefinden und die Zufriedenheit der Menschen (hier: der Recruiter:innen) gewährleistet. Für die Gestaltung von solchen Teams zwischen Menschen und digitalen/KI-gestützten Tools sollten daher Kriterien guter Zusammenarbeit berücksichtigt werden, die auch für die Teamarbeit zwischen Menschen gelten. Damit die Zusammenarbeit so gestaltet ist, dass sie dem Wohl und der Zufriedenheit des Menschen dient, sollte ein *gemeinsames mentales Modell* der Aufgabenbearbeitung aufgebaut werden können (das heißt, ein geteiltes, gemeinsames Verständnis von Aufgaben und Prozessen; Salas, Sims & Burke, 2005). Darüber hinaus sollte gegenseitiges *Vertrauen* hergestellt werden und eine „geschlossene" Kommunikation (closed-loop communication) stattfinden (Salas et al., 2005). Diese Faktoren sind wichtig, um gegenseitiges Verständnis, Kommunikation und Vertrauen zwischen Mensch und digitalem/KI-gestütztem Tool sicherzustellen (Chen et al., 2018). Diese Kriterien guter Zusammenarbeit sind in Abbildung 22 zusammengefasst.

Darüber hinaus sollten die eingesetzten digitalen oder KI-gestützten Tools nicht die berufliche Identität der Recruiter:innen „bedrohen". Aus arbeits- und organisationspsychologischer Sicht gehen wir davon aus, dass Personen ihre Arbeit aus bestimmten Motiven ausgewählt haben, und es sollte sichergestellt werden, dass die zentralen Elemente, die diese berufliche Identität formen, durch den Einsatz von KI-Systemen am Arbeitsplatz nicht wegfallen (Berretta et al., 2022). So ist z. B. davon auszugehen, dass wenig Personen den Beruf des/der Recruiter:in wählen, weil sie gerne administrative Aufgaben erledigen, sondern

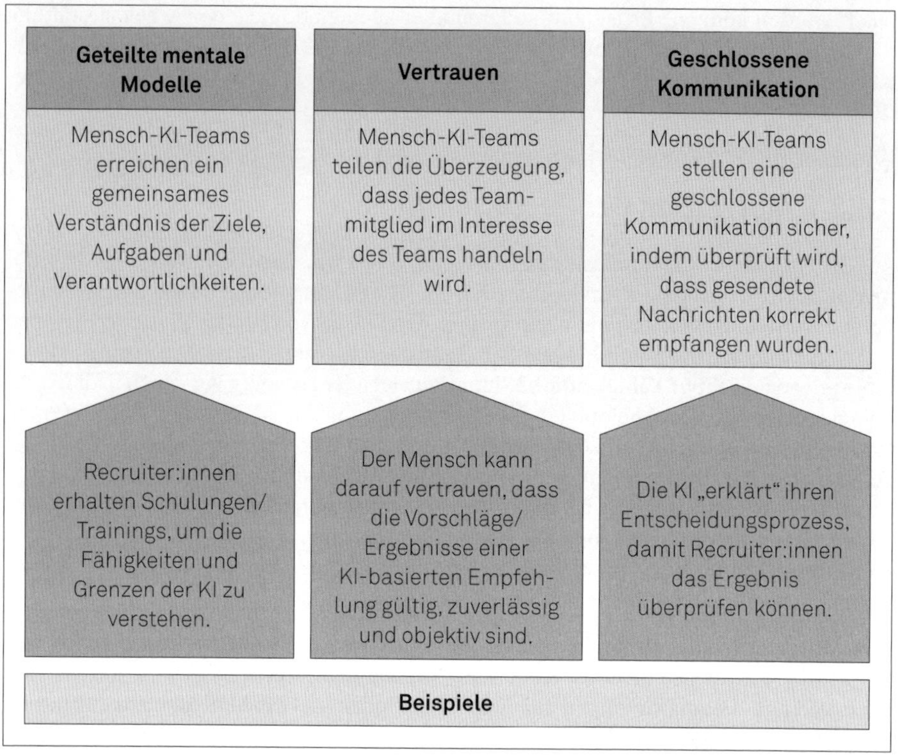

Abbildung 22: Kriterien guter kollaborativer Zusammenarbeit zwischen Recruiter:innen und digitalen oder KI-gestützten Lösungen

dass ein zentrales Element der beruflichen Identität vielmehr in der Arbeit und dem Kontakt mit Menschen (Bewerber:innen) liegt. Übernimmt eine KI also administrative Aufgaben (verfasst z. B. automatisch Protokolle bei Bewerbungsgesprächen), ist dies vermutlich motivationsförderlicher, als wenn die KI den Kontakt zu Bewerber:innen überflüssig macht.

Zuletzt sollte sich auch die Arbeitsgestaltung an sich nicht zum Negativen verändern. Wichtige Kriterien der Arbeitsgestaltung werden durch das SMART-Modell zusammengefasst, welches besagt, dass motivierende und zufriedenstellende Arbeit stimulierend (S) ist, ein Gefühl von Kontrolle (Mastery [M]) und Autonomie (A) ermöglicht, menschliche Beziehungen fördert (Relational [R]) und zumutbare Anforderungen an den Menschen stellt (Tolerable Demands [T]; Klonek & Parker, 2021). Der Einsatz der bisher vorgestellten Tools sollte dazu führen, dass diese Kriterien unverändert bleiben oder sich für die jeweiligen Arbeitstätigkeiten zum Positiven verändern. Recruiter:innen sollten also durch den Einsatz einer digitalen oder KI-basierten Lösung z. B. *mehr* und nicht weniger Autonomie erleben. Dies ist in Abbildung 23 verdeutlicht.

Zusammengefasst sollte beim Einsatz oder der Einführung digitaler und KI-gestützter Tools betrachtet werden, (a) inwieweit diese es den Recruiter:innen ermöglichen, geteilte mentale Modelle und Vertrauen aufzubauen sowie geschlossen zu kommunizieren, und (b) inwieweit die Einführung der Tools Auswirkungen auf die Arbeitsgestaltung und die Job-Identität hat. Dies wird im Rahmenmodell *collaborAId SMART* zusammengefasst (Ontrup, Berretta, Tausch & Kluge, 2022).

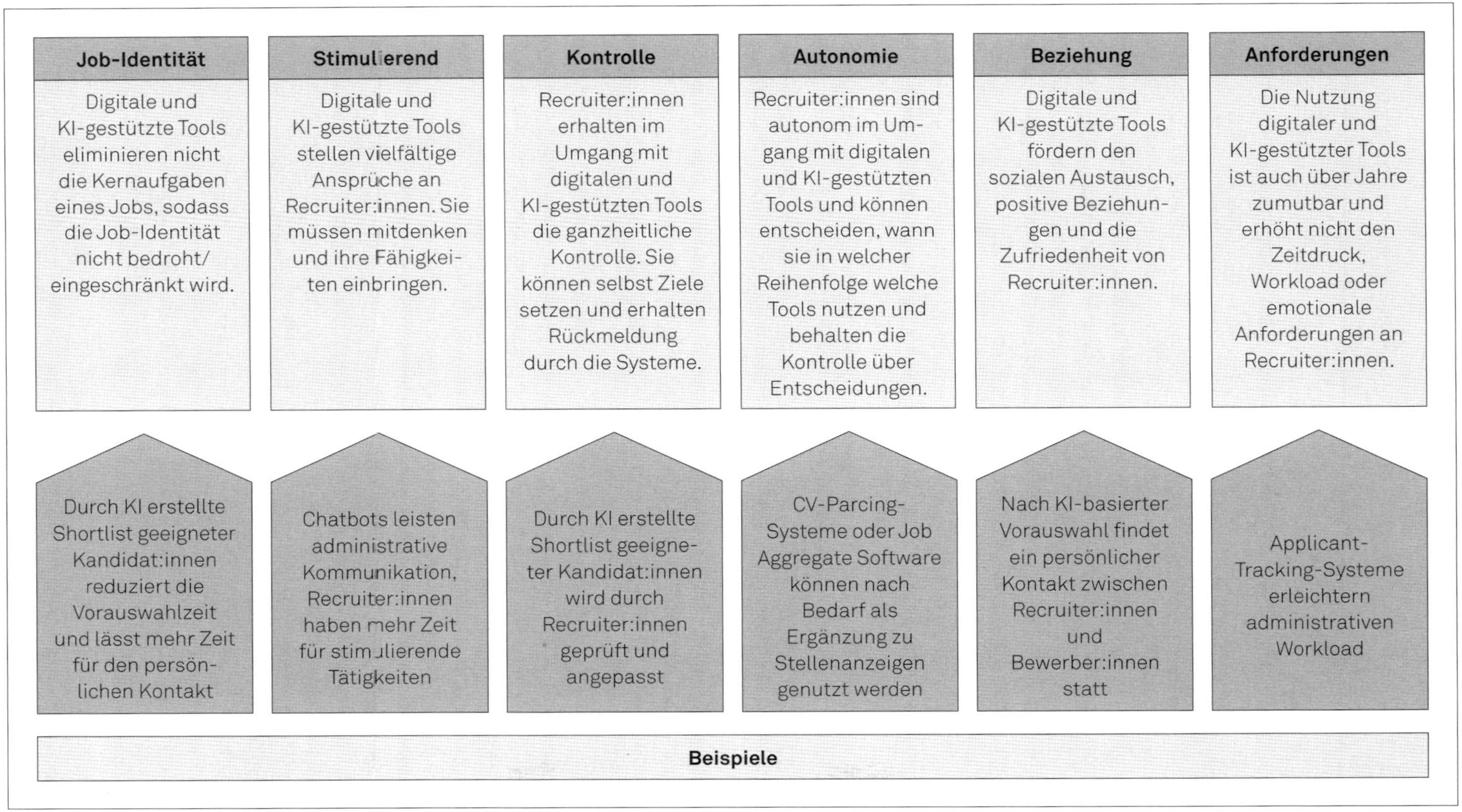

Abbildung 23: Ansprüche an die Arbeitsgestaltung von und mit digitalen und KI-gestützten Tools im Sinne des SMART-Modells (nach Klonek & Parker, 2021), ergänzt um den Aspekt der Job-Identität im Rahmen von Rekrutierungsprozessen (orientiert an Kluge et al., 2021)

7.4.4 Fairness von KI-Systemen

Abschließend wollen wir noch einen Blick auf einen Aspekt werfen, der eng mit den bereits adressierten Urteilsverzerrungen verknüpft ist: die Fairness von KI-Systemen. Dieser Aspekt kann aus zwei Perspektiven beleuchtet werden. Zunächst stellt sich die Frage, ob das Design der KI an sich fair ist, d.h. erfolgte das Training auf Basis qualitativ hochwertiger und unverzerrter Daten, sodass die KI entsprechend unverzerrt urteilt? Diesem Aspekt haben wir uns im Abschnitt 7.4.1 *Urteilsverzerrungen* gewidmet. Darüber hinaus ist von Bedeutung, wie der Einsatz von digitalisierten und KI-gestützten Rekrutierungsprozessen aus Bewerber:innensicht empfunden wird.

> Stellen Sie sich vor, Sie bewerben sich bei einem großen Unternehmen und reichen Ihre Bewerbungsunterlagen über ein digitales Bewerbungsportal ein. Sie werden elektronisch informiert, dass Sie eine Runde weiter sind, und werden zu einem digitalen Assessment eingeladen. Sie absolvieren verschiedene neuropsychologische Spiele und erhalten direktes Feedback zu Ihrer Leistung – Sie schneiden gut ab. Daraufhin werden Sie aufgefordert, einen Fragenkatalog per Video zu beantworten. Sie laden das Video über das Bewerbungsportal hoch, kurz danach erhalten Sie eine elektronische Absage. Eine KI hat das Video analysiert (Mikro-Expressionen und Emotionen, Intonation und Körpersprache), und Sie erhalten das Feedback, dass das von Ihnen gezeigte Verhalten nicht zur organisationalen Kultur passe. Unabhängig davon, ob die Schlussfolgerungen des KI-Systems valide (d.h. die KI misst auch das, was sie messen soll) und objektiv getroffen wurden – empfinden Sie das Vorgehen als fair? Vielleicht stehen für Sie das konkrete Feedback und die zeitnahen Rückmeldungen im Vordergrund und Sie begrüßen das transparente und schnelle Vorgehen. Vielleicht empfinden Sie den Prozess aber auch als unmenschlich und kalt: In einem persönlichen Gespräch hätten Sie vielleicht besser überzeugen können? Abhängig davon werden Sie den Prozess als mehr oder weniger fair empfinden.

Zwar gibt es Forschung, die aufzeigt, dass Personen die Beurteilung der eigenen Leistung durch ein KI-System als ebenso fair einschätzen wie die Beurteilung durch einen Menschen, wenngleich die Mehrheit menschliche Beurteilungen präferieren würde (Hunkenschroer & Luetge, 2022). Es gibt jedoch auch Studien, die aufzeigen, dass Personen die Beurteilung der eigenen Leistung durch eine KI als weniger fair wahrnehmen (Newman et al., 2020; Wesche & Sonderegger, 2021). Menschen schreiben der KI in diesem Zusammenhang einen Mangel an menschlicher Intuition zu und empfinden diese als kalt, sie fühlen sich auf eine Zahl reduziert und lediglich quantitativ bewertet, aber nicht in ihren Qualitäten wahrgenommen (Newman, Fast & Harmon, 2020). Dies wird unter dem Begriff *Reduktionismus* thematisiert, was dem Gefühl entspricht, nicht ganzheitlich bewertet zu werden (Newman et al., 2020). Auch digitale Interviews werden als weniger fair eingeschätzt im Vergleich zu Face-to-Face-Interviews (Woods et al., 2020). Dies kann begründeten Ängsten entsprechen: Wenn sich Bewerber:innen beispielsweise mit einer Software nicht auskennen oder keine Erfahrungen in Bezug auf geeignete Beleuchtung oder sonstige technische Einstellungen haben, kann das ihre Leistung im Vergleich zu einem Face-to-Face-Interview beeinträchtigen. Aber auch wenn diesen Stolpersteinen vorgebeugt wird, garantiert dies nicht, dass Bewerber:innen ein theoretisch objektives und faires Verfahren auch so wahrnehmen. Diese Erkenntnisse sind wichtig, denn wenn sich Arbeitssuchende nicht bewerben, weil sie von den Auswahlverfahren (z.B. digitale und KI-gestützte Prozesse) abgeschreckt sind, wird der Bewerbungspool kleiner und das Unternehmen verliert potenziell geeignete Bewerber:innen (Wesche & Sonderegger, 2021). Die Bestrebung, digitale und KI-gestützte Rekrutierungstools in der Art einzubinden, dass Bewerber:innen den Prozess als menschlich und fair beurteilen, unterstreicht daher die bereits eingeführte Notwendigkeit, maschinelle Urteile durch menschliche Urteile zu ergänzen. So müssen Digitalisierung und Automation nicht nur an den Bedürfnissen der Recruiter:innen ausgerichtet werden, sondern es sollte auch die Wahrnehmung der Bewerber:innen beachtet werden.

7.5 Abschließende Betrachtung

Es zeigt sich, dass die Nutzung von E-Recruiting, KI-Recruiting und Recruiting Analytics Vorteile mit sich bringen kann, jedoch stellen sich auch vielfältige Herausforderungen. Diese sind in Tabelle 7 zusammengefasst.

Tabelle 7: Der Nutzen von E-Recruiting, KI-Recruiting und Recruiting Analytics und damit einhergehende Herausforderungen

Analyseebene	Nutzen	Herausforderungen
Recruiting Analytics allgemein	• Strategische Ausrichtung des Rekrutierungsprozesses auf Basis von Evidenz	• Integration vielfältiger Datenquellen
Unternehmensebene	• Erhöhte Effizienz durch automatisierte Prozesse • Reduzierung von Urteilsverzerrungen bei Bewertung von Bewerber:innen • Erhöhte Zuverlässigkeit der Vorhersagen durch maschinelle Bewertungen in Kombination mit menschlichen Urteilen • Erhöhung der Basisrate und Verringerung der Selektionsrate	• Evaluation der Güte genutzter Daten (Ausschluss von Verzerrungen der Daten) • Einbezug des menschlichen Urteils in maschinelle Vorhersagen • Informierter Einsatz der Lösungen zur Sicherstellung *collaborAId SMARTer* Arbeitsgestaltung für Recruiter:innen
Mitarbeiter:innenebene	• Reduzierung administrativer Tätigkeiten • Erweiterte Optionen zur Findung passiver Bewerber:innen und zur Erweiterung des Bewerber:innen-Pools • Reduzierung der Komplexität der Informationen zur Entscheidungsfindung	• Sicherstellung von Kontrolle und Entscheidungshoheit im Umgang mit Tools • Förderung der Autonomie, sodass blinder Verlass auf KI oder Misstrauen reduziert werden • Sicherstellung von Motivation und Wohlbefinden

Tabelle 7: Fortsetzung

Analyseebene	Nutzen	Herausforderungen
Bewerber:innen-ebene	• Fairere Bewertung durch Ausschluss subjektiver Urteilsverzerrungen • Schnellere Rückmeldung und detaillierteres Feed-back zur eigenen Leistung und Beurteilung	• Vorbeugung von wahrgenommenem Reduktionismus • Sicherstellung/Beachtung von individuellen Fähigkeiten im Umgang mit digitalen Tools (z.B. Videosoftware)

Die aufgezeigten technischen, aber auch psychologischen Herausforderungen sollten im Design und der Art der Implementierung von E-Recruiting, KI-Recruiting und Recruiting Analytics bedacht werden. Neben den bereits adressierten Lösungsansätzen wollen wir abschließend noch auf allgemeine (theoretische) Ansätze zum menschgerechten Einsatz von automatisierten Prozessen und KI in Unternehmen blicken.

In Analogie zu ethischen Ansätzen aus der Medizin (Hippokratischer Eid) können ethische Leitprinzipien dabei helfen, einen ethisch einwandfreien Rekrutierungsprozess sicherzustellen. Simbeck (2019) schlägt sechs Schlüsselprinzipien vor, um die autonome und kritische Reflexion von moralischem Verhalten im Rahmen von HR-A-Prozessen sicherzustellen: (1) Privatsphäre und Vertraulichkeit, (2) „Opt-out"-Optionen, (3) institutionelle Kontrolle, (4) Transparenz, (5) Datenkompetenz und (6) Respekt vor der dynamischen Natur persönlicher Entwicklungen.

Was bedeutet das konkret für die Gestaltung von Rekrutierungsprozessen?

1. *Privatsphäre* und Vertraulichkeit von Daten sollte ein grundlegender Leitgedanke bei dem Design von Analytics-Prozessen sein. Zu diesem Zweck sollten Unternehmen technisch-organisatorische Maßnahmen (TOM) und strategisch-organische Maßnahmen (SOM) des Datenschutzes etablieren (siehe Abschnitt 3.2).
2. *„Opt-out"-Optionen* beinhalten, dass sich Personen gegen eine Nutzung von technischen Lösungen entscheiden können. Dies lässt sich im Rahmen des Rekrutierungsprozesses auf Recruiter:innen übertragen, deren Autonomie im Rahmen der Nutzung digitalisierter und KI-gestützter Tools sichergestellt werden muss. Die Gestaltung von „Opt-out"-Optionen für Bewerber:innen gestaltet sich kniffeliger. Bieten Unternehmen Bewerber:innen die Möglichkeit, digitalisierte oder KI-gestützte Bewerbungsschritte nicht zu nutzen, ergeben sich neue Herausforderungen im Hinblick auf die Gleichheit der Behandlung und Fairness der Bewerbungsprozesse. Denn wenn ein Teil der Personen (opt-in) auf Basis einer KI und ein anderer Teil von Personen (opt-out) auf Basis intuitiver Urteile bewertet wird, findet keine Gleichbehandlung statt. Gleichzeitig ist es kritisch, wenn Personen zwar theoretisch eine „Opt-out"-Option bekommen, sie dadurch jedoch automatisch Nachteile im Bewerbungsprozess haben (sie z.B. schlechter evaluiert werden). Nutzen (gerade große) Unternehmen also standardisierte, digitalisierte und/oder KI-gestützte Bewerbungsprozesse, ist eine Ablehnung dieser standardisierten Prozesse und damit „Sonderbehandlung" einzelner Bewerber:innen weder praktikabel noch fair(er) oder ethisch(er). Eine praktikable Lösung ist daher die in der DSGVO (siehe Abschnitt 3.2) verankerte „Opt-in"-Regelung, bei der eine explizite Einwilligung in die Datenverarbeitung

von jedem/jeder Bewerber:in eingeholt werden muss. Die Personen müssen explizit darüber informiert werden, wie die persönlichen Daten verarbeitet werden, wo diese gespeichert werden, mit wem die Daten geteilt werden/wer Zugriff darauf hat (intern und extern) und welche Rechte die Bewerber:innen haben (z.B. Löschung der Daten). Neben den nach DSGVO unabdingbaren Informationen bezüglich der (technischen) Datenverarbeitung sollte eine umfassende Aufklärung von Bewerber:innen über die Gründe und Ziele der Prozesse angestrebt werden, sodass eine größtmögliche Transparenz sichergestellt wird. Der Wunsch von Bewerber:innen nach „Opt-out"-Optionen kann unter anderem Ausdruck mangelnder Information, mangelnden Vertrauens oder von Ängsten gegenüber den neuartigen Prozessen sein. Das Ziel muss sein, mit gezielter Kommunikation eben diesem Informationsmangel oder Ängsten zu begegnen. Dies kann mit einer erweiterten „Opt-in"-Regelung realisiert werden, bei welcher nicht nur die technischen Datenverarbeitungsregelungen, sondern auch die Gründe und Ziele des Einsatzes konkreter digitalisierter oder KI-gestützter Auswahlverfahrensschritte erläutert werden.

3. *Institutionelle Kontrolle* ist ein zentraler Mechanismus, um KI-Recruiting-Prozesse einer Feedbackschleife zu unterziehen, sodass sich potenziell diskriminierende Mechanismen nicht reproduzieren und verselbstständigen. Eine Lösung könnten unternehmensinterne oder externe „ethische Agent:innen" sein, welche die Effizienz, Transparenz und Neutralität (im Hinblick auf Urteilsverzerrungen) fortlaufend prüfen und bewerten (Fernández-Martínez & Fernández, 2020). Diese Agent:innen müssen an der Schnittstelle zwischen und im Kontakt mit KI-Entwickler:innen, -Nutzer:innen, Manager:innen und Bewerber:innen sein, um notwendige technische oder psychologische Anforderungen sichtbar zu machen und entsprechende Maßnahmen einzuleiten (Fernández-Martínez & Fernández, 2020).
4. Die *Transparenz* der Prozesse muss auf technischer Ebene sichergestellt werden (Erklärbarkeit der Systeme). Darüber hinaus müssen Recruiter:innen auch im Umgang mit neuen Prozessen geschult werden, damit die Potenziale und Grenzen der Technologie deutlich werden, was bereits den Aspekt der
5. *Datenkompetenz* adressiert. So wird die Verantwortlichkeit im Umgang mit der KI gefördert. In diesem Zuge gehört zur Sicherstellung der Transparenz der Prozesse auch eine Förderung der Autonomie und Kontrolle von Recruiter:innen – ein rein automatisiertes System ist unzulässig.
6. Die *Dynamik persönlicher Entwicklungen* sollte dahingehend beachtet werden, als dass sich menschliches Verhalten und Erleben ändert und damit auch andere Kriterien für die Auswahl von Bewerber:innen über die Zeit notwendig werden. Daten sollten nicht verwendet werden, nur weil sie verfügbar sind, sondern immer auf ihre Aktualität geprüft werden.

Die hier vorgestellten Konzepte können für Unternehmen eine Grundlage bilden, die die Diskussion über die Implementierung von E-Recruiting, KI-Recruiting und Recruiting Analytics leiten kann. Rąb-Kettler und Lehnervp (2019) verstehen dies als „humanistisches Recruiting", bei welchem der Mensch mit seinen Wahrnehmungen, Ängsten, Motiven und Potenzialen in den Fokus gesetzt wird. Unter Berücksichtigung der vielfältigen Herausforderungen hat der Einsatz neuer Technologien das Potenzial, humanistisches Recruiting zu fördern, d.h. einen fairen und unverzerrten Prozess sicherzustellen, die Motivation, Autonomie und Kontrolle von Recruiter:innen zu steigern und durch eine Reduktion von administrativen Aufgaben bedeutsamere Aufgabengestaltungen zu ermöglichen (Rąb-Kettler & Lehnervp, 2019).

8 HR-Analytics in der Leistungsbeurteilung

Im vorherigen Kapitel ging es um die Anwerbung und Selektion von neuen Mitarbeiter:innen im Unternehmen. Dieses Kapitel befasst sich nun mit den Mitarbeiter:innen, die bereits im Unternehmen sind und Arbeitsleistung erbringen. Konkret geht es um das Thema der Beurteilung von Leistung am Arbeitsplatz und die Frage, wieso dies so wichtig für das Unternehmen, aber auch für die Mitarbeiter:innen selbst ist. Besonders herausgestellt wird dabei der Beitrag, den HR-A zur Leistungsbeurteilung beisteuern kann.

> Stellen Sie sich vor, Sie sind Mitarbeiter:in in der HR-Abteilung eines großen Unternehmens und die jährlichen Leistungsbeurteilungsgespräche stehen bevor. Damit die Leistungsbeurteilung fair erfolgt, braucht es jemanden oder ein System, das die aktuelle Leistung der Mitarbeiter:innen bewertet und im Unternehmenskontext objektiv einordnet. Um für diesen Vorgang eine Datengrundlage zu schaffen, hat Ihr Unternehmen über die vergangenen Jahre die Prozesse verschiedener Bereiche immer mehr digitalisiert. So können nun Entscheidungen in Bezug auf die Leistung der Mitarbeiter:innen eher basierend auf den Scores einer Software als ausgehend von den Einschätzungen spezifischer Personen getroffen werden. Was denken Sie:
>
> - In welchen Bereichen hat das Ihrer Meinung nach Vorteile und in welchen Nachteile – sowohl für Sie aus HR-Perspektive als auch für die Mitarbeiter:innen?
> - Welches Gefühl wird es den Mitarbeiter:innen geben, zu wissen, dass sie Feedback basierend auf einem Algorithmus statt einer persönlichen Einschätzung bekommen?
> - Wie wohl würden Sie sich damit fühlen, dieses Feedback als Basis für Entscheidungen im Hinblick auf Entlohnungen oder Beförderungen zu nutzen?

Für das Unternehmen ist die Beurteilung von Leistung und das damit verbundene Feedback nicht nur Voraussetzung dafür, dass es Mitarbeiter:innen besser einschätzen und passende Weiterbildungsmöglichkeiten empfehlen kann, sondern besonders auch dafür, dass das Management evidenzbasierte Entscheidungen auf Unternehmensebene treffen kann. Dies kann zum Beispiel Entscheidungen im Hinblick auf die strategische Ausrichtung des Unternehmens betreffen: Führen etablierte Anreizsysteme zu der gewünschten Leistung? Gibt es Konflikte zwischen Produktivitäts- und Sicherheitszielen in der Produktion, sodass Prozesse angepasst werden müssen? Welche strategischen Wachstumsziele sind mit den vorhandenen „Human-Ressourcen" erreichbar?

> Nachdem Ihr Unternehmen nun den Prozess der Leistungsbeurteilung ausschließlich auf eine Software überschrieben hat, geht es im Weiteren zum Zweck einer weitreichenderen Beurteilung darum, noch weitere Monitoring-Möglichkeiten einzusetzen. Dazu gehört beispielsweise das genaue Tracking von Aktivität am Computer sowie des dortigen Zeitmanagements. Darüber hinaus wird überlegt, eine App auf allen Diensthandys zu installieren, mit welcher das Unternehmen per GPS die Standorte während der Arbeitszeit genau erfassen kann. Was würden Sie von diesen Entwicklungen halten? Gäbe es bestimmte Aspekte, die aus Ihrer Sicht bei einer Umsetzung dieser Maßnahmen besonders berücksichtigt werden müssten, z. B. in Bezug auf technische, organisationale oder gesetzliche Rahmenbedingungen?

Der Einstieg in dieses Kapitel erfolgt zunächst mit einer Übersicht darüber, was unter Leistung verstanden werden kann, worauf sich eine Leistungsbeurteilung beziehen kann und was der Sinn und Zweck dieser ist.

8.1 Leistung sowie Sinn und Zweck der Leistungsbeurteilung

Die Beurteilung der Arbeitsleistung von Angestellten in Organisationen ist in der Praxis genau wie in der Forschung ein breit vertretenes Thema und seit langem von großem Interesse (DeNisi & Murphy, 2017). Gleichfalls hat das Interesse am Prozess des Leistungsmanagements zugenommen. Die beiden Themen Leistungsbeurteilung und Leistungsmanagement sind eng miteinander verbunden, aber sie sind nicht identisch, sondern bauen eher aufeinander auf. Die *Leistungsbeurteilung* bezieht sich auf einen formellen Prozess, bei dem Mitarbeiter:innen von einem/einer Beurteiler:in (in der Regel einem/einer Vorgesetzten) bewertet werden. Die Leistung der Mitarbeiter:innen wird oft anhand verschiedener Dimensionen beurteilt, dieser Beurteilung wird wiederum eine Punktzahl zugewiesen und anschließend werden die Mitarbeiter:innen über ihre formale Bewertung informiert. Das *Leistungsmanagement* benötigt diese Daten, um anschließend Maßnahmen zu ergreifen, wie z. B. eine Veränderung der Arbeitsaufgaben oder die Teilnahme an Personalentwicklungsprogrammen (siehe Kapitel 9).

In Organisationen ist die Bewertung der Arbeitsleistung von Mitarbeiter:innen unter anderem auch essenziell für die Planung und Zielfestlegung von unternehmerischen Entscheidungen (Abrell, Rowold & Flasche, 2015). Es zeigt sich, dass der Erfolg einer Organisation zu großen Teilen von der Arbeitsleistung der Mitarbeiter:innen abhängig ist. Systematische Leistungsbeurteilungen sollen sicherstellen, dass Mitarbeiter:innen Beiträge zur Wettbewerbsfähigkeit von Organisationen leisten (Lohaus & Schuler, 2014).

Definition: Personal- und Leistungsbeurteilungen

Bei Personal- und Leistungsbeurteilungen handelt es sich um „regelmäßig angewendete Verfahren, die Leistungen von Mitarbeiter:innen strukturiert erfassen und einer Auswertung zugänglich machen sollen" (Becker, 2009, S. 162).

Die *Leistung* der Mitarbeiter:innen kann auf drei verschiedenen Ebenen verortet beziehungsweise gemessen werden (Fallgatter, 2013; Lohaus & Schuler, 2014):

1. Es gibt erstens die Leistung als *Ergebnis* oder auch als *Output,* eine Form, die stark der betriebswirtschaftlichen Sichtweise entspricht. Diese Leistung bezieht sich auf das, was jemand geschaffen oder erreicht hat, z. B. die Anzahl an reparierten Waschmaschinen, der Gewinn bei Autoverkäufen oder auch die Zufriedenheit von Kund:innen.
2. Als zweites kann Leistung als ein *Prozess* verstanden und als Prozessvariable gemessen werden. Leistung wird in dem Fall als das Verhalten der Mitarbeiter:innen verstanden, welches sie zeigen, um die Organisationsziele zu erreichen, wie z. B. eine Freundlichkeit gegenüber den Kund:innen oder pünktlich in Terminen zu erscheinen.
3. Drittens kann Leistung als eine *Inputvariable* verstanden werden. Das heißt, auf Grundlage von Qualifikationen wird eine Leistung angenommen, z. B. anhand der formalen Qualifikationen, die die Person aufweist, ihrer Erfahrung oder auch Seniorität.

Bei der Leistungsbeurteilung sollten zudem zwei grundlegende Dimensionen, auf denen Mitarbeiter:innen Leistung erbringen können, unterschieden werden. Diese sind zum einen die aufgabenbezogene Leistung und zum anderen die umfeldbezogene Leistung (Abrell et al., 2015). Die *aufgabenbezogene Leistung* bezieht sich auf die Leistung der Mitarbeiter:innen in jenen Tätigkeiten, die formaler Gegenstand der Arbeit sind. Diese Aufgaben sind sehr ergebnisbezogen und vor allem jobspezifisch. Die konkreten Leistungen, die von den Mitarbeiter:innen genau erwartet werden, werden in der Regel in der Stellenbeschreibung oder auch im Arbeitsvertrag festgelegt. In diesem Zusammenhang sind für die Leistungserbringung beziehungsweise den Leistungserfolg die Kenntnisse, Fähigkeiten und Fertigkeiten (siehe Kapitel 9) sowie die Erfahrungen der Mitarbeiter:innen von Relevanz. Die Leistung der Mitarbeiter:innen kann jedoch und sollte nicht nur an der direkten aufgabenbezogenen Leistung gemessen werden. Auch die *umfeldbezogene Leistung* ist für eine zuverlässige und valide Bewertung der Mitarbeiter:innen sehr wichtig. Umfeldbezogene Leistung bezieht sich auf Tätigkeiten, die über die formalen Arbeitsinhalte hinausgehen und eher indirekt ergebnis- und zielunterstützend sind. Dies könnten z.B. innerhalb eines Teams oder auch Kolleg:innen aus anderen Bereichen betreffende Handlungen sein, die der gegenseitigen Unterstützung oder der guten Zusammenarbeit dienen. Bei Führungskräften könnten dies z.B. Aktivitäten sein, die die Beziehungen zu ihren Mitarbeiter:innen fördern. In Tabelle 8 sind die beschreibenden Merkmale dieser beiden Dimensionen der Leistung übersichtlich zusammenfassend dargestellt.

Tabelle 8: Merkmale der aufgabenbezogenen und umfeldbezogenen Leistung

	Aufgabenbezogene Leistung	**Umfeldbezogene Leistung**
Beschreibung	Leistungsverhalten, das direkt auf die Tätigkeit bezogen ist und von Job zu Job variiert	Leistungsverhalten, das unabhängig von der spezifischen Tätigkeit ist und daher ähnlich für unterschiedliche Jobs ist
Basis	Wissen, Fertigkeiten, Fähigkeiten	Persönlichkeit, Werte, Motivation
Komponenten	Tätigkeitsspezifische Verhaltensweisen wie Planung und Organisation der Arbeitsabläufe, korrekte Ausführung der Arbeit	Aktivitäten, die den reibungslosen Ablauf des Betriebs unterstützen wie z.B. Hilfsbereitschaft, Sorgfalt, Freundlichkeit; proaktive Verhaltensweisen, die der Veränderung und Verbesserung von Abläufen dienen wie z.B. Initiative, Verantwortungsübernahme
Beispiel	Rechtzeitige Bereitstellung der Endprodukte durch den/die Lagermitarbeiter:in für deren Auslieferung	Vorschlag zur Änderung der Anordnung der Materialien im Lager, sodass ihre Handhabung leichter und damit schneller erfolgen kann

Leistung, unabhängig davon ob aufgaben- oder umfeldbezogene Leistung, wird als eine Funktion betrachtet, d.h. als eine multiplikative Verknüpfung der Fähigkeiten (Persönlichkeit, Ausbildung, Erfahrung) und der Motivation (Motive, Werte, Ziele, Emotionen) einer Person sowie der situativen Rahmenbedingungen (Gelegenheiten, Regelungen; Lohaus & Schuler, 2014).

Eingangs wurde die Funktion der Leistungsbeurteilung für das Unternehmen, d.h. für Planung und Zielfestlegung von unternehmerischen Entscheidungen, eingeführt. Die Leistungsbeurteilung dient jedoch auch den Führungskräften und den Mitarbeiter:innen selbst und ist somit auch für HR von hoher Relevanz (Schuler & Görlich, 2018). Ein Ziel der Leistungsbeurteilung sind *interpersonale Entscheidungen* (d.h. Entscheidung *zwischen verschiedenen* Personen) zu treffen (Lohaus & Schuler, 2014). Im Fokus stehen hierbei für die Organisation die Gesamtleistung und der Vergleich der Leistung von Personen.

Beispiele für interpersonale Entscheidungen sind:
- Platzierung
- Weiterbeschäftigung
- Gehaltsentscheidungen, Lohnbestimmung
- Anerkennung von Leistungsträger:innen.

Geht es darum, *intrapersonale Entscheidungen* (d.h. Entscheidungen im Hinblick auf *eine* Person) zu treffen, steht das Leistungsprofil einer einzelnen Person im Fokus. Auf individueller Ebene dient die Leistungsbeurteilung oft als Grundlage und Voraussetzung für das Geben von Feedback an die Mitarbeiter:innen. Mit ihr erfolgt eine Verhaltenssteuerung sowie eine Identifikation individueller Stärken und Schwächen, welche als Basis zur Konzeption von Personalentwicklungsmaßnahmen genutzt werden können.

Beispiele für intrapersonale Entscheidungen sind:
- Identifikation von Entwicklungsbedarf
- Individuelle Beratung
- Feedback zur Leistung (Ziel: Leistungsverbesserung)
- Aufgabenzuweisung
- Identifikation des individuellen Stärken- und Schwächenprofils
- Verbesserung der Führungskompetenz bei Vorgesetzten.

Zudem trägt die Leistungsbeurteilung zur *Erhaltung des (Organisations-)Systems* bei. Nur mit Wissen über den aktuellen Leistungsstand sowie die individuelle Leistungsfähigkeit der Mitarbeiter:innen kann eine Organisation eine effiziente und präzise Personalplanung vornehmen. Darüber hinaus dient die Leistungsbeurteilung dazu, den Organisations- und Personalentwicklungsbedarf zu planen, die Personalpolitik und Zielerreichungsgrade zu evaluieren und die Strukturen in ihrem hierarchischen System zu erhalten. Genutzt werden hierfür aggregierte (d.h. über mehrere Mitarbeiter:innen hinweg zusammengefasste) Leistungsdaten. Den Aspekt der Personalplanung und der Rolle von HR-A in diesem Kontext vertiefen wir in Kapitel 10.

Beispiele zur Erhaltung des (Organisations-)Systems sind:
- Personalplanung
- Identifikation organisationaler Veränderungsbedarfe
- Identifikation des Personalentwicklungsbedarfs
- Gestaltung von Arbeitsbedingungen
- Bestimmung der Erreichung der organisationalen Ziele
- Einführung und Evaluation von Personalsystemen
- Erhaltung hierarchischer Strukturen in der Organisation.

Zu guter Letzt kann die Leistungsbeurteilung als ein Instrument der *Dokumentation* für die Organisation fungieren. Die Ergebnisse der Leistungsbeurteilung dienen z. B. sowohl als Kriterien für Validierungsstudien (Erfolg bestimmter Personalauswahlverfahren) als auch zur Dokumentation und Legitimation personeller Entscheidungen und deren Begründungen gemäß rechtlicher und tariflicher Anforderungen. Zur Anwendung kommen hier aggregierte und individuelle Leistungsdaten.

Beispiele für dokumentative Funktionen sind:
- Auswahl von Kriterien für Evaluationen (beispielsweise von Selektionsverfahren wie in Kapitel 7 beschrieben)
- Dokumentation von Personalentscheidungen
- Dokumentation von Personalentwicklungsmaßnahmen und Programmen der Organisationsentwicklung
- Erfüllung gesetzlicher Bestimmungen.

Was Ihnen beim Lesen vielleicht schon in den Sinn gekommen sein mag, ist die Unvereinbarkeit einiger Ziele der Leistungsbeurteilung. Bei den interpersonalen Entscheidungen für einzelne Mitarbeiter:innen geht es darum, besonders gut „abzuschneiden“ und die eigene Leistung positiv darzustellen. Im Gegensatz dazu kommt es bei den intrapersonalen Zielen darauf an, auch seine Schwächen offenzulegen, gerade um Entwicklungsbedarf aufzeigen zu können und eine individuelle Beratung zu erhalten. Ob HR-A bei solchen Problemen Abhilfe schaffen kann oder sie zumindest abschwächen kann, werden wir im weiteren Verlauf des Kapitels noch sehen.

Wichtig in diesem Zusammenhang sind vor allem die Kriterien zur Beurteilung sowie die Quellen, aus denen die Daten für die Beurteilung resultieren. *Objektive Leistungskriterien* sind z. B. in Bezug auf Ergebnisse die Anzahl an Kund:innenbeschwerden in einem gewissen Zeitraum, der Umsatz, die Anzahl produzierter oder verkaufter Stücke oder die Fluktuationsrate von Mitarbeiter:innen (Lohaus & Schuler, 2014). In Bezug auf das Verhalten der Mitarbeiter:innen wären objektive Kriterien z. B. die Antwortzeit auf E-Mails beziehungsweise Kund:innenanfragen, das tägliche pünktliche Erscheinen im Büro oder das Einhalten von Fristen in Projekten. Vielleicht haben Sie beim Lesen dieser Beispiele daran gedacht, dass es heutzutage ja Software und andere technische Möglichkeiten gibt (beispielsweise Zutrittskarten, RFID-Chips), solche Daten korrekt und zeitnah zu erfassen und zu verarbeiten, sodass sie in HR-A-Projekte einfließen können.

Beispiele für *subjektive Leistungskriterien* wären hingegen auf der Verhaltensebene das Unterstützen von Kolleg:innen, Teamfähigkeit, Verhandlungsgeschick oder die Motivierung anderer. Subjektive Leistungskriterien sind darüber hinaus auch in den Eigenschaften der Person angesiedelt. Hierzu zählen z. B. Konstrukte wie Motivation, Fleiß oder Kommunikationsfähigkeit. Bei diesen Kriterien bekommen Sie vielleicht schon das Gefühl, dass sie schwieriger, wahrscheinlich nicht ganz so zuverlässig und fehlerfrei zu erfassen sind wie die objektiven Kriterien. Möglichkeiten wären beispielsweise validierte Fragebögen oder Tests oder auch Befragungen von Kolleg:innen und Vorgesetzten. Denkbar wäre aber auch der Einsatz von Software, die wie die Software des Unternehmens *Starmind* beispielsweise die Kommunikation in E-Mails an Kolleg:innen und Kund:innen in Bezug auf Schlüsselaspekte auswertet und somit die Motivation oder Kommunikationsfähigkeit bewertet (vgl. https://www.starmind.ai/).

Hiermit wären wir bei den *Quellen,* aus denen die Daten für die Beurteilungen resultieren können, angelangt. Erfolgt eine Beurteilung anhand der Angaben einer anderen Person, spielt neben der Relevanz der Kriterien auch die beurteilende Person eine essenzielle Rolle (Abrell et al., 2015). In der Praxis ist es so, dass neben einer Selbstbeurteilung oder einer Beurteilung durch Gleichgestellte oder Externe die bisher am häufigsten vorkommende Art der Leistungsbeurteilung die Einschätzung der Eigenschaften und Verhaltensweisen der Mitarbeiter:innen durch die jeweiligen Vorgesetzten ist (Schuler & Görlich, 2018). Wie Sie sich vorstellen können, kann dies je nach Person und Situation mal als gerecht und zutreffend oder auch als unpassend und ungerecht von den Betroffenen empfunden werden. Dies liegt auch daran, dass bekannt ist, dass die Genauigkeit und Qualität der Beurteilung der Leistung gerade bei den oft eingesetzten subjektiven Leistungskriterien maßgeblich von den Fertigkeiten der Beurteiler:innen abhängt (Abrell et al., 2015). Diese müssen in der Lage sein, die Leistung korrekt zu erfassen und einzuschätzen. Ist dies nicht der Fall, kann eine nicht zutreffende oder unfaire Beurteilung neben einer Unfähigkeit oder Unkenntnis über die Arbeit auch an den kognitiven Prozessen der Beurteiler:innen liegen.

Diese Probleme in den kognitiven Prozessen können unterschieden werden in die generellen Urteilstendenzen und in die absichtliche Urteilsbeeinflussung. *Generelle Urteilstendenzen* sind (unbewusste) Einflüsse, die unabhängig von der beurteilenden Person auftreten. Sie werden auch als Urteilsfehler oder Beurteiler:innenfehler bezeichnet. Bei der *absichtlichen Urteilsbeeinflussung* handelt es sich hingegen um absichtliche Einflüsse auf die Leistungsurteile aufgrund aktueller Gegebenheiten oder auch Ansichten und Motive der beurteilenden Person. Zu den Urteilsfehlern zählen beispielsweise der Halo-Effekt (Thorndike, 1920), der Milde-Härte-Fehler (Saal & Landy, 1977), die zentrale Tendenz (Korman, 1971), der Ähnlichkeitseffekt, der Kontrast-Effekt (Fallgatter, 2013) und der Think-Manager-Think-Male-Effekt (Schein, 1978; Schein, Mueller, Lituchy & Liu, 1996).

Mögliche Urteilsfehler bei der Leistungsbeurteilung

Halo-Effekt

(Halo = Heiligenschein [engl.] beziehungsweise Lichtkreis um Sonne und Mond [griech.])

- Versäumnis der beurteilenden Person, verschiedene und unabhängige Merkmale einer Person in ihrem Urteil zu differenzieren
- Ausstrahlen von gewissen Eigenschaftsmerkmalen auf alle Kriterien in der Beurteilung
- Person wird aufgrund eines Gesamteindrucks auf allen Bewertungsdimensionen hoch oder niedrig eingestuft
- *Beispiel:* Eine nach sozialer Norm attraktiv eingeschätzte Person wird auch als intelligenter und leistungsfähiger eingeschätzt.

Milde-Härte-Fehler

- Alle zu beurteilenden Personen werden von den Beurteiler:innen systematisch höher (positiver) oder niedriger (negativer) als eigentlich berechtigt eingestuft.
- Bei Bewertungen auf einer Hierarchiestufe kann es sein, dass Mitarbeiter:innen, die zuvor von ihren Kolleg:innen positiv beurteilt worden sind, diese ebenfalls eher positiv bewerten.

Zentrale Tendenz

- Alle zu beurteilenden Personen oder auch alle Bewertungsmerkmale werden im mittleren Bereich der Urteilsskala eingestuft.

- Extreme Ausprägungen werden gemieden
- Kann auftreten, wenn die Bewertungsmerkmale den Beurteiler:innen wenig bekannt sind oder sie sich unsicher sind

Ähnlichkeitseffekt

- Tendenz, die Personen positiv zu bewerten, die dem/der Beurteiler:in selbst ähnlich sind (beispielsweise hinsichtlich Eigenschaften, Kultur, sozialen Grundsätzen, ...)
- Eigenes Verhalten wird als Vergleichsmaßstab für andere Personen verwendet

Kontrast-Effekt

- Bewertung der Leistung einer Person wird beeinflusst durch die Leistungsbeurteilung einer vorherigen leistungsstarken oder -schwachen Person, mit der sie unbeabsichtigt verglichen wird
- Effekt kann abgeschwächt werden, wenn den Bewerter:innen verdeutlicht wird, dass die Leistungsbeurteilung für die zu beurteilende Person mit persönlichen Konsequenzen verbunden ist

Think-Manager-Think-Male-Effekt

- Charakteristiken in Verbindung mit geschäftsleitendem Erfolg werden eher Männern als Frauen zugeschrieben
- Effekt kann Bias (verzerrte Urteile) gegen Frauen fördern (in Auswahl, Einstellung, Promotion, Trainingsentscheidungen etc.)
- Effekt kann zu der Wahrnehmung führen, dass Frauen für Führungspositionen weniger qualifiziert sind und sich somit negativ auf ihren Eintritt in solche Positionen auswirken

Handelt es sich hingegen um eine absichtliche Urteilsbeeinflussung durch Vorgesetzte, sind positive Urteilsverschiebungen häufiger als negative Verschiebungen (Fletcher, 2001). Die Ursachen für positivere Leistungsbewertungen sind unter anderem Sympathie, die Angst, die eigenen Mitarbeiter:innen durch schlechte Bewertungen zu demotivieren, die Angst vor einer Verschlechterung der Vorgesetzten-Mitarbeiter:innen-Beziehung, der Wille, auch Anstrengungen der Mitarbeiter:innen anzuerkennen oder die Mitarbeiter:innen vor den Folgen einer schlechten Leistungsbewertung zu schützen. Gründe für negativere Leistungsbewertungen der eigenen Mitarbeiter:innen können darin liegen, leistungsbezogene Gehaltszahlungen zu reduzieren, Druck auszuüben, um eine Leistungssteigerung zu bewirken, oder auch gute Mitarbeiter:innen nicht durch Beförderungen aus dem eigenen Team oder der Abteilung zu verlieren.

Einigen dieser Fehler kann entgegengetreten werden, wenn man anstelle von subjektiven Kriterien vor allem die objektiven Kriterien zur Leistungsbeurteilung heranzieht und die entsprechenden Daten systematisch sammelt und aufbereitet. Da je nach Arbeitsplatz und Aufgaben diese Kriterien jedoch nicht immer einfach anzuwenden sind, ist auch die Sammlung von Daten in Bezug auf die subjektiven Kriterien von hoher Relevanz für Organisationen und Mitarbeiter:innen. Ob es in diesen Fällen nun besser wäre, die Beurteilung durch z. B. Algorithmen vornehmen zu lassen, weil diese nicht den Urteilsfehlern unterliegen können, ist fraglich. Wie in Kapitel 7 beschrieben, können auch Algorithmen Urteilsverzerrungen reproduzieren, wenn sie auf der Basis verzerrter Daten angelegt werden (siehe Abschnitt 7.4.1). Aus der Forschung wissen wir, dass Algorithmen nicht zwangsläufig neutral oder frei von Vorurteilen arbeiten, wenn diese zum Beispiel auf der Basis verzerrter Datensätze trainiert werden (Köchling & Wehner, 2020). Auch werden sie von den Mitarbeiter:innen nicht per se als fairer wahrgenommen (Newman et al., 2020). Das heißt, selbst wenn ein Algorithmus fair und ohne Verzerrungen funktionieren würde, und man so zwar das Problem mit den Urteilsfehlern bedacht und umgangen hätte, könnte man sich jedoch weiterhin gegebenenfalls Akzeptanzprobleme in der Leistungsbeurteilung „einkaufen".

8.2 Elektronische Leistungsbeurteilung und ihre Varianten

Die elektronische Leistungsbeurteilung war einer der ersten Versuche einer daten- und algorithmenbasierten Entscheidungsfindung im HR (Leicht-Deobald et al., 2019). Diese bezieht sich auf die Nutzung von heutzutage verfügbaren Technologien (z. B. Video-/Telefon-Aufzeichnungen, GPS-Tracking, Wearables), um Informationen zu sammeln, zu speichern, zu analysieren und zu berichten, welche direkt oder indirekt mit der Arbeitsleistung der Mitarbeiter:innen in Verbindung stehen (Ravid et al., 2020). Damit Sie sich etwas besser vorstellen können, was unter die elektronische Leistungsbeurteilung (ELB) – beziehungsweise im Englischen: Electronic Performance Monitoring (EPM) – fällt, deren Daten dann für HR-A-Projekte genutzt werden können, möchten wir gerne mit Beispielen beginnen.

Ein Beispiel der ELB ist die sogenannte Workforce-Management-Plattform *Hubstaff*, deren Anwendung, wie die Anwendung vieler weiterer solcher Monitoring-Plattformen, insbesondere während der COVID-19-Pandemie stieg. Der unerwartete Beginn der Pandemie und die damit verbundenen Maßnahmen haben im Jahr 2020 einige Unternehmen vor neue Herausforderungen gestellt. Die Arbeit im Homeoffice erschwerte den Unternehmen die Kontrolle über ihre Mitarbeiter:innen und forderte ein erweitertes Verständnis von Vertrauen. Um zusätzliche Einblicke in das Verhalten und die Produktivität der Mitarbeiter:innen zu gewinnen, wurden verstärkt Softwareprogramme wie Hubstaff genutzt. Hubstaff ist eine (mit 40.000 Kund:innen im Jahr 2021) stark frequentierte Produktivitätsplattform, welche verschiedene Dienste in den Bereichen Zeitnachverfolgungs-, Personal- und Projektmanagement bietet. Insbesondere beinhaltet sie Funktionen, die dem Monitoring von Mitarbeiter:innen dienen, um den Führungsebenen in den Unternehmen mehr Einsicht in die Leistung der Mitarbeiter:innen zu gewähren. Dieses Monitoring findet z. B. anhand von Screenshots, der Messung von Maus- und Tastaturaktivität und der Verfolgung von besuchten Apps oder Webseiten statt. Aus den sich daraus ergebenden Daten resultiert im Anschluss ein Produktivitätsscore. Darüber hinaus kann mit Hubstaff auch der Standort der Mitarbeiter:innen nachverfolgt werden. Anhand von GPS und Geofences (engl. für geografischer Zaun) kann nachverfolgt werden, wo ein Team arbeitet, z. B. bei welchen Kund:innen es vor Ort ist. Grundsätzlich ist bei diesen Funktionen die Einstellung möglich, dass die Mitarbeiter:innen volle Einsicht in ihre Daten haben und einzelne Elemente selbstständig löschen können (vgl. https://hubstaff.com/).

Ein Erfahrungsbericht zur Nutzung der Software von Hubstaff

Während Unternehmen die Nutzung einer solchen Software damit begründeten, dass sie die organisationale Produktivität aufrechterhalten wollten, wird sie aus der Perspektive der Mitarbeiter:innen oft als übergriffige Überwachung beschrieben. Um die Software Hubstaff auf diese Ansichten hin zu prüfen, startete der Journalist Adams Satariano der New York Times im Jahr 2020 einen Selbstversuch, in welchem er selbst die Software anwendete (Satariano, 2020). Er installierte Hubstaff auf seinem Smartphone sowie Computer und gab seiner Vorgesetzten vollen Zugriff auf seine Daten. Von dem Zeitpunkt an wurden seine Arbeitszeit, sein Verhalten sowie seine Produktivität dauerhaft dokumentiert. Anhand dieser Daten und entsprechender Bildschirmaufnahmen hatte die Vorgesetzte umfassende Einsicht in jede seiner Handlungen. Darüber hinaus gab die Software den Produktivitätsscore anhand einer Prozentzahl an. In diesem Selbstexperiment dauerte es nicht lange, bis der Journalist Hubstaff als übergriffig und, was die Datensammlung betrifft, übertrieben wahrnahm. Den Produktivitätsscore empfand er als ungenau, da dieser lediglich basierend auf der Zeit, zu der die elektronischen Geräte akut benutzt wurden, gebildet wurde. Seine Vorgesetzte empfand das System ähnlich. Aus ihrer Perspektive war die Software eine unpassende Art der Überwachung und eine Verletzung der Privatsphäre – nicht nur der Privatsphäre der Mitarbeiter:innen, sondern auch derjenigen, mit denen diese kommunizierte.

Unternehmen, die die Software nutzen, argumentieren, dass ihre Nutzung von Hubstaff nicht dazu diene, die Mitarbeiter:innen auszuspionieren. Es handele sich in der Regel nicht um einen, sondern um hunderte von Mitarbeiter:innen und individuelle Daten würden so detailliert nicht analysiert. Vielmehr ginge es darum, auf die Daten zurückgreifen zu können, sollte der Bedarf bestehen. Die Gegenseite bezeichnet eben diesen Prozess bereits als Verletzung der Privatsphäre und Diskriminierung. Nicht nur würden Daten gesammelt, die sich auf die spezifische Arbeit beziehen, sondern darüber hinaus Informationen zum Vorschein gebracht, welche bei einem traditionellen Arbeitsplatz nicht aufkommen würden. Durch das Aufnehmen von Screenshots beispielsweise könnten Situationen dokumentiert werden, die für den Arbeitsprozess irrelevant sind, jedoch inhaltlich persönliche Informationen preisgeben, die die Mitarbeiter:innen lieber für sich behalten hätten. Das könnten beispielsweise intime Konversationen mit dem/der Partner:in sein oder die Erinnerung des Kalenders, an einer bestimmten religiösen Veranstaltung teilzunehmen. Durch entsprechende Bildschirmaufnahmen und die in dem Fall nicht bestehende Möglichkeit für die Mitarbeiter:innen, diese selbstständig zu löschen, sammelt das Unternehmen automatisch persönliche Informationen über potenziell sensible Themen wie die sexuelle Orientierung oder den religiösen Hintergrund der Mitarbeiter:innen.

Da es zu Beginn der COVID-19-Pandemie teils (beispielsweise in den USA, nicht jedoch in Europa) noch keine klaren Gesetze bezüglich korrekten Monitorings gab (dieses beispielsweise teils noch heimlich stattfinden durfte), kam durch die beschriebenen Unsicherheiten schnell die Wichtigkeit einer transparent dargelegten und kontrollierten Umsetzung zum Vorschein, welche Hubstaff grundsätzlich auch zulässt (Jones, 2020).

Nun ist es aber nicht so, dass elektronische Leistungsbeurteilungen grundsätzlich als übergriffig und ungenau wahrgenommen werden.

Ein anderes Beispiel ist die regelmäßige ELB innerhalb des gemeinnützigen Shaukat-Khanum-Krankenhauses. In dem Krankenhaus wurde die Wahrnehmung des ELB an hand einer wissenschaftlichen Studie, die in Zusammenarbeit mit 352 dort Beschäftigten durchgeführt wurde, näher untersucht. Es zeigte sich, dass die Wahrnehmung der Mitarbeiter:innen bezüglich der Genauigkeit der ELB mit der Gestaltung der Umsetzung stark beeinflusst werden kann. Besonders die klare Kommunikation von Erwartungen und Standards, die Möglichkeit für Mitarbeiter:innen, die erfolgte Beurteilung anzufechten, die Beurteiler:innenkompetenzen, sowie die Erfahrungen mit bereits zuvor erlebten elektronischen Leistungsbeurteilungen hatten hierbei einen signifikant positiven Einfluss auf die Wahrnehmung der Genauigkeit der ELB. Die Beurteiler:innenkompetenzen beziehen sich dabei auf die Fähigkeiten der Beurteiler:innen in Bezug auf die Kenntnisse im Bereich Leistungsbeurteilung und ihren Umgang mit den entsprechenden IT-Anwendungen. Die Ergebnisse veranschaulichten, dass diese Beurteiler:innenkompetenzen für die Mitarbeiter:innen der wichtigste Aspekt der Leistungsbeurteilung sind. Festgehalten werden konnte außerdem, dass, wenn diese Bedingungen erfüllt sind, die Mitarbeiter:innen weniger Sorge vor der subjektiven Haltung der bewertenden Person und eventuell auftretenden Verzerrungen aufweisen (Ullah et al., 2021).

Unter die ELB fallen aber nicht nur das von Unternehmensführungen ausgehende Monitoring der Mitarbeiter:innen, sondern ebenso elektronische Möglichkeiten des eigenen Monitorings. Beispielsweise kann die Software *RescueTime* dabei helfen, die eigene Arbeitszeit zu regulieren und zu optimieren, was idealerweise zu einer Leistungsverbesserung und Verbesserung des Wohlbefindens im Arbeitsalltag führt. Die Software liefert dafür tägliche Berichte und wöchentliche Zusammenfassungen bezüglich der am Computer verbrachten Zeit und der erreichten Arbeitsziele. Dies soll dabei helfen, die Zeitfenster zu identifizieren, in welchen eine Person am produktivsten arbeitet und in welchen sie durch welche Art der Ablenkung besonders Zeit verliert, um so schlussendlich einen optimal angepassten Zeitplan zu entwerfen. RescueTime berichtet, dass ihre Software nicht nur unter Arbeitnehmer:innen Verwendung findet, sondern auch Studierenden den Alltag erleichtern kann, besonders wenn den Studierenden das selbstständige Organisieren und eigenständiges Zeitmanagement schwerfällt.

Ein von *RescueTime* beschriebenes Beispiel bezieht sich auf zwei Doktorand:innen. Aufgrund der Installation von RescueTime haben sie durch die Umstrukturierung ihres Fokus ihre zwischenzeitlichen Motivationsprobleme beseitigen und einen strukturierten, effektiven Arbeitsalltag erreichen können. Die beiden nutzten die Software, um zu sehen, wofür sie ihre Zeit aufwendeten (beispielsweise für welche Apps/Webseiten) und wie produktiv sie dabei waren. Basierend auf diesen Daten fingen sie im Anschluss an, ihren Alltag anzupassen und zu optimieren. Einer der Doktorand:innen setzte sich ein Ziel bezüglich seiner täglichen Schreibzeit, da es ihm bis dahin phasenweise nur schwer gelang, sich zu motivieren, ohne dass direkte Ergebnisse sichtbar wurden. Über bestimmte Zeitperioden hinweg half RescueTime ihm dabei, die eigenen Daten einzusehen, und zeigte seine entsprechende Produktivität an. Aus diesem Vorgehen fiel es ihm leichter, täglich Motivation zu ziehen. Die andere Person nutzte RescueTime besonders, um ihr Prokrastinationsverhalten zu überwinden. Durch eine vorhergehende Analyse fiel ihr auf, dass sie besonders zu bestimmten Tageszeiten schnell abgelenkt wurde. Deshalb nutzte sie zu diesen Zeiten die Funktion der „focus time session", um die erkannten Ablenkungen abzublocken und die anfängliche Prokrastination zu überwinden. Beide Personen nutzten demnach die Software, um ihren Fokus aufrechtzuerhalten, ihr Arbeitsverhalten zu verbessern und die Produktivität zu steigern (Quelle: https://www.rescuetime.com/customer_stories).

Wie Sie sehen, gibt es unterschiedliche Möglichkeiten, Daten über die Leistung der Mitarbeiter:innen zu sammeln. Neben der Methodik, wie die Daten erfasst werden, kommt es zusätzlich auf den Nutzen beziehungsweise die Verwendungsabsicht an. Diese Faktoren sind maßgeblich entscheidend dafür, ob die Leistungsbeurteilung als gerecht und sicherlich auch als „nicht übergriffig" oder zu tief ins Persönliche eindringend erlebt wird.

Eine differenzierte Betrachtung von elektronischer Leistungsbeurteilung. Wie die Beispiele zeigen, ist elektronische Leistungsbeurteilung weder ausschließlich gut/vorteilhaft noch ausschließlich schlecht/nachteilig. Es gibt kein Schwarz oder Weiß, was auch die unterschiedlichen Ergebnisse aus verschiedenen Studien zu den positiven oder negativen Auswirkungen von ELB auf die Leistung und Einstellungen von Mitarbeiter:innen zeigen (Bartels & Nordstrom, 2012; McNall & Roch, 2007; Nebeker & Tatum, 1993; Schleifer, Galinsky & Pan, 1996). Viel eher kommt es auf das Erleben durch die zu Bewertenden an, d.h. es sind eher psychologische Eigenschaften, die in der Nutzung von ELB Beachtung finden sollten. Eine gute Kategorisierung von ELB findet sich in diesem Zusammenhang bei Ravid et al. (2020). Zu den Eigenschaften, die in der ELB differenziert betrachtet werden sollten, zählen der Verwendungszweck, die Invasivität, die Synchronizität sowie die Transparenz. Diese Faktoren haben entscheidenden Einfluss auf z. B. Akzeptanz, Motivation und positive Gefühle der Mitarbeiter:innen im Hinblick auf die ELB.

Ein *Verwendungszweck* der ELB ist die konkrete Leistungsbewertung einhergehend mit Verlustvermeidung und Gewinnsicherung für das Unternehmen (Ravid et al., 2020).

- In diesem Zusammenhang wird erstens häufig von *leistungsbezogener ELB* gesprochen. Diese Form soll Anreize für persönliche Anstrengung und eine hohe Leistung bieten, Vergleiche zwischen Einzelpersonen ermöglichen sowie vor Faulenzen, Diebstahl und anderen kontraproduktiven Verhaltensweisen am Arbeitsplatz abschrecken. Die leistungsbezogene ELB hat zum Ziel, die Mitarbeiter:innen selbst verantwortlich für ihre Leistung zu machen und diese entweder mit einer Belohnung oder mit einer Bestrafung zu verbinden. Ob diese Form der ELB nun positive Effekte auf die Leistung der Mitarbeiter:innen hat oder nicht, kann ebenfalls nicht einfach mit „Ja" oder „Nein" beantwortet werden. Es scheint hier eher darauf anzukommen, wie begrenzt oder weit die Leistungskriterien angesetzt worden sind. Demnach zeigen sich positive Zusammenhänge zwischen der leistungsbezogenen ELB und der Aufgabenleistung im Job eher, wenn der Fokus der Datenerfassung auf begrenzten Leistungsdimensionen liegt. Beispielsweise konnte nachgewiesen werden, dass die ELB konkret die Bearbeitungsgeschwindigkeit in Tippaufgaben, Aufgaben der Dateneingabe oder in Sortieraufgaben erhöht (Bartels & Nordstrom, 2012; Griffith, 1993; Stanton & Julian, 2002). In Bezug auf die Einstellungen der Mitarbeiter:innen liegen uneinheitliche Ergebnisse vor. Leistungsbezogene ELB kann mit einer höheren Aufgabenmotivation, wahrgenommener prozeduraler Gerechtigkeit und Leistungsbereitschaft einhergehen (Bartels & Nordstrom, 2012; McNall & Roch, 2007; Stanton & Julian, 2002). Wird sie jedoch hingegen für Zwecke der Bestrafung beziehungsweise Abmahnung im Unternehmen genutzt, führt sie bei den Mitarbeiter:innen zu geringerer Arbeitszufriedenheit und weniger Commitment sowie zu mehr Stress und Burnout (Adams & Mastracci, 2018; Holman, Chissick & Totterdell, 2002; Wells, Moorman & Werner, 2007).
- Ein weiterer Verwendungszweck der ELB bezieht sich auf *Entwicklung und Training*. Diese Nutzenform der ELB kann vor allem für Vergleiche einer Person mit sich selbst über die Zeit und für Vergleiche zwischen verschiedenen Personen genutzt werden. Das Ziel ist, Leistungsstände sowie Stärken und Schwächen und Trainingsbedarfe einer Person zu ermitteln. Die Methoden der ELB versorgen die einzelnen Personen mit spezifischem

Leistungsfeedback, sodass wissens- und verhaltensbezogene Lernprozesse angestoßen werden können (McNall & Roch, 2009). In Organisationen, in denen diese Form der ELB bisher eigesetzt wurde, zeigte sich, dass die Mitarbeiter:innen eine hohe Arbeitszufriedenheit und positive Einstellungen zu ihrem Arbeitsplatz haben, da ihnen durch die Maßnahmen von ihrer Organisation eine Wertschätzung ihrer Fähigkeiten entgegengebracht wird (Wells et al., 2007).

- Ein dritter Verwendungszweck der ELB kann dem *Schutz der Angestellten und auch der Organisation vor körperlichem oder auch rechtlichem Schaden* dienen. Beispielsweise können Daten über Flughöhen und Geschwindigkeiten von Pilot:innen in Start- und Landesituationen an Flughäfen erfasst und nur zur Auswertung herangezogen werden, wenn rechtliche Beschränkungen betroffen sind. Dann können mit den Betroffenen vertrauliche Gespräche geführt werden, mit dem Ziel, die Sicherheit für alle Beteiligten zu gewährleisten. Ein weiteres Beispiel wäre das Aufzeichnen von GPS-Daten, um zu überprüfen, ob Angestellte auf dem Arbeitsfeld in gefährliche Bereiche eingetreten sind (Kanan, Elhassan & Bensalem, 2018). Die Bank JP Morgan entwickelte beispielsweise einen Algorithmus zur Betrugsvorhersage (Leicht-Deobald et al., 2019; Son, 2015). Dieser prädiktive Algorithmus (siehe Kapitel 1) bestimmt einen Wert, mit dem Aussagen über die Auftretenswahrscheinlichkeit eines Ereignisses gemacht werden können, konkret in Bezug auf ein unseriöses oder skrupelloses Verhalten von Händler:innen (Tradern). Zu diesem Zweck fließen in den Algorithmus verschiedene Daten ein, wie z. B. ob die Mitarbeiter:innen Compliance-Seminare besucht oder ausgelassen haben oder ob bereits individuelle Handelsregeln oder auch Limits des Marktrisikos verletzt wurden. Diese Form der ELB kann von den Angestellten als Fürsorge wahrgenommen werden, jedoch ist der Übergang zur gefühlten (anmaßenden) Überwachung fließend.
- Der vierte und letzte Verwendungszweck, der von Ravid et al. (2020) differenziert wird, ist die *überwachende ELB*. Diese Form der Datenerfassung über die Leistung der Mitarbeiter:innen erfolgt ohne einen konkreten Nutzen oder eine Begründung, sondern eher, weil es schlicht und einfach möglich ist und „man mal schauen möchte", was die Mitarbeiter:innen während der Arbeit machen. Diese Form der ELB führt bei den Betroffenen zu negativen Einstellungen und erlebtem Stress (Mallo, Nordstrom, Bartels & Traxler, 2007; McNall & Roch, 2007). Begründungen für den Sinn und Zweck der Überwachung können diesen negativen Effekten entgegenwirken. Diese Form der ELB ist jedoch nicht im Einklang mit der bei uns gültigen DSGVO und natürlich der Mitbestimmung durch das Betriebsverfassungsgesetz in Deutschland.

Ein weiteres Charakteristikum, welches nach Ravid et al. (2020) in der ELB beachtet werden sollte, ist die *Invasivität* der Maßnahmen. Diese bezieht sich auf das Eindringen in die Privatsphäre oder die Autonomie der Mitarbeiter:innen und wird beeinflusst durch das Ausmaß der Datensammlung, die Zielabsicht und die eingeführten Beschränkungen.

- Das *Ausmaß der Datenerfassung* wird bestimmt durch den Umfang oder die Reichweite der Maßnahmen (wie viele verschiedene Möglichkeiten der ELB werden genutzt) sowie den Grad, zu welchem die Daten in der ELB individualisiert sind, d. h. die Daten könnten auf einer organisationalen, Team- oder individuellen Ebene erfasst werden. Zu den möglichen Auswirkungen unterschiedlicher Kombinationen liegen bisher wenige Studien vor. Es zeigt sich aber, dass eine individualisierte Datenauswertung zwar als stärker ins Private eindringend erlebt, jedoch oft auch als fairer in der Beurteilung wahrgenommen wird (Zweig & Webster, 2003).
- Bezüglich des *Ziels* kommt es darauf an, was im Fokus der Datensammlung steht und welche Art von Informationen über das System gesammelt werden. Oft wird unterschie-

den in eine aufgabenbezogene (z. B. Computer-Monitoring, Tippgeschwindigkeiten) oder in eine personenbezogene (z. B. Chat oder örtliches Monitoring, Überwachung der Inhalte in E-Mails, Kalendereinträge, Internetbrowser-Historie) Datensammlung. Studien weisen bisher darauf hin, dass eine aufgabenbezogene Überwachung von den Mitarbeiter:innen deutlich besser akzeptiert wird als eine personenbezogene (beispielsweise Facebook-Accounts, Apps auf dem Handy, Gesundheitszustand), vor allem weil bei dieser befürchtet wird, dass auch private Inhalte der Überwachung unterliegen könnten (McNall & Roch, 2007).

> Ein Beispiel für eine Software, die aufgaben- und personenbezogene Daten für die Leistungsbeurteilung auf individueller Ebene sammelt und auch auf dieser auswertet und aufbereitet, ist die KI-Software von *Starmind*. Ziel der Software ist das Wissensmanagement, wofür die Software E-Mail-Kommunikation der Angestellten in Echtzeit auswertet und Protokolle darüber erstellt, wer wann wen wozu gefragt hat und wer wann auf welche Fragen geantwortet hat und wie die Qualität der Antworten gewesen ist (Schafheitle et al., 2020). So sollen Wissens-Silos im Unternehmen überwunden und organisationales Lernen gefördert werden. Die Software berechnet dabei einen Score für jede/n Mitarbeiter:in, der aussagen soll, wie oft und gut die Person Fragen stellt und die anderer Kolleg:innen beantwortet. Die Berechnung des Scores ist intransparent, z. B. in Bezug auf das Merkmal „wie gut die Person Fragen stellt oder beantwortet", und entziehen kann sich ebenfalls keiner der Mitarbeiter:innen dieser Bewertung durch die Software. Die Scores der Angestellten sind für HR einsehbar, und es ist ebenso für alle Mitarbeiter:innen ersichtlich, wer die am besten bewerteten Angestellten sind.
>
> Ein anderes Beispiel, welches aufgabenbezogene Leistung adressiert und Daten auf einer individuellen Ebene erfasst, die wiederum aber auch auf organisationaler Ebene ausgewertet werden, findet sich beim Logistikunternehmen UPS (Zax, 2013). UPS setzt eine KI-basierte Technologie Namens *ORION* (On-Road Integrated Optimization and Navigation) ein, um Auslieferungsrouten zu verkürzen und somit Zeit und Geld zu sparen. Zu diesem Ziel sind die Fahrzeuge mit Sensoren ausgestattet, die Abbiegungen, Bremsvorgänge und sonstige fahrertypische Verhaltensweisen erfassen. Diese Daten werden zudem mit weiteren aktuellen Daten, wie z. B. dem Wetter oder der Verkehrslage, zusammengeführt. UPS nutzt diese Analysen zwar mit dem Ziel, die Routen zu optimieren, aber auch, um die individuelle Leistung der Fahrer:innen zu bestimmen.

- Im Hinblick auf die Invasivität sind neben dem Ziel und dem Ausmaß des Monitorings auch mögliche *Beschränkungen* ein wichtiger Faktor in der Bewertung der ELB durch die Mitarbeiter:innen. Mögliche Beschränkungen, die Unternehmen in der Datenerfassung einführen können, beziehen sich z. B. darauf, wann eine ELB stattfindet, wie die Daten aufbereitet und verwendet werden oder wer aus dem Unternehmen Zugriff auf diese hat. Solche Beschränkungen weisen positive Zusammenhänge mit der Zufriedenheit am Arbeitsplatz oder der wahrgenommenen Gerechtigkeit auf. Auch eine persönliche Kontrolle, d. h. der Grad, zu welchem die Betroffenen Kontrolle über die angewandten Methoden und das Timing von Überwachung und Feedback haben (z. B. Unterbrechung in Pausen oder kritischen Situationen), fördert eine positive Reaktion und höher wahrgenommene Fairness (Alge, 2001; Zweig & Webster, 2003).

Wird in einem Unternehmen darüber nachgedacht, ELB zu nutzen, sollte zudem die zeitliche *Synchronizität* bedacht und thematisiert werden. Dieser Aspekt bezieht sich auf die

Zeitpunkte, zu denen die Daten über die Mitarbeiter:innen erhoben und gespeichert werden. Daten können dabei kontinuierlich und vorhersagbar erfasst werden, oder intermittierend und für den/die Mitarbeiter:in unvorhersehbar. Letztere Variante wird als deutlich negativer von den Betroffenen bewertet (Jeske & Santuzzi, 2015). Bezieht sich der zeitliche Aspekt auf das Geben von Feedback auf Basis der Datensammlung und -auswertung, kann dieses synchron, d.h. quasi in Realzeit, erfolgen oder asynchron, d.h. z.B. auf einem aggregierten Level über mehrere Zeitpunkte zu einem späteren Zeitpunkt, beispielsweise nach Projektabschluss oder regelmäßig an einem Tag in der Woche. Im Rahmen der ELB liegen hierzu bislang keine wissenschaftlichen Erkenntnisse vor, jedoch ist aus der Lernforschung bekannt, dass synchrones, spezifisches und zeitnahes Feedback das Lernen und die Leistung erhöht (DeShon, Kozlowski, Schmidt, Milner & Wiechmann, 2004; Kulik & Kulik, 1988).

Zu guter Letzt sollte ein Unternehmen bei der Einführung der ELB die *Transparenz* des Systems beachten. Diese meint das Ausmaß, zu welchem Arbeitnehmer:innen Informationen über die Charakteristiken der ELB-Nutzung weitergeleitet bekommen. Organisationale Ehrlichkeit und auch Transparenz in Abläufen und Vorhaben, wie z.B. der ELB, führen zu wahrgenommener Fairness und Gerechtigkeit sowie zu mehr Aufgabenzufriedenheit (McNall & Roch, 2009; Zweig & Webster, 2003). Ähnliche Mechanismen von organisationalen Rahmenbedingungen haben wir bereits in Abschnitt 2.2 betrachtet. Abbildung 24 stellt die beschriebenen relevanten Eigenschaften von ELB und deren Einflussmöglichkeiten auf die Mitarbeiter:innen zusammenfassend in einer Übersicht dar.

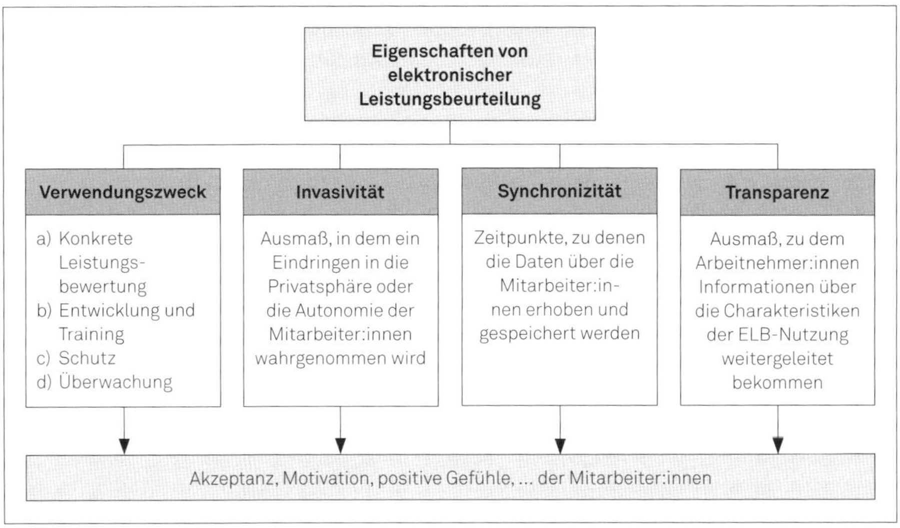

Abbildung 24: Die zentralen Eigenschaften von ELB und ihre Auswirkungen auf die Mitarbeiter:innen (nach Ravid et al., 2020)

Diese Ausführungen zeigen auf, dass die Einführung einer ELB im Rahmen eines HR-A-Projekts gut durchdacht werden sollte und dabei Aspekte wie der Verwendungszweck, die Invasivität, die Synchronizität sowie die Transparenz mit ihren Ausgestaltungsmöglichkeiten ausführlich mit allen Beteiligten besprochen werden sollten.

8.3 Chancen von elektronischer Leistungsbeurteilung

Wie wir bereits zuvor in diesem Kapitel deutlich gemacht haben, kann sich Leistungsbeurteilung im Arbeitskontext, besonders anhand von Algorithmen, unterschiedlich auf die Mitarbeiter:innen auswirken. Als wichtige Effekte von ELB können sich die Wahrnehmung von Vertrauen, Zufriedenheit am Arbeitsplatz, Engagement und Motivation verändern sowie Auswirkungen auf die Leistung, aber auch das Erleben von Stress beobachtet werden (Kalischko & Riedl, 2021). Da die Wahrnehmungen sowohl positiv als auch negativ ausfallen können, sind verschiedene Aspekte bei der Einführung und Anwendung von ELB zu beachten, um negative Auswirkungen zu vermeiden.

Zunächst möchten wir ausführlicher auf den *Nutzen der Anwendungen elektronischer Leistungsbeurteilung* eingehen. Wie zu Anfang des Kapitels beschrieben, gibt es bei der klassischen Leistungsbeurteilung von Mitarbeiter:innen neben einer möglichen Befangenheit der urteilenden Person oder Unkenntnis dieser über die Arbeit der Mitarbeiter:innen weitere Probleme, die vor allem in den kognitiven Prozessen der beurteilenden Person liegen können. Darunter fallen insbesondere die Urteilstendenzen, die auch als Urteilsfehler oder Beurteiler:innenfehler bezeichnet werden (siehe Abschnitt 7.4.1).

Während es generell das Ideal beziehungsweise zentrale Ziel von HR-A ist, Personalentscheidungen stärker informationsbasiert (evidenzbasiertes Personalmanagement; Petry & Jäger, 2021) und weniger intuitiv zu treffen, können nun auch Anwendungen wie ELB dabei helfen, derartige Urteilstendenzen zu vermeiden sowie allgemein den verzerrten Denkvorgängen der beurteilenden Person, welche den Entscheidungsprozess beeinflussen, entgegenzuwirken (Gaur, Shukla & Verma, 2019; Isson & Harriott, 2016). Durch Leistungsbeurteilungen basierend auf erhobenen Daten kann beispielsweise verhindert werden, dass die beurteilende Person (z. B. die Führungskraft) unbeabsichtigt von ihrem Gesamteindruck (Halo-Effekt), eigenem Verhalten als Vergleichsmaßstab (Ähnlichkeitseffekt) oder dem Vergleich mit der Leistungsbeurteilung einer vorherigen leistungsstarken oder -schwachen Person (Kontrast-Effekt), beeinflusst wird.

> Beispielsweise sorgt das zuvor vorgestellte Unternehmen *Starmind* mit seiner KI-Software anhand des Erstellens von Scores basierend auf der Qualität der E-Mail-Kommunikation der Mitarbeiter:innen dafür, dass deren Leistung in dem Bereich objektiv vergleichbar bleibt und verhindert somit das Auftreten möglicher Urteilstendenzen. Der Score wird für alle Mitarbeiter:innen auf dieselbe Weise erstellt und die E-Mails werden somit automatisch identisch ausgewertet. Entsprechend ist es unmöglich, dass eine Person, die sonst für die Auswertung zuständig gewesen wäre, den Score verzerrt, indem sie von ihrem Gesamteindruck des/der zu bewertenden Mitarbeiter:in, ihrem eigenen Verhalten eigener E-Mail-Kommunikation oder dem Vergleich mit anderen Personen beeinflusst wird.

Die Reduzierung dieser Urteilstendenzen und psychologischer Biases und die allgemein objektivere Bewertung bei einer unter Berücksichtigung der entsprechenden Eigenschaften (Verwendungszweck, Invasivität, Synchronizität und Transparenz; vgl. Abschnitt 8.2) geeigneten ELB kann sich positiv auf die empfundene Fairness, Motivation, das Wohlbefinden und Engagement der Mitarbeiter:innen auswirken (Ravid et al., 2020). Zudem motiviert es die Mitarbeiter:innen, zu wissen, dass ihre Arbeit transparent dokumentiert wird und sie entsprechend dem evidenzbasierten Feedback (anstelle von subjektiven Empfindungen einer Person) regelmäßig und aktuell bewertet und am Ende entlohnt werden. Dies kann dazu führen, dass sich die Mitarbeiter:innen mehr in der Arbeit engagieren, um beispielsweise Ziele und damit verbundene Entlohnung oder Karriereaufstiege zu erreichen (Isson & Harriott, 2016).

Das Logistikunternehmen UPS könnte somit durch die Nutzung der KI-basierten Technologie *ORION* zur Auswertung genutzter Auslieferungsrouten sowie fahrer:innentypischer Verhaltensweisen die Motivation sowie das Engagement ihrer Mitarbeiter:innen steigern. Nicht nur hilft die Technologie dem Unternehmen dabei, Routen zu optimieren, sondern ebenso stellt die dauerhafte und transparente Erfassung des Fahrverhaltens der Mitarbeiter:innen eine Grundlage für deren Leistungsbeurteilung und womöglich damit verbundener Entlohnung dar. Das gesteigerte Engagement wirkt sich somit positiv auf die Qualität der verrichteten Arbeit aus.

Bezüglich der Frequenz in der ELB hat sich gezeigt, dass eine häufige Anwendung der ELB (d.h. ein geringerer zeitlicher Abstand zwischen zwei Beurteilungen) zu verbesserter Leistung führt (Bhave, 2014). Die ELB bewirkt dabei eine erhöhte Leistung nicht nur auf individueller Ebene der Mitarbeiter:innen, sondern auch eine Effizienz auf Unternehmensebene. Das Unternehmen profitiert beispielsweise dadurch, dass das Begründen bestimmter Investitionen erleichtert wird, also z.B. die Berechnung eines Return on Investment (ROI), indem die ELB eine Differenzierung unterschiedlicher Leistungslevels von Mitarbeiter:innen ermöglicht und diese in einen Zusammenhang mit den getätigten Investitionen bringen kann (Isson & Harriott, 2016). In Abbildung 25 ist der Nutzen einer angemessenen Umsetzung der ELB auf unterschiedlichen Ebenen dargestellt.

Abbildung 25: Primärer, sekundärer und tertiärer Nutzen von elektronischer Leistungsbeurteilung

8.4 Herausforderungen bei der Nutzung von elektronischer Leistungsbeurteilung

Eine ELB kann nichtsdestotrotz bei unreflektierter Anwendung auch *gegenteilige Effekte haben und Risiken bergen.* Das Treffen von Entscheidungen anhand von Algorithmen kann zwar zunächst rationaler, faktenbasierter und vertrauenswürdiger wirken. Gleichzeitig können jedoch ethische Probleme auftreten. Beispielsweise besteht das Risiko, dass durch hervorgebrachtes blindes Vertrauen in den auf Algorithmen basierten Entscheidungsprozess (und die damit verbundenen Regeln) die persönliche Integrität der Mitarbeiter:innen verletzt wird und allgemein die menschliche Bedeutsamkeit (das Nutzen von beispielsweise kritischen Denkens, Emotionen, Intuitionen und allgemein moralischen Vorstellungen) innerhalb des Entscheidungsprozesses stark verringert wird. Damit wird die Balance zwischen persönlicher Integrität und Konformität der Mitarbeiter:innen in ein Ungleichgewicht in Richtung Konformität gebracht. Damit gehen möglicherweise wertvolle Erkenntnisse wie z.B. Erfahrungen aus früheren Situationen zur Interpretation der aktuellen Situation im Entscheidungsprozess verloren (Leicht-Deobald et al., 2019).

Des Weiteren wird die ELB, besonders eine, die anhand von Algorithmen erfolgt, in einigen Fällen von den Betroffenen als weniger fair wahrgenommen als die klassische Leistungsbeurteilung ohne Algorithmen und durch menschliche Beurteilung (Newman et al., 2020). Das liegt unter anderem in der Ansicht begründet, dass Algorithmen daran scheitern, qualitative Attribute (wie Leadership, Arbeitseinstellung oder Potenzial), die den Mitarbeiter:innen und Führungskräften ebenso wichtig sind, adäquat zu identifizieren und zu erfassen und in die Beurteilung mit einfließen zu lassen. Demnach wird die alleinige Verwendung von Algorithmen für eine Beurteilung der Arbeitsleistung eher als ein reduktionistisches Vorgehen wahrgenommen sowie als eine Limitierung der Nutzung weiterer möglicher akkurater Informationen. Fühlt sich eine Person reduktionistisch betrachtet, beutetet das, dass sie sich auf eine Zahl reduziert und nicht in ihren gesamten Qualitäten wahrgenommen/beurteilt fühlt. Dies führt zu einer Wahrnehmung von mangelnder Fairness aufseiten der Mitarbeiter:innen und kann wiederum zu nachteiligen Einstellungen und Verhaltensweisen, wie z.B. eine ineffektive Nutzung der Arbeitszeit, verringertes Engagement im Arbeitsalltag, negative Kommunikationsweisen im Umgang mit Kolleg:innen, führen. Dies wiederum hat negative Konsequenzen für die Leistung auf Organisationsebene sowie für die allgemeine Loyalität der Mitarbeiter:innen zur Organisation (Newman et al., 2020).

Handelt es sich um alleinig basierend auf Algorithmen durchgeführte Leistungsbeurteilungen, kann auch das transparente Darlegen der berücksichtigten Daten und insgesamt das Vorgehen nicht die Wahrnehmung dieser mangelnden Fairness bezüglich der genutzten Algorithmen eliminieren. Demnach scheinen wir uns mit einem Paradigma, welches „Gewinner:innen" und „Verlierer:innen" anhand einer automatisierten Software benennt, nicht wohlzufühlen. Mitarbeiter:innen präferieren in dem Fall menschliche Entscheidungsträger:innen, die gegebenenfalls zu Verzerrungen neigen, aber dafür die Mitarbeiter:innen nicht reduktionistisch behandeln (Newman et al., 2020). Schaut man sich eine spezifische Form der ELB an, dann scheint sich insbesondere das sogenannte „Close Performance Monitoring" (Überwachung z.B. per Kamera oder Telefonaufnahmen) negativ auf die Arbeitseinstellung, Zufriedenheit am Arbeitsplatz sowie affektives Engagement der Mitarbeiter:innen, aber auch auf das Selbstvertrauen und die wahrgenommene Kontrolle der Mitarbeiter:innen auszuwirken (Jeske & Santuzzi, 2015).

Zuletzt wollen wir erneut auf den Aspekt hinweisen, dass auch Algorithmen oft nicht neutral oder frei von Biases sind. Das liegt daran, dass in diesen Fällen bereits die Input-Daten, mit denen die Algorithmen erstellt wurden, einem Bias unterlagen (Köchling & Wehner, 2020).

> Im Jahr 2015 geriet Google beispielsweise damit in die Schlagzeilen, dass bei der durch Algorithmen durchgeführten Beschriftung von Fotos dunkelhäutige Personen diskriminiert wurden. Ein Afroamerikaner wandte sich an die Öffentlichkeit, da die damals neue App *Google Fotos* mehrere Fotos von ihm und seiner ebenfalls dunkelhäutigen Freundin mit dem Wort „Gorilla“ betitelte. Er postete auf Twitter einen Screenshot eines entsprechenden Fotos seiner Freundin und wies darauf hin, dass sie kein Gorilla sei. Damit beinhaltete der Algorithmus des Weltkonzerns einen als rassistisch zu bezeichnenden Bias, der vermutlich nicht als diskriminierend intendiert war, aber die dahinter liegenden Regeln zur Verschlagwortung legten hier Regeln an, die als diskriminierend zu bezeichnen sind. Die Ursache für diesen Bias konnte unter anderem auf die unzureichende Entwicklung von Trainingsdaten für die betroffenen lernenden Algorithmen zurückgeführt werden. Somit wurden diese lediglich mit Bilddatenbanken von weißhäutigen Mitteleuropäern trainiert, während das Einbeziehen von Bildern von Menschen mit dunkler Hautfarbe oder Asiaten nicht berücksichtigt und unterlassen wurde. Als Reaktion auf den Post entschuldigte sich Google öffentlich und behob das Problem zeitnah, indem die Algorithmen angepasst wurden (Kühl, 2015; Wolfangel, 2018).

Abbildung 26 zeigt die negativen Auswirkungen einer nicht angemessenen ELB zusammenfassend dargestellt.

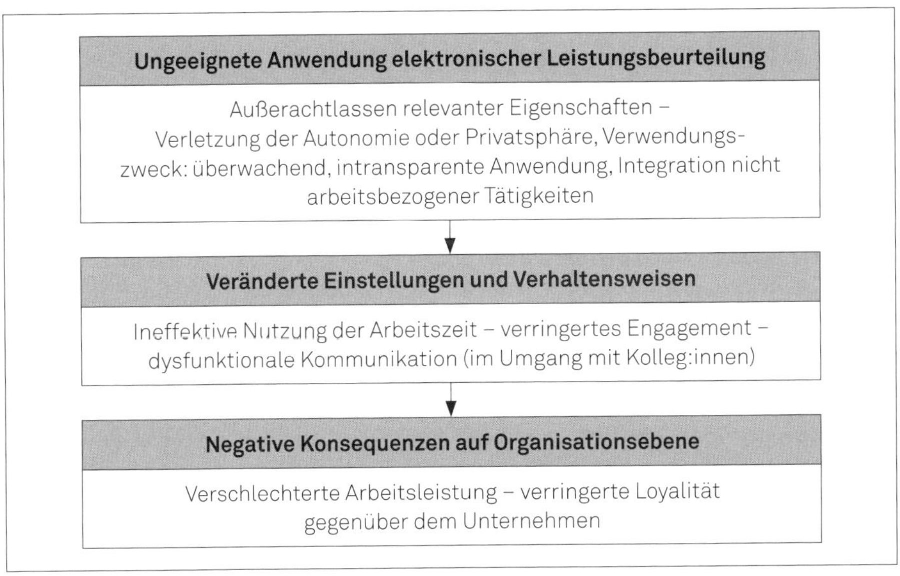

Abbildung 26: Negative Auswirkungen einer nicht angemessenen ELB auf individueller und organisationaler Ebene

Der Anspruch für Unternehmen bei der Implementierung von ELB besteht somit darin, die vielen Vorteile, die sie bietet, aus ihr zu ziehen und gleichzeitig darauf zu achten, die Risiken zu reduzieren. So sollten zum einen die benannten für ELB relevanten Eigenschaften (Verwendungszweck, Invasivität, Synchronizität, Transparenz; vgl. Abschnitt 8.2) und die spezifisch für das Unternehmen ethisch vertretbaren und dem Wohlergehen der Mitarbeiter:innen dienenden Faktoren beachtet werden.

Darüber hinaus sollte auch ein Verständnis darüber herrschen, dass das Einbeziehen von Algorithmen nicht vollständig das Einbinden von menschlichen Entscheidungsträgern ersetzen, sondern es sich eher um eine Kombination aus beidem handeln sollte (Giermindl, Strich, Christ, Leicht-Deobald & Redzepi, 2022; Newman et al., 2020). So hat sich z. B. gezeigt, dass es die Mitarbeiter:innen eher akzeptieren und sie sich gerechter beurteilt fühlen, wenn ihre (menschliche) Führungskraft sie beurteilt und dabei von einem KI-System unterstützt wird, als andersherum (Newman et al., 2020). Bereits bei der Entwicklung und Einführung von ELB gilt es, die im Kasten zusammenfassend dargestellten Faktoren (sowie beispielsweise die Kenntnis über mögliche Biases bereits bei der Erstellung von Algorithmen) in Betracht zu ziehen, und es liegt demnach in der Hand der Unternehmen, diese effektiv zu entwerfen und zu integrieren.

Zu beachtende Aspekte bei der Einführung elektronischer Leistungsbeurteilung

- Der *Verwendungszweck* der ELB ist klar definiert und mit den Mitarbeiter:innen abgestimmt.
- Die *Invasivität* der Maßnahmen ist angemessen und die Datensammlung nicht übergriffig.
- Die Daten werden zeitlich *synchron* und vorhersagbar erfasst.
- Die Charakteristiken des Systems werden den Mitarbeiter:innen *transparent* dargelegt.
- Es handelt sich um eine *Kombination* aus menschlichen Entscheidungsträgern und unterstützend angewendeten Algorithmen.
- Das Verfahren steht nicht im Widerspruch mit der *persönlichen Integrität* der Mitarbeiter:innen.
- Die für die Beurteilung genutzten Informationen spiegeln die Leistung der Mitarbeiter:innen *ganzheitlich* wider und funktionieren nicht reduktionistisch.
- Es wurde ausgeschlossen, dass die genutzten Algorithmen *Verzerrungen* unterliegen.

Um abschließend auf die zuvor im Kapitel beschriebenen Anwendungsfälle zurückzukommen, möchten wir nun versuchen, einen Überblick darüber zu geben, worin in diesen Fällen Verbesserungspotenzial besteht, wenn den Beispielen ähnliche Prozesse/Software oder Daten genutzt werden sollen und der Einsatz einer ELB als sinnvoll bezeichnet werden kann.

> In dem Fall der Monitoring-Software *Hubstaff* ging es um die Anwendung eines Leistungsmonitorings, welches über eine Software auf den elektronischen Geräten der Mitarbeiter:innen im Homeoffice stattfindet und in dem erwähnten Experiment von allen Beteiligten negativ wahrgenommen wurde. Diese Form der Leistungsbeurteilung wurde als übergriffig, übertrieben, ungenau und insgesamt unpassend beschrieben und es war unter anderem von einer Verletzung der Privatsphäre und von Diskriminierung die Rede.

Wie wir nun wissen, wurden verschiedene Faktoren in diesem Fall bereits bei der Erstellung der Software, aber insbesondere bei der Anwendung in der Praxis dieses Falls, nicht ausreichend in Betracht gezogen. Der *Verwendungszweck* der Software war die überwachende ELB (siehe die Verwendungszwecke von ELB in Abschnitt 8.2). Die Software Hubstaff wurde hier und wird allgemein oft ohne eine konkrete Begründung zur Datenerfassung über die Leistung der Mitarbeiter:innen verwendet und führt bei den Betroffenen entsprechend zu negativen Einstellungen gegenüber dem Verfahren und den Vorgesetzten und zu erlebtem Stress im Arbeitsalltag. Ebenfalls wurde der Aspekt der *Invasivität* nicht ausreichend beachtet. Durch die permanente Überwachung aller Aktivitäten der Mitarbeiter:innen wurden Daten gesammelt, die sich nicht nur auf die Arbeit, sondern ebenso auf private Bereiche (wie die Konversation per Chat mit einem Familienmitglied) beziehen. Somit konnte nicht vermieden werden, dass das Unternehmen persönliche und für den Arbeitskontext irrelevante Informationen über die Mitarbeiter:innen erhielt. Das Ausmaß der individualisierten Datenerfassung war demnach unangebracht. Darüber hinaus ist anzumerken, dass die Funktionsweise der Software zwar transparent dargelegt war, jedoch diese inhaltlich von den überwachten Personen als ungenau und unpassend empfunden wurde. Die Software war nicht in der Lage, Aspekte in den Produktivitätsscore mit einfließen zu lassen, die über die an den elektronischen Geräten verbrachte Zeit hinausgehen, und verzerrte diesen Score somit. Die Software konnte nur die vorprogrammierten Aspekte bewerten und funktionierte dadurch reduktionistisch. Zuletzt war die überwachte Person nicht in der Lage, das Monitoring auszusetzen oder erfasste Daten einzusehen beziehungsweise zu löschen, was die *Autonomie* der Person minimierte und ebenfalls zu ihrer negativen Wahrnehmung beitrug. Es ist festzuhalten, dass es für eine effektive Anwendung einer Monitoring-Software wie Hubstaff somit einige zu reflektierende Aspekte gibt. Ebenso sollte die letztendliche Leistungsbeurteilung auch nach dieser Reflexion und Anpassung immer noch nicht ausschließlich durch die Software erfolgen, sondern es ist unerlässlich, dass am Ende des Prozesses eine beurteilende Person involviert ist.

Das zweite und dritte Fallbeispiel verdeutlichten, wie bei der Beachtung der entsprechenden Aspekte die Umsetzung von ELB besser funktioniert. Die Mitarbeiter:innen des Shaukat-Khanum-Krankenhauses nahmen nach einer klaren Kommunikation seitens der Unternehmensführung und einer transparent dargelegten Vorgehensweise sowie der Möglichkeit, im Austausch mit der beurteilenden Person die erfolgte Beurteilung anzufechten, die Genauigkeit der ELB positiv wahr. Die Kompetenzen der beurteilenden Person sowie eigene Erfahrungen mit zuvor erlebter ELB hatten ebenso einen positiven Einfluss auf diese Wahrnehmung. Die Verwendung der Software *RescueTime* hingegen diente lediglich der eigenen Unterstützung und hatte somit bereits weniger Potenzial, auf die Nutzer:innen (in diesem Fall die Studierenden) übergriffig zu wirken. Durch die eigenständige Nutzung (beispielsweise das selbstständige Entscheiden über die Verwendung bestimmter Funktionen) war gewährleistet, dass die Studierenden das Ausmaß der Überwachung und Beurteilung selbst bestimmen konnten und damit ihre Autonomie nicht eingeschränkt wurde. Anhand des regelmäßigen transparenten Feedbacks war ihre Entwicklung für sie durchgehend einzusehen und das Vorgehen der Software nachzuvollziehen.

In Tabelle 9 sind der beschriebene Nutzen elektronischer Leistungsbeurteilung sowie die damit einhergehenden Herausforderungen auf Unternehmensebene sowie auf Mitarbeiter:innenebene zusammenfassend dargestellt.

Tabelle 9: Der Nutzen von elektronischer Leistungsbeurteilung und damit einhergehende Herausforderungen für Unternehmen

Analyseebene	Nutzen	Herausforderungen
HR-A-Leistungsbeurteilung allgemein	• Basierend auf Informationen/ Evidenz, statt Intuitionen • Regelmäßige Beurteilung aktueller Leistung	• Angemessene Analyse der Informationen • Geeignete Umsetzung (bspw. App)
Unternehmensebene	• Erhöhte Effizienz durch automatisierte Prozesse • Effektive Leistungsbeurteilung der Angestellten • Unterstützung bei der Erreichung strategischer Ziele durch Leistungsdaten • Reduzierung psychologischer Biases bei der Bewertung • Abgrenzung zwischen unterschiedlichen Leistungslevels • Erleichtert das Begründen bestimmter Investitionen	• Geeignete Kombination aus Algorithmen und menschlichen Entscheidungsträgern • Gleichgewicht zwischen Integrität und Konformität • Reduktionismus bzgl. für die Beurteilung genutzter Informationen • Geeignete Erstellung von Algorithmen (bspw. Ausschluss von Input-Daten, die einem Bias unterliegen) • Differenzierte Betrachtung von: – Verwendungszweck – Invasivität – Synchronität – Transparenz des Systems
Mitarbeiter:innenebene	Positive Auswirkungen möglich auf: • Empfundene Fairness • Motivation • Wohlbefinden • Engagement	• Verhindern eines erhöhten Stresslevels (verursacht durch bspw. übermäßige Überwachung) • Verhindern allgemein gegenteiliger Effekte (verursacht durch ungeeignete Anwendung wie bspw. zur Bestrafung)

8.5 Performance Analytics

Die bisherigen Möglichkeiten und Grenzen von elektronischem Leistungsmonitoring drehen sich wie dargestellt primär um die inter- und intraindividuelle Beurteilung *einzelner* Mitarbeiter:innen. In Abschnitt 1.4 haben wir jedoch gesehen, dass HR-A nicht zwangsläufig auf individueller Ebene stattfinden muss, also einzelne Mitarbeiter:innen fokussieren muss. Häufig sind gerade aggregierte Daten hilfreich, um strategische Fragestellungen zu beantworten. HR-A im Kontext von Leistungsbeurteilung muss also nicht zwangsläufig einzelne Mitarbeiter:innen in den Fokus nehmen, sondern kann auf einer aggregierten Ebene zur Analyse der Güte der Leistungsbeurteilungsprozesse eingesetzt werden. Analog zu Recruiting Analytics, welches wir in Abschnitt 7.3 thematisiert haben, kann Performance Analytics dazu dienen, ein Kennzahlsystem aufzubauen, dass dazu dient, (a) rückblickend beurteilen zu können, wie erfolgreich Leistungsbeurteilungsaktivitäten waren, und (b) zukünftige Leistungsbeurteilungsprozesse datenbasiert planen zu können. Es geht also nicht darum, die Leistung oder Eignung einer bestimmten Person vorherzusagen, sondern die Güte des Leistungsbeurteilungsprozesses an sich zu betrachten. Dies bedeutet, dass Unternehmen von einer rein beschreibenden Leistungsbeurteilung hin zu strategischen, präskriptiven Analysen kommen. Orientiert an den analytischen Reifegraden von HR-A (siehe Kapitel 1), kann das wie folgt aussehen: Die Daten, die durch elektronische Leistungsbeurteilungsprozesse generiert werden, können zunächst deskriptiv analysiert werden *(„wie gut sind aktuelle Leistungsbeurteilungsprozesse?“)*, wie in Abbildung 27 dargestellt. Im nächsten Schritt können korrelative Untersuchungen angestrebt werden, um darauf aufbauend die Gründe für sich zeigende Muster aufzudecken *(„warum ist das passiert?“)* und darüber zu prädiktiven Analysen zu kommen, welche die Frage beantworten *„was wird passieren?“*. Beispiele für Fragestellungen, die auf Basis gesammelter und analysierter Daten im Kontext der Leistungsbeurteilung für HR-A beantwortet werden können, finden sich in Abbildung 27.

Analytischer Reifegrad

Performance Analytics	Beispielhafte Fragen
Deskriptives Performance Analytics	• Wie hoch ist der „Performance Score“ der Mitarbeiter:in? (Beurteilung anhand der zuvor festgelegten und transparenten Dimensionen) • Was sind die Dimensionen der Leistungsbeurteilung? • Wie transparent/fair bewerten Mitarbeiter:innen den Leistungsbeurteilungsprozess? • Wie fallen leistungsbezogene Gehaltserhöhungen im Vergleich zu branchenüblichen Gehaltserhöhungen aus?
Prädiktives Performance Analytics	• Hängt die Art der für die Leistungsbeurteilung genutzten Software mit der wahrgenommenen Motivation der Mitarbeiter:innen zusammen? • Hängt die durchgeführte Leistungsbeurteilung mit erhöhter Effizienz auf Unternehmensebene zusammen? • Hängen Charakteristika der Abteilungen (z.B. Arbeitszeiten, Arbeitszeitmodelle, Führungsstrukturen) mit der Leistung der Mitarbeiter:innen zusammen?
Präskriptives Performance Analytics	• Wie können HR-Maßnahmen (z.B. Arbeitsgestaltung, Anreizsysteme, Trainings) zur Leistungssteigerung beitragen – welche Zusammenhänge gibt es? • Wie wird es sich zukünftig auf die Leistung der Mitarbeiter:innen auswirken, wenn bei der Berechnung des „Performance Score“ eine zusätzliche Variable berücksichtigt wird? • Wie wahrscheinlich ist es, dass Mitarbeiter:innen mit bestimmten Merkmalen (z.B. Abteilung, Ausbildung, Trainings) schlechte/gute Leistung erbringen? • Wie wahrscheinlich ist es, dass neue Mitarbeiter:innen-Benefits (oder Trainingsangebote/Arbeitsgestaltungsmaßnahmen, ...) zu einer Steigerung der Leistung führen?

Abbildung 27: Beispielhafte Fragen für HR-A im Kontext von Leistungsbeurteilung, organisiert nach verschiedenen analytischen Reifegraden

Zu Beginn des Kapitels haben wir verschiedene Funktionen von Leistungsbeurteilung in Unternehmen eingeführt (siehe Abschnitt 8.1). Die primäre Form der klassischen und der elektronischen Leistungsbeurteilung sind intra- und interindividuelle Entscheidungen. Performance Analytics hingegen richtet den Fokus auf *den Erhalt des (Organisations-)Systems.* Es ist weniger relevant, zu wissen, wie eine spezifische Person in der Organisation „performt" (was hat Frau Müller letztes Jahr geleistet?), sondern es geht darum, für Abteilungen/Projekte oder strategische Entwicklungen beispielsweise Veränderungs- oder Personalbedarfe zu identifizieren (wie kann die Leistung der Belegschaft aufrechterhalten werden? Können Ursachen für sinkende Leistung in Abteilungen identifiziert werden?). Auf dieser Basis ist es möglich, Implikationen für die Personalplanung, organisationale Veränderungsbedarfe oder für die Gestaltung von Arbeitsbedingungen abzuleiten.

> Schauen wir uns an, wie Performance Analytics konkret aussehen könnte. Eine Unternehmensberatung könnte beispielsweise daran interessiert sein, zu verstehen, unter welchen Bedingungen die Mitarbeiter:innen (Berater:innen) die besten Leistungen erzielen. Zu diesem Zweck könnten verschiedene Prädiktoren (z.B. Dienstreisezeiten, Zeiten vor Ort vs. virtuelle Beratungszeiten, Anzahl der Kund:innenwechsel) mit der Leistung (z.B. Umsatz/Gewinn pro Berater:in oder Kund:innenzufriedenheit) korreliert werden. Die Analysen könnten zum Beispiel zeigen, dass mehr Zeit vor Ort bei den Kund:innen nicht zu mehr Umsatz führt, sondern die Wahrscheinlichkeit für höhere Leistung (Umsatz/Gewinn) durch 50 % virtuelle Beratungszeit steigt. Dies könnte zum Beispiel auf eine gesteigerte Work-Life-Balance der Berater:innen zurückzuführen sein, für die weniger Zeit vor Ort mehr Zeit zu Hause (z.B. mit der Familie) bedeutet (weiterführender Hinweis: um solche Annahmen zur Erklärung von Analysen zu prüfen, könnten HR-A-Teams beispielsweise Interviews im Unternehmen, z.B. mit Berater:innen, führen). Das Ergebnis des Performance-Analytics-Projektes würde Maßnahmen im Bereich der Arbeitsgestaltung nahelegen.

Wir sehen anhand des Beispiels, dass es für Performance Analytics nicht zwingend notwendig ist, identifizierbare Daten einzelner Mitarbeiter:innen zu analysieren, sondern dass hier primär Daten auf aggregierter Ebene, z.B. sortiert nach Abteilungen, von Interesse sind. Dies bedeutet, dass Performance Analytics – im Gegensatz zu ELB – weniger Potenzial für erhöhtes Stresserleben, Ängste vor der Verletzung der Privatsphäre und damit entsprechend geringere „Akzeptanzkosten" der Belegschaft mit sich bringt. Wichtig ist natürlich auch hier, die rechtlichen Rahmenbedingungen (siehe Kapitel 3) zu beachten, denn auch in diesem Kontext dürfen Daten nur zweckgebunden und mit einem definierten Ziel analysiert werden. Es ist auch hier nicht zulässig, Massen an Daten zu sammeln, „um mal zu schauen" – die höhere Analyseebene wirkt jedoch zentralen Datenschutzbedenken entgegen.

8.6 Abschließende Betrachtung

Es ist festzuhalten, dass sich die Durchführung der Leistungsbeurteilung in vielen Unternehmen über die Jahre hinweg verändert hat, besonders da die Digitalisierung und die Einführung neuer Technologien auf dem Markt neue Möglichkeiten mit sich gebracht haben. Nachdem nun verschiedene Arten der ELB und Gestaltungsaspekte für eine geeignete Umsetzung vorgestellt wurden, möchten wir abschließend noch einmal die klassische Leistungsbeurteilung der elektronischen Leistungsbeurteilung gegenüberstellen.

Zunächst kann das Ziel einer *klassischen Leistungsbeurteilung* sein, wie bereits zu Beginn dieses Kapitels erläutert, interpersonale oder intrapersonale Entscheidungen zu treffen. Interpersonale Entscheidungen legen einen Fokus auf die Gesamtleistung der Personen. Intrapersonale Entscheidungen richten den Fokus auf das Leistungsprofil einer einzelnen Person (Lohaus & Schuler, 2014). Auf individueller Ebene dient Leistungsbeurteilung oft als Grundlage und Voraussetzung von Feedback an die Mitarbeiter:innen und mit ihr erfolgt damit klassisch eine Verhaltenssteuerung und die Identifikation von Stärken und Schwächen. Klassische Leistungsbeurteilung trägt zur Erhaltung des (Organisations-)Systems bei und dient auch als Instrument der Dokumentation für die Organisation. Dabei gibt es sowohl objektive als auch subjektive Leistungskriterien (Lohaus & Schuler, 2014), sodass bei der Erfassung grundsätzlich Probleme in den Entscheidungsprozessen der Beurteiler:innen auftreten können (siehe generelle Urteilstendenzen in Abschnitt 8.1). Bei der klassischen Leistungsbeurteilung handelt es sich vor allem um eine qualitative Sammlung von Informationen, oft basierend auf der Intuition der beurteilenden Person. Dadurch ist der Prozess für alle Beteiligten oft nicht transparent dargestellt und es gibt kaum quantitativ erkennbare Kriterien. Die klassische Leistungsbeurteilung ist demnach entsprechend den festgelegten Kriterien und der subjektiven Auffassung der beurteilenden Person limitiert. Darüber hinaus findet bei einer klassischen Leistungsbeurteilung die Überprüfung der Leistung der Mitarbeiter:innen sowie der Promotionsprozess häufig einmal im Jahr statt. Ebenso werden die dazugehörigen Ziele meist jährlich formuliert und formal einmal im Jahr gemessen. Die Entlohnung findet entsprechend individueller Leistung und deren Einstufung in einem Gesamtschnitt aller Mitarbeiter:innen statt. Generell ist von einem reaktiven Verfahren zu sprechen, da das jährliche Feedback keine direkte Reaktion im Verlauf des Jahres zulässt, sondern lediglich zu einem Zeitpunkt im Jahr die Leistung des ganzen Jahres zusammenfasst (Isson & Harriott, 2016).

Klassische Leistungsbeurteilung

- Ziel: *inter-* oder *intrapersonale* Entscheidungen
- Dient als Grundlage und Voraussetzung von *Feedback*
- Oft verbunden mit *Verhaltenssteuerung* und *Identifikation* von Stärken und Schwächen
- Verstanden als Beitrag zur Erhaltung des (Organisations-)*Systems*
- Dient als *Instrument* der Dokumentation
- Verwendung von *objektiven* und *subjektiven* Leistungskriterien
- Sammlung *qualitativer* Informationen
- *Überprüfung* der Leistung sowie *von Karriereentwicklungsmöglichkeiten* im jährlichen Turnus
- *Jährliche* Formulierung und Messung von *Zielen*
- *Entlohnung* entsprechend *individueller* Leistung und Einstufung in *Gesamtschnitt*
- *Reaktives* Verfahren (Beschreibung der vergangenen Leistung meist im jährlichen Turnus, keine präskriptiven Analysen)

Wie in diesem Kapitel bereits aufgeführt, bezieht sich die *elektronische Leistungsbeurteilung* auf die Nutzung heutzutage verfügbarer Technologien, um Informationen zu sammeln, zu verarbeiten und mit der Arbeitsleistung der Mitarbeiter:innen in Verbindung zu bringen (Ravid et al., 2020). Auch sie dient den Zielen, interpersonale oder intrapersonale Entscheidungen zu treffen und eine Grundlage für Feedbackgespräche oder kontinuierliche Rückmeldungen zu sein. Dennoch lassen sich innerhalb des Prozesses der ELB einige Unterschiede zur klassischen Leistungsbeurteilung wiederfinden.

Zunächst handelt es sich bei der ELB maßgeblich um eine Sammlung von quantitativen Informationen, welche oft anhand von Algorithmen analysiert werden. Insgesamt ermöglicht die ELB (abhängig von der Qualität der Anwendung) eine weitreichende Spanne an beurteilungsrelevanten Kriterien und fällt damit deutlich detaillierter aus. In der Regel findet sie monatlich bis täglich, entsprechend den festgelegten Zielen, statt, sodass die zur ELB gehörigen Bewertungen sehr aktuelle Zustände reflektieren. Im Gegensatz zu der klassischen Bewertung zusammengefasster Leistung eines ganzen Jahres ermöglicht die ELB (beispielsweise anhand einer Monitoring-Software), regelmäßig leistungsbezogenes Verhalten darzustellen und, wenn gewünscht, leistungsstärkere und leistungsschwächere Phasen und damit verbundene Ursachen zu identifizieren. Des Weiteren dienen die detailliertere Leistungsbeurteilung und Erfassung des Einflusses der Mitarbeiter:innen auf das Unternehmen einer genaueren Berechnung des wirtschaftlichen Nutzens dieser Mitarbeiter:innen für das Unternehmen. Die Daten in aggregierter Form aufzubereiten und auszuwerten, ist für das Unternehmen im Rahmen von Enterprise Analytics sehr relevant (Levenson, 2018), vor allem da aufgrund der ELB diese Daten mit weniger personellem Aufwand und zeitlich deutlich aktueller vorliegen (siehe Kapitel 1). Dies wiederum hilft schlussfolgernd dabei, Personal- und Investitionsentscheidungen zu begründen. Generell ist hier von einem proaktiven Verfahren zu sprechen, da nicht nur aktuelle Leistung erfasst wird und aktuelles Feedback gegeben werden kann, sondern Algorithmen ebenso Vorhersagen, z. B. über erfolgversprechendes oder nicht erwünschtes Verhalten, zulassen, die den Unternehmen dabei helfen, frühzeitig passende Maßnahmen zu ergreifen (Isson & Harriott, 2016).

In den vorherigen Abschnitten konnte dargestellt werden, wie aufgrund der verschiedenen Gestaltungsmöglichkeiten – sowie in einigen Bereichen bislang geringen Erfahrungswerten bezüglich einer effektiven Anwendung – die Art und Umsetzung ELB zwischen den Unternehmen noch stark variiert. Zu Eigenschaften, die eine entsprechende Kategorisierung von ELB zulassen, zählen der Verwendungszweck, die Invasivität, die Synchronizität sowie die Transparenz. Der Verwendungszweck kann differenziert werden in leistungsbezogene ELB, Entwicklung und Training, Schutz der Angestellten sowie der Organisation vor körperlichem oder rechtlichem Schaden und überwachende ELB. Invasivität der Maßnahmen bezieht sich auf das Eindringen in die Privatsphäre oder Autonomie der Mitarbeiter:innen und variiert entsprechend dem Ausmaß der Datensammlung, der Zielabsicht und der eingeführten Beschränkungen. Synchronizität wiederum bezieht sich auf die Zeitpunkte, zu denen die Daten über die Mitarbeiter:innen erhoben und gespeichert werden und kann kontinuierlich und vorhersagbar sowie intermittierend und unvorhersehbar ausfallen. Zuletzt handelt es sich bei der Transparenz um das Ausmaß, zu welchem Arbeitnehmer:innen Informationen über die Charakteristiken der ELB-Nutzung weitergeleitet bekommen (Ravid et al., 2020).

Elektronische Leistungsbeurteilung

- Ziel: *inter-* oder *intrapersonale* Entscheidungen
- Dient als Grundlage und Voraussetzung von *Feedback*
- Sammlung von *quantitativen* Informationen
- *Monatliche* bis *tägliche* Bewertung von Leistung
- Reflexion *aktueller* Zustände
- *Proaktives* Verfahren
- *Weitreichende* Anwendungsmöglichkeiten
- *Eigenschaften* ELB: Transparenz, Invasivität, Synchronizität, Transparenz

Darüber hinaus haben wir unter dem Schlagwort *Performance Analytics* die Analyse der Güte des Leistungsbeurteilungsprozesses vorgestellt. Im Vergleich zur klassischen Leistungsbeurteilung und der ELB steht hier nicht die Beurteilung der Leistung einzelner Mitarbeiter:innen im Fokus, sondern die Analyse des Prozesses an sich, mit dem Ziel, diesen effektiver und effizienter gestalten zu können. Performance Analytics dient primär dem Ziel, organisationale Prozesse aufrechtzuerhalten und ist damit eine Ergänzung zu Leistungsbeurteilungen zum Zweck intra- und interpersonaler Entscheidungen. Dadurch, dass für Performance Analytics aggregierte (und nicht personenbezogene) Daten von Interesse sind, ist in dem Kontext weniger von negativen Reaktionen der Mitarbeiter:innen auszugehen – wenngleich die diskutierten Gestaltungsprinzipien (Verwendungszweck, Invasivität, Synchronizität, Transparenz) auch hier beachtet werden sollten. Gerade die Transparenz über die Ziele und Prozesse von HR-A im Kontext der Leistungsbeurteilung sollte durch interne Kommunikation in Form von Stakeholder-Dialogen sichergestellt werden (siehe hierzu Kapitel 6).

Dieses Kapitel hat aufgezeigt, welchen Effekt Digitalisierung, neue Technologien am Arbeitsplatz und KI im Rahmen der elektronischen Leistungsbeurteilung für Unternehmen und Mitarbeiter:innen haben kann und worin die Unterschiede zu einer klassischen Leistungsbeurteilung liegen. Vor allem wurde hierbei auf die Aspekte eingegangen, die bei der Umsetzung einer ELB im Unternehmen beachtet werden sollten, damit es für alle Beteiligten zu einer positiven Erfahrung wird.

9 HR-Analytics im Kontext von Lernen und Entwicklung: Training, Personalentwicklung, Kompetenzmanagement und Talent Management

Stellen Sie sich vor ...

- ... ein Führungskräfteentwicklungsprogramm hat erfolgreich die Nachbesetzung von Managementpositionen initiiert, aber es funktioniert nicht für Frauen – was können Sie tun?
- ... ein neues „Onboarding-Programm" führt zu einem Leistungsanstieg in den ersten sechs Monaten, der dann aber wieder verschwindet – sollte man das Programm beibehalten?
- ... ein Call-Center-Trainingsprogramm erhöht die Kund:innenzufriedenheit, erhöht aber auch die „Call Handling Time" – wie lässt sich herausfinden, ob das Training damit zu tun hat oder ob sich der Aufwand trotz der längeren Call Handling Time lohnt?

Diese und ähnliche Fragen lassen sich mit HR-A-Projekten im Bereich Personalentwicklung (PE) beantworten, welche wir unter dem Schlagwort „Training, Learning und Development Analytics" zusammenfassen. Die Investitionen in Training, Weiterbildung und Mitarbeiter:innen-Entwicklungsprogramme sind in vielen Unternehmen hoch. In den USA werden z. B. jährlich zwischen 180 bis 200 Milliarden Dollar in Training und Entwicklung der Beschäftigten investiert (Cascio, Boudreau & Fink, 2019; Council of Economic Advisors, 2018). Als Vergleichsgröße: Im Jahr 2020 wurden in Deutschland insgesamt 739,7 Milliarden Euro Steuern vor der Steuerverteilung von Bund, Ländern und Gemeinden (Gebietskörperschaften) eingenommen (Statistisches Bundesamt, 2022). 2019 investierten deutsche Unternehmen circa 1.200 Euro je Mitarbeiter:in in Weiterbildung. In Deutschland hat sich im Jahr 2019 jede/r Mitarbeiter:in 18,3 Stunden weitergebildet (Seyda & Placke, 2020). Das gesamtwirtschaftliche Investitionsvolumen liegt bei circa 41 Milliarden Euro. Die Beschäftigten in den USA erhalten im Durchschnitt 48 Stunden Training pro Jahr. Diese hohe Stundenzahl ergibt sich nicht durch die im vergleichbaren Maße durchgeführten (dualen) Berufsausbildungen oder den Erwerb von qualifizierten Abschlüssen in den USA, sondern durch die vielen Tätigkeiten, für die ein Anlernen ausreichend zu sein scheinen. Die Investitionen sind verbunden mit der Annahme, dass Lernen und Entwicklung von Kompetenzen die Voraussetzung dafür sind, die Herausforderungen der Zukunft zu meistern.

Lohnen sich die Investitionen? Aus arbeits- und organisationspsychologischer Sicht sehr, da Persönlichkeitsentwicklung und Qualifikationserwerb und -erhalt zentrale Forderungen guter und humaner Arbeit sind. Aber auch betriebswirtschaftlich „rechnen" sich diese Investitionen. Wer als Unternehmen in die Personalentwicklung investiert, steigert damit den Unternehmenswert: Die Empirie zeigt deutlich auf, dass die Ausgaben für Personalentwicklung den zukünftigen Unternehmenswert (Rendite) vorhersagen können – welcher sich dagegen nicht durch den vergangenen finanziellen Erfolg vorhersagen lässt (Cascio et al., 2019). Der Zusammenhang zwischen qualifikationsbezogenen Ausgaben und positiver Aktienentwicklung ist signifikant, während es keinen Zusammenhang zwischen den vorausgegangenen Unternehmensergebnissen und den qualifikationsbezogenen Ausgaben gibt. Dies unterstützt die Feststellung, dass Ausbildungsinvestitionen beitragende Faktoren für die positive Aktienkursentwicklung sind und nicht umgekehrt. In Deutschland ist aktuell die Digitalisierung ein wesentlicher Treiber für die Themen in der Weiterbildung: Digitalisierte Unternehmen investieren mehr Zeit und Geld in Weiterbildung als andere Unternehmen (Seyda & Placke, 2020).

Wir wissen bereits z. B. seit der Metaanalyse von Jiang et al. (2012), dass lern- und entwicklungsbezogene HR-Maßnahmen maßgeblich zum finanziellen Ergebnis einer Organisation beitragen. Es zeigt sich gerade im Bereich von Training und Personalentwicklung, dass nicht die Maßnahmen allein den Erfolg bringen, sondern sichergestellt werden muss, dass die HR-Maßnahmen auch ihren Sinn und Zweck im Sinne der organisationalen Zielerreichung erfüllen müssen. Gerade am Beispiel Training wird dies offensichtlich. Es gibt „gutes und schlechtes" Training. Gutes, d.h. wirksames, Training zeichnet sich dadurch aus, dass vor dem Training Lernziele definiert werden, die auf die organisationalen Ziele abgestimmt sind, dazu geeignete Methoden eingesetzt werden und auch der Transfer an den Arbeitsplatz berücksichtigt wird. „Schlechtes" Training berücksichtigt diese Faktoren nicht und verursacht somit lediglich Kosten, zeigt aber keine Wirkung am Arbeitsplatz.

Inwiefern leisten Training und Personalentwicklung einen Beitrag zum Unternehmenserfolg? Garavan et al. (2021) antworten darauf: Training fördert das Wissen, die Fertigkeiten und Einstellungen (KSAs – Knowledge, Skills und Attitudes, siehe Kapitel 5) der Beschäftigten für die derzeitigen und zukünftigen „Rollen" und Tätigkeiten. Training fördert des Weiteren die Tiefe der KSAs und damit die flexiblere Anwendung sowie die effizientere Ausführung von Tätigkeiten. Training befähigt damit die Beschäftigten, spezialisierte Fertigkeiten und Wissen zu entwickeln, um die Kernkompetenzen intern auszubilden – um so einen Wettbewerbsvorteil sicherzustellen. Grundsätzlich können wir festhalten, dass generell – über viele Unternehmen hinweg betrachtet – Trainings einen Nutzen für Mitarbeiter:innen und Unternehmen bieten. Für jedes einzelne Unternehmen stellt sich jedoch die Frage, *welche* Trainings, speziell im eigenen Hause, d.h. für die eigenen Mitarbeiter:innen, die eigenen Ziele, die eigenen Rahmenbedingungen effektiv sind.

Wie schon eingangs (siehe Kapitel 1) dargelegt, beinhalten HR-A-Methoden und die Nutzung von Datenauswertungen (Data-Driven Decision-Making/DDDM) in dem Kontext großes Potenzial für die Optimierung von Entscheidungen in Organisationen. Dies gilt auch für solche Entscheidungen, die mit dem Lernen und der Entwicklung von Beschäftigten zu tun haben. Unternehmen mit DDDM sind erfolgreicher, wie Brynjolfsson, Hitt und Kim (2011) sowie Davenport (2006) schon vor zehn Jahren zeigten. Besonderen Wert hat DDDM in Kombination mit verschiedenen Interventionen, die in einem Unternehmen verglichen oder getestet werden (Davenport, 2006). Im Umgang mit Data Analytics nutzen erfolgreiche Unternehmen DDDM nicht nur für den zentralen Wertschöpfungsprozess (wie den Produktions- oder Dienstleistungsprozess), sondern darüber hinaus auch für die Unterstützungsprozesse im Unternehmen, wie HR (Davenport, 2006).

Grundsätzlich nutzen Organisationen fünf quantitative Größen (Pease et al., 2012), die auch für HR-A-Projekte im Bereich von Lernen und Entwicklung relevant sind: Kosten, Zeit, Menge (Quantität), Qualität und menschliche Reaktionen (Erleben und Verhalten: z. B. Mitarbeiter:innen-, Nutzungszufriedenheit, siehe Abbildung 28). Gerade im Bereich von Personal- und Organisationsentwicklung interessieren nun die *Veränderungen* dieser Größen bezogen auf die Ergebnisse von Interventionen. Wie sich etwas verändert, wird aber selten gemessen. Die relevanten Fragen im Bereich von Lernen, Training und der Per-

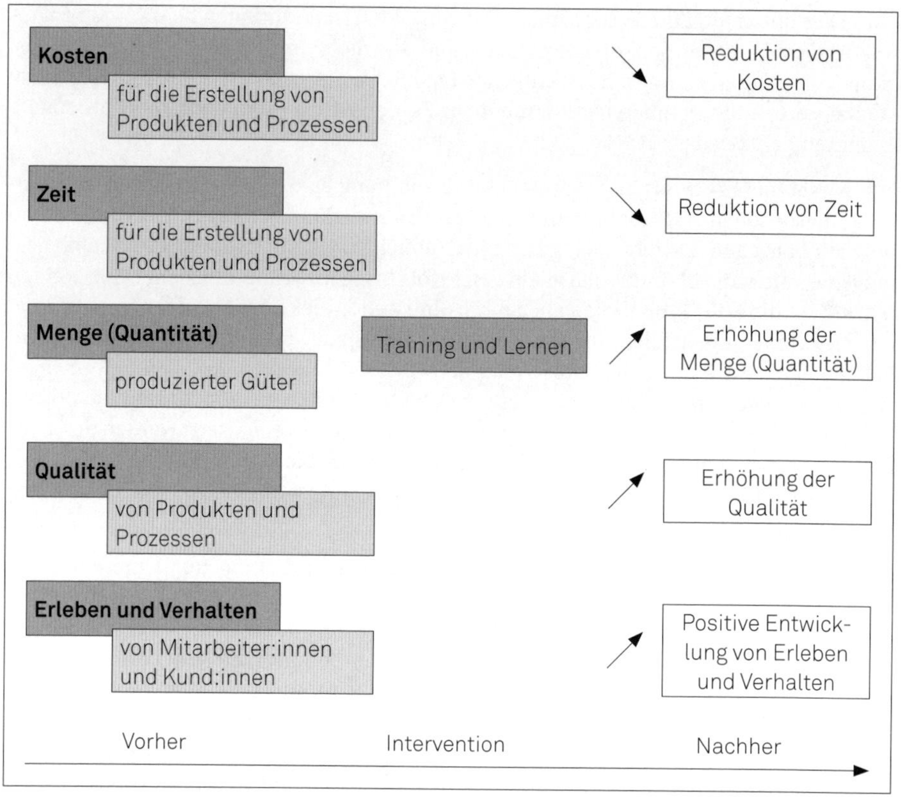

Abbildung 28: Annahmen über die gewünschte Richtung von organisationalen Größen nach Interventionen

sonalentwicklung sind daher: Inwiefern haben sich Kosten, Zeit, Menge (Quantität), Qualität und menschliche Reaktionen (Erleben und Verhalten) durch eine Trainingsmaßnahme verändert und haben sich diese Werte in eine gewünschte oder unerwünschte Richtung verändert?

Das heißt, eine der Hauptaufgaben, an denen HR-A-Praktiker:innen im Bereich von Training, Entwicklung und Veränderung beteiligt sind, ist die Bewertung der Auswirkungen von *HR-Interventionen* (Edwards & Edwards, 2019), um Veränderung in gewünschte Richtungen zu lenken.

Definition: Intervention

Eine *Intervention* ist ein geplanter Eingriff in ein (sozio-technisches) System oder in einen (leistungsbezogenen) Prozess, der eine Veränderung (z. B. Kompetenzaufbau, Verhinderung von Kompetenzverlust, höhere Qualität, bessere Problemlösung, höhere Kund:innenzufriedenheit, höhere Mitarbeiter:innenzufriedenheit) bewirken soll.

Interventionen können sich prinzipiell auf alle Aktivitätsfelder des HRM beziehen, wie z. B. Änderungen bei den Praktiken von Stellenbesetzungen (z. B. Einführung neuer Auswahlverfahren), Arbeitsgestaltung (Einführung von Mensch-Roboter-Kollaboration), Arbeitsstrukturierung (Einführung eines Workflow-Systems) oder Beziehungsgestaltung (Einführung von Diversity-Management-Programmen; Kluge, 2021). Oft sind diese Interventionen mit einer erheblichen finanziellen Investition verbunden, und es wird dementsprechend erwartet, dass eine Intervention positive Auswirkungen haben wird.

Die Kosten einer HR-Intervention und ihre mögliche Rendite müssen HR-Praktiker:innen in der Planungs- und Anfangsphase berücksichtigen. Häufig ist es der Fall, dass HR-Praktiker:innen, bevor eine Intervention flächendeckend eingeführt wird, die erwarteten Ergebnisse als Teil eines Business Case explizit antizipieren und präsentieren müssen, um die Investition zu rechtfertigen (Edwards & Edwards, 2019). HR-A kann dabei unterstützen, anhand eines Business Cases derartige Ergebnisse zu antizipieren. Interventionen können alle Formen von absichtlich gestalteten Maßnahmen sein, wie z.B. die Einführung von neuen Entlohnungsmodellen, Arbeitszeitmodellen, Arbeitsplatzmodellen („New Work" oder mobil flexible Arbeit) oder die Veränderung des Führungsleitbildes. Jede dieser Interventionen lässt einen Vorher-Nachher-Vergleich innerhalb einer Gruppe und zwischen Gruppen zu. In diesem Kapitel soll es um veränderungsbezogene Interventionen im weitesten Sinne gehen – von individuellen Lernerfahrungen bis hin zum Change Management.

Fragen im Bereich Personalentwicklung, bei denen HR-A unterstützen kann
(in Anlehnung an Pease et al., 2012)

- Was passiert in unserem Unternehmen in Bezug auf Lernen und Entwicklung?
- Warum entwickeln sich Personen?
- Wie lernen unsere Beschäftigten?
- Warum und durch was entwickeln sich unsere Beschäftigten?
- Welche Wirkung hat diese Entwicklung auf die Organisation?
- Was passiert in der Organisation, das sich darauf auswirkt, neue strategische Ziele erreichen zu können?
- Welche Optionen haben wir, um mit diesem Wissen (über die Lernaktivitäten in unserem Unternehmen) unsere Marktposition zu verbessern?

Überträgt man die Reifegradmodelle (siehe Kapitel 1) zu HR-A auf den Bereich des Lernens und der Entwicklung, so zeigt sich folgendes Bild:

- *Deskriptive HR-A.* Es können Dashboards genutzt werden, um die für das Management zentralen Kennzahlen anzuzeigen und zu visualisieren (wie eingangs beschrieben die durchschnittliche Anzahl an Stunden für Weiterbildung pro Mitarbeiter:in und die verbundenen Investitionen). Zentrale Größen können sein: Mitarbeiter:innen-"Engagement Scores", Anzahl Rekrutierungen von Elite-Universitäten, Performanz-Review-Scores, Anzahl implementierter Ideen aus dem Ideenmanagement, Anzahl der Beschwerden. Für den Bereich der Personalentwicklung können zentrale Kenngrößen z.B. sein: Anzahl eingereichter Verbesserungsvorschläge, „Mobilität" der Beschäftigten innerhalb der Organisation, didaktisch-methodische Qualität von angebotenen Entwicklungsmaßnahmen oder beobachteter Transfer in den Arbeitskontext (mit Auswirkungen auf organisationale Ergebnisse). Benchmarks können zusätzlich dazu dienen, sich mit den „besten" Unternehmen in dem Bereich Personalentwicklung zu vergleichen.
- Korrelationen zu berechnen und Kausalzusammenhänge zu erschließen, geht über die Beschreibung hinaus und zählt zu *den prädiktiven Analytics:* Welche Zusammenhänge (Korrelationen) lassen sich ableiten? Bei einer Kausalanalyse muss des Weiteren geklärt

werden, inwieweit (a) der vermutete „Grund" der Wirkung vorausgeht (die Lernvorgeschichte geht der Einschätzung der Überforderung zeitlich voraus – die Überforderung kann aber logischerweise keine Wirkung auf die Lernvorgeschichte haben), und (b) alle anderen möglichen und plausiblen Erklärungen ausgeschlossen werden können (Cascio et al., 2019).

- Die höchste Stufe des HR-A ist die Vorhersage *(präskriptiv)* mit dem Ziel, die Zusammenhänge zwischen den Wirkfaktoren zur Optimierung der Organisation im Hinblick auf die Lernaktivitäten zu nutzen (Pease et al., 2012). Optimierung setzt voraus, dass verstanden wird, wo und wann eine Wirkung entsteht und auftritt. Es müssen die Variablen und Faktoren gemessen und identifiziert werden, die eine Wirkung erklären können – z. B. die Wirkung von Führungsverhalten auf die Mitarbeiter:innenkreativität und die Auswirkungen dieser wiederum auf die Anzahl von Innovationen. Was genau am Führungsverhalten fördert die Mitarbeiter:innenkreativität? Gehen wir davon aus, das Führungsverhalten wirke über die Unterstützung des Expertise-Erwerbs auf die Kreativität (was empirische Ergebnisse zeigen; siehe Hardt-Gawron & Herrmann, 2015), dann macht es Sinn, die Kreativität über eben diese Faktoren (das Führungsverhalten) zu „steuern".

Illustrierende Beispiele für Fragestellungen, die sich orientiert an den Reifegraden ergeben, sind in Abbildung 29 zusammengefasst.

Im Folgenden soll es nun zunächst um die technologischen Trends gehen, die Training, Learning und Development Analytics ermöglichen.

Analytischer Reifegrad

Training, Learning und Development Analytics	Beispielhafte Fragen
Deskriptives Training, Learning und Development Analytics	• Wie hoch ist der „Engagement Score" der Mitarbeiter:innen (z. B. aufgeteilt nach Abteilungen/demografischen Gruppen) • Wie hoch sind die Trainingsinvestitionen? • Wie hoch ist die Mobilität der Beschäftigten innerhalb der Organisation? • Wie wird die didaktisch-methodische Qualität der PE-Maßnahmen bewertet?
Prädiktives Training, Learning und Development Analytics	• Hängt die Lernvorgeschichte der Beschäftigten (Erfahrungen, vorherige Trainings) mit der Bewertung der Trainingsangebote zusammen? • Führen mehr Trainingsangebote zu einer geringeren Kündigungsabsicht bei den Beschäftigten? • Steigt nach der Teilnahme an einem Training/einer PE-Maßnahme die Leistungsbeurteilung (positiv) der Teilnehmer:innen? • Hängen Teamentwicklungsmaßnahmen mit „Engagement Scores" der Teams zusammen?
Präskriptives Training, Learning und Development Analytics	• Wie wahrscheinlich ist es, dass ein Training von Personen mit X Jahren Berufserfahrung als hilfreich bewertet wird? • Wann profitieren Projektteams (z. B. nach Verkürzung einer Deadline oder bei Konflikten mit der Führungskraft) von welchem Teamentwicklungstraining? • Um wie viele Prozente wird der „Engagement Score" steigen, wenn Budget X für Trainingsmaßnahmen eingesetzt wird?

Abbildung 29: Beispielhafte Fragen für Training, Learning und Development Analytics, organisiert nach verschiedenen analytischen Reifegraden

9.1 Technologische Trends als Grundlage von Training, Learning und Development Analytics

Fast alle Lernaktivitäten einer/eines Beschäftigten hinterlassen Datenspuren, die potenziell für Training, Learning und Development Analytics genutzt werden könnten (Marr, 2018a). Es fallen beispielsweise Datenspuren an, die anzeigen, wie gut ein Abschlusstest bestanden wird, wie lange sich Mitarbeitende mit Lerninhalten beschäftigen, wie gut sie die Lerninhalte verstehen, welche sie wählen, welche sie überspringen, welche sie weiterempfehlen. Die Datenspuren sind Feedback an diejenigen, die die Lernangebote zusammengestellt und entwickelt haben. Lernen, Entwicklung und Bildung basieren auf Feedbackschleifen (Law of Effect; Thorndike, 1905), sei es durch direktes Feedback auf Basis von Reinforcement/Verstärkung (Practice-Based Learning), durch indirektes Feedback beim Modelllernen (Behavior Modeling), durch das Erleben von Selbstwirksamkeit (Demonstration-Based Learning) oder durch Wissens- und Erkenntniszuwachs (Information-Based Learning; Kluge & Hagemann, 2019; Kluge, 2021). Traditionelle Lernformen im Kontext von Qualifizierung und Weiterbildung brauchen für diese Feedbackprozesse bisher eine/n Seminarleiter:in, der/die ein Problem präsentiert, welches die Lernenden zu lösen versuchen. Ausgehend von den Problemlöseversuchen der Teilnehmenden lernt der/die Seminarleiter:in, was die Teilnehmenden bereits verstanden haben und was nicht, und passt seine/ihre Instruktion an (Marr, 2018a). Digitale Technologien ermöglichen es, diese Feedbackschleifen zu unterstützen und viele hunderte bis tausende Beschäftigte im Unternehmen ohne Seminarleiter:in personalisiert und individualisiert beim Lernen zu unterstützen (siehe das IBM-Beispiel „Your Learning" in Abschnitt 9.2).

Die zentralen technischen Entwicklungen der letzten Jahre, die im Kontext von HR-A eine wesentliche Rolle spielen, sind adaptives Lernen, mobiles Lernen, Micro-Learning und Blended Learning. Diese technischen Entwicklungen müssen nicht im Rahmen von HR-A eingesetzt werden, können aber als wichtige Datenquellen und Treiber für lern- und entwicklungsbezogenes HR-A dienen. Nachfolgend werden diese vier Entwicklungen, welche als Treiber für Learning Analytics, Learning Experience und für HR-A gelten, genauer erläutert (Marr, 2018a):

1. *Adaptive Lerntechnologien* ermöglichen es, Kurse, Kurssegmente, Aktivitäten und Testfragen zu personalisieren, um den Präferenzen der Lernenden, dem Lerntempo und der besten Lernmethode gerecht zu werden. Das Online-Lernen ermöglicht es dem Einzelnen nicht nur, in seinem eigenen Tempo zu lernen, sondern bietet auch einen großen Vorteil, der im Bildungssektor zu beobachten ist: die Fähigkeit, zu messen, wie sich einzelne Teilnehmende entwickeln, wie gut sie die Informationen behalten und wo zusätzliche Anleitungen oder Informationen erforderlich sein könnten. Individuelles, selbstgesteuertes Online-Lernen wird als kostengünstiger wahrgenommen, als Beschäftigte für einen Tag oder eine Woche aus ihrem Job herauszunehmen, um sie zu Schulungen zu schicken. Anbieter:innen wie *Zoomi* berichten, dass Lernzeiten durch individualisierte Lernpfade um bis zu 60 % reduziert werden können (vgl. https://zoomi.ai/). Ein 2016 von Pearson und UCL veröffentlichtes Papier zeigt, wie ein KI-System Lernprogramme selbstständig entwickelt, die flexibler, effizienter und integrativer sind als von Menschen entwickelte Lernprogramme (University College London, 2016). Insbesondere KI ermöglicht es, personalisiertes Eins-zu-Eins-Lernen in großem Maßstab anzubieten, was besonders für größere Unternehmen mit einem vielfältigen Netzwerk von Mitarbeiter:innen mit unterschiedlichen Schulungsbedürfnissen von Vorteil ist. Natürlich funktioniert dies in beide Richtungen: Personalisiertes Lernen kann nicht nur im Auge behalten, wie

Einzelpersonen Fortschritte erzielen, sondern ermöglicht es den Lerner:innen auch, sofortiges Feedback zu Kursinhalten und -funktionen zu erhalten.
2. *Micro-Learning* beinhaltet sehr kurze Lerneinheiten, die oft durch kurze Videos von nur wenigen Minuten vermittelt werden. Diese werden in der Regel als Teil eines umfassenderen Kursprogramms bereitgestellt und verwendet, um den Lerner:innen zu helfen, Informationen schneller und einfacher zu verarbeiten oder zu wiederholen.
3. *Mobiles Lernen* ist ein weiterer Trend im Bereich Lernen und Personalentwicklung, da immer mehr Lern- und Schulungsanbieter die Lesbarkeit auf mobilen Geräten mit ihren Programmen unterstützen. Der mobile Zugriff auf Lerninhalte ermöglicht den Beschäftigten die Flexibilität, zu lernen, wann und wo es ihnen angenehm ist, z.B. wenn minimale Ablenkungen wirken.
4. Schließlich ist das *Blended Learning* – das häufig verwendet wird, um die Verbindung von Online-Lernen und Lernen im Seminarraum zu beschreiben – für Unternehmen attraktiv, um die Beschäftigten an ein vermehrt eigenständiges Lernen heranzuführen, ohne von Beginn an komplett auf ein soziales Lernen im Seminarraum zu verzichten. Das Blended Learning kann hier als „Brückentechnologie" gesehen werden, um den Übergang von seminarbasiertem Lernen auf KI-basiertes Lernen mit personalisierten Lernpfaden zu unterstützen.

Werden diese Technologien kombiniert, entstehen Learning-Management-Systeme.

Definition: Learning-Management-Systeme

Lernmanagementsysteme (LMS) sind webbasierte Softwareplattformen, die eine interaktive Online-Lernumgebung bereitstellen und die Verwaltung, Organisation, Bereitstellung und Berichterstattung von Bildungsinhalten und Lernergebnissen automatisieren. LMS werden in erster Linie für Online- oder Blended Learning verwendet, bieten Unterstützung bei der Vermittlung von Kursmaterialien online, ordnen Lerner:innen Lehrveranstaltungen zu, tracken die Lerner:innenleistung, speichern Lerner:innenbeiträge und vermitteln die Kommunikation zwischen den Studierenden und den Instruktor:innen oder Seminarleiter:innen (Turnbull, Chugh & Luck, 2019).

Die durch Learning-Management-Systeme generierten Datenspuren ermöglichen für Organisationen insbesondere das User Modeling, die Modellierung von Wissensgebieten, die Analyse von Trends und Mustern sowie die Personalisierung, Individualisierung und Anpassung von Lernmaterial an die Lerner:innen (Siemens, 2013). Für HR-A im Kontext von Lernen und Entwicklung ist es insbesondere von Interesse, Lernverhalten beispielsweise auf der Basis von Trends und Mustern zu verstehen, weswegen wir diesen Aspekt im Folgenden vertiefen werden.

9.2 Learning Analytics und Learning Experience Management

Die genannten Technologien ermöglichen die Verknüpfung von verschiedenen Datenspuren im Rahmen von Learning Analytics. *Learning Analytics* ist im Kontext der Personalentwicklung die kognitive Hilfe (Cognitive Aid), um aus den verfügbaren Daten verbundene Strukturen zu generieren und diesen damit einen Sinnzusammenhang zu geben (Siemens, 2013). Das bedeutet, dass Learning Analytics versucht, aus den „nebenbei" generierten Daten, die durch die zuvor beschriebenen Technologien anfallen, oder aus den Learning-Management-Systemen Informationen für die Gestaltung des Lernens zu ziehen.

Definition: Learning Analytics

Learning Analytics ist die Erfassung, Sammlung, Analyse und das Reporting von Daten von Lerner:innen und ihren Kontexten, mit dem Zweck, das Lernen sowie die Umgebung, in der das Lernen geschieht, zu optimieren (Siemens, 2013). In die Entwicklung von Learning Analytics sind technische Entwicklung wie die Zitationsanalyse, soziale Netzwerkanalyse, User Modeling, kognitive Modellierung, digitale Tutoren, Knowledge-Discovery-Datenbanken, adaptive Hypermedia und E-Learning eingeflossen.

Learning Analytics soll ein besseres Verständnis darüber ermöglichen, wie Personen lernen, wie Wissensweitergabe funktioniert, was als ein „intelligenter Inhalt" dienen kann und was Personalisierung und adaptive Lernpfade für das eigene Unternehmen bedeuten (Siemens, 2013). Für Learning Analytics können sowohl statische Daten von Lernenden als auch dynamische Daten über Aktivitäten (und den Kontext) von Lernenden, die z.B.in Learning-Management-Systemen gesammelt werden, verwendet werden. Die statischen und dynamischen Daten werden nahezu in Echtzeit analysiert sowie visualisiert und können auf diese Weise Lehr-Lern-Prozesse und Lernumgebungen modellieren sowie unterstützen (vgl. Ifenthaler, 2015).

Als Learning-Analytics-Indikatoren lassen sich (1) sozio-demografische Variablen der Lerner:innen (z.B. Geschlecht, ethnische Zugehörigkeit, familiärer Hintergrund), (2) kognitive Fähigkeiten und Berufsabschlüsse (z.B. Notendurchschnitt), (3) individuelle Eigenschaften (z.B. Lernpräferenzen oder Lernstiele), (4) aktives Lernen und Aufmerksamkeit sowie (5) Umweltfaktoren (wird im Betrieb gelernt oder zu Hause?) im Zusammenhang mit Unterstützungsmaßnahmen identifizieren, die Voraussetzungen und Gelingensbedingungen auf Lerner:innenseite zu verstehen helfen (Ifenthaler & Greiff, 2022).

Durch die Nutzung von mobilen Endgeräten, Learning-Management-Systemen (LMS) und Social-Media-Anwendungen hinterlässt jede/r Lerner:in Datenspuren. Beschäftigte, die sich in einem LMS einloggen, hinterlassen Datenspuren zu ihren Navigationsmustern, Pausen, Lesegewohnheiten, Schreibgewohnheiten, sogenannte „Attention Metadata" (Wolpers, Najjar, Verbert & Duval, 2007). Diese Datenpunkte sind an sich gegebenenfalls noch mehrdeutig und erfordern eine zusätzliche und vertiefte Exploration, um sie zu verstehen. Beispielsweise könnten die Daten anzeigen, dass eine Person eine ausgedehnte Pause nach dem Lesen eines Online-Textes macht. Heißt das z.B., der/die Lerner:in ist abgelenkt? Oder mit anderen Dingen beschäftigt? Oder hängt er/sie an einem Konzept im Text fest, welches er/sie zu verstehen versucht? Das Analyseergebnis kann bei solch mehrdeutigen Ergebnissen zum Beispiel Anlass für HR sein, bei eben diesen Inhalten „genauer hinzuschauen". Wird ein solcher Trend in den Daten entdeckt (Lernende verweilen an Stelle X eines Online-Textes länger als an anderen Stellen), könnten Erfahrungswerte durch persönliche Gespräche mit den Lernenden eingeholt werden, um potenziellen Problemen beim Lernen vorzubeugen.

Ganz konkret können für eine Organisation verschiedene Formen von Learning Analytics hilfreich sein. Ifenthaler und Greiff (2022) unterscheiden *Social Learning Analytics* von *Assessment Analytics* und *Curriculum Analytics.*

- *Social Learning Analytics.* Für diese Form der Analysen werden Daten von sozialen Interaktionen (z. B. aus Diskussionsforen oder sozialen Netzwerken) verwendet. Im Fokus der Analysen sind die Art der Einbeziehung von Lernenden in kollaborativen Lernprozessen und die Visualisierung von z. B. Netzwerkstrukturen sowie deren Dynamiken im Hinblick auf gewünschte Lernergebnisse, z. B. bei einer Projektarbeit (Ifenthaler & Greiff, 2022).
- *Assessment Analytics* betrachten die Diagnose und Bewertung von Lernprozessen und -ergebnissen. Neben der summativen Erfassung eines Lernfortschritts und dem Erwerb von Kompetenzen steht die formative Analyse von Lernprozessen im Zentrum. Die Analytics-Ergebnisse dienen in Echtzeit dazu, individuelles Feedback und individuelle Unterstützungen (sogenannte Scaffolds) im Hinblick auf individuelle Bedarfe anzupassen, um den Lernprozess in „Realtime" zu verbessern beziehungsweise die Lerner:innen davor zu bewahren, frustriert zu werden (Ifenthaler & Greiff, 2022). Ein Review von Ifenthaler und Yau (2020) mit über 6.000 gesichteten Publikationen zeigt, dass Learning Analytics als datengestützte Methode zur Erkennung von Risikosituationen, d. h. Situationen, in denen das Risiko besteht, dass man die Lerner:innen „verliert", in Verbindung mit individuellen Echtzeit-Unterstützungsangeboten eingesetzt werden kann, um Lerner:innen zu individuellem Erfolg zu verhelfen.
- *Curriculum Analytics* beziehen sich auf Fragen der Konsistenz und Qualität von Aus- und Weiterbildungsprogrammen sowie einzelner Lernangebote. Die Analytics-Resultate werden dazu eingesetzt, die didaktische Dramaturgie von Lerninhalten zu prüfen, redundante Lerninhalte zu entdecken und Eingangsvoraussetzungen zu identifizieren (Ifenthaler & Greiff, 2022).

Die Weiterentwicklung von Learning-Management-Systemen ist die *Learning-Experience-Plattform,* welche über die bereits vorgestellten Technologien hinausgehend die Möglichkeiten einer KI nutzt. Eine Learning-Experience-Plattform (LXP) ist eine lerner:innenzentrierte Software, die personalisierte Lernerlebnisse schaffen soll und Beschäftigte in einem Unternehmen dabei unterstützen kann, neue Lernmöglichkeiten für sich zu entdecken (Liebert & Talg, 2018). Eine LXP kombiniert Lerninhalte aus verschiedenen Quellen, Empfehlungen und Bereitstellung mithilfe von KI-Systemen über alle digitalen Touchpoints hinweg, z. B. als Desktop-Applikation oder mobile App (Valamis Group, 2022). Die technischen Voraussetzungen einer Learning-Experience-Plattform, um weitere im Unternehmen existierende Systeme und Tools zu integrieren, unterscheidet sie von anderen Lern-Ökosystemen vorheriger Generationen. Durch Zugriff auf die Daten und Funktionen weiterer existierender Umgebungen sowie die Ergänzung um Funktionen wie KI-Systeme und Data Analytics, erkennen LXPs proaktiv Lernbedarfe und Defizite und ermöglichen es, Lernstrategien zu definieren, um diese Bedarfe zu schließen. Wenn Learning-Experience-Plattformen zusätzlich mit weiteren im Unternehmen verfügbaren Data Analytics Engines (ein IT-bezogener Service beziehungsweise Anwendung, als technische Umgebung zur Entwicklung und Implementierung erweiterter Analyseanwendungen) mit Bezug zu den Geschäftszahlen kombiniert werden, können diese Einblicke in Key Performance Indicator (KPIs), darunter auch der Return on Investment, Geschäftsergebnisse und Verknüpfungen zwischen Lern- und Arbeitsleistung (On-Job Performance), ermöglichen.

Gerade für Großunternehmen, die Trainings- und Entwicklungsprogramme für die Beschäftigten in allen Teilen der Welt für viele verschiedene Lernkulturen und Sprachregionen entwickeln, kann eine Learning-Experience-Plattform hilfreich sein (Liebert & Talg, 2018). Konkrete Beispiele nützlicher Funktionen sind:

- die Verarbeitung von natürlicher Sprache oder von natürlicher Kommunikation in verschiedenen Sprachen (z. B. Chatbot für unterschiedliche Sprachregionen),
- Textgenerierung und Übersetzung (auf Basis von nicht sprachlichen Daten, z. B. die Übersetzung eines Sprechers/einer Sprecherin, der/die ein Video erläutert, in einen Text, der wiederum als Untertitel in verschiedenen Sprachen genutzt werden kann),
- Text-to-Speech (das „Vorlesen" von Texten für Personen mit Sehbehinderung),
- automatische Bild- und Video-Verschlagwortung für eine effiziente Nutzung innerhalb eines Learning Content Management,
- Emotionserkennung bei Lernenden (wann ist ein/e Lerner:in frustriert, wann gelangweilt, wann überfordert?),
- übergeordnete kognitive Prozessautomatisierung („Robotic Process Automation") bei Aufgaben, die standardisiert werden können, die eine begrenzte Anzahl von Regeln beinhalten. Dies bezieht sich z. B. auf den Einsatz von Chatbots oder die Erstellung individueller Lernpfade auf der Basis von Kompetenzabgleichen.

Auf der Basis dieser Technologien kann eine LXP mithilfe von KI-Systemen individuelle Lernpfade für jede/n Mitarbeiter:in entwickeln und Lernmaterialien individuell zusammenstellen.

> Stellen Sie sich Wartungsmitarbeiter:innen für einen führenden Hersteller von Aufzügen vor, dessen Aufzüge in Hochhäusern überall auf der Welt, z. B. Essen, Singapur, New York und Moskau, gewartet werden. Die Wartungsmitarbeiter:innen können in den jeweiligen Sprachen individualisierte Lernpfade durchlaufen und erreichen dennoch das vorgegebene Qualifikationsziel im Sinne eines kompetenzorientierten Trainings.

Beim *kompetenzorientierten Training* (Competency-Based Training; Gervais, 2016) ist das Ziel einer Intervention nicht das „dort gewesen zu sein" (im Sinne eines „Ich habe ein Seminar besucht"), sondern der Erhalt, der Erwerb oder der Ausbau einer Kompetenz gemessen an den Ansprüchen einer beruflichen Anforderungssituation. Kompetenzorientierte Ausbildung ist ein Ansatz zur Befähigung von Beschäftigten für die Herausforderungen ihrer beruflichen Praxis, der grundlegend auf die Verhaltensergebnisse ausgerichtet ist (und nicht auf theoretisches Wissen) und in ihrem Vorgehen auf Kompetenzen, die dafür benötigt werden, die aus einer Analyse der gesellschaftlichen und unternehmensbezogenen Bedürfnisse abgeleitet sind (Frank et al., 2010).

Definition: Kompetenzen

Kompetenzen bestehen aus einer Kombination von Fähigkeiten, Wissen, Fertigkeiten, Einstellungen und Persönlichkeitsmerkmalen (Liebenow, Uedelhoven, Stricker & Nachtwei, 2020; siehe Abschnitt 9.4), die eine Person befähigen, eine Tätigkeit professionell und überdurchschnittlich erfolgreich auszuführen (siehe auch Kapitel 5).

> So ist das Ziel des Trainings der Wartungsmitarbeiter:innen (siehe Beispiel oben) nicht, dass diese ein Seminar besucht haben. Das Ziel des Trainings muss sein, dass die Wartungsmitarbeiter:innen im Sinne des Competency-Based Training bei der Kundschaft vor Ort einen Aufzug warten und gegebenenfalls unter Zeitdruck einen Aufzug reparieren können, und dabei gleichzeitig die aufgebrachten Kunden und Kundinnen und gegebenenfalls auch im Aufzug eingeschlossene Personen beruhigen.

Da eine LXP einen „Single Point of Entry" bietet (Personen loggen sich auf der zentralen Plattform ein), ist anschließend auch eine Learning-Analytics-Auswertung möglich: Was gibt jemand in die Suche ein, welchen Links folgt die Person, wo verweilt sie besonders lange? Des Weiteren ist die Verbindung mit sozialen Netzwerken möglich, mit der Corporate-Plattform und den Learning-Management-Systemen.

> Ein Beispiel in Anlehnung an Liebert und Talg (2018) soll die Möglichkeiten verdeutlichen: Die Wartungsmitarbeiter:innen des Fahrstuhlherstellers zeichnen ein Web-Based Training zu einer neuen innovativen technischen Komponente im sogenannten Learning Record Store auf, welches automatisch in verschiedene Sprachen übersetzt wird. Parallel wird ein Quiz (ebenso in verschiedenen Sprachen) entwickelt, welches zusammen im Team vor Ort nach dem Anschauen des Videos in einer Quiz-App gelöst werden soll. Die Daten der Quiz-App werden (in diesem Fall anonym) im Bereich Business-Intelligence-System ausgewertet und anschließend werden Empfehlungen ausgesprochen, an welcher Stelle nachjustiert werden muss, z. B. welche bisher fehlenden Inhalte zusätzlich über die Learning World erstellt werden sollen (z. B., wenn im Quiz viele Fragen nicht korrekt beantwortet wurden).

Eine *unternehmensspezifische personalisierte Lern-KI* (die hinter einer Learning-Experience-Plattform steckt) trägt dazu bei, die Entwicklung von Kompetenzen auf der Ebene einzelner Beschäftigter zu beschleunigen (Guenole & Feinzig, 2018; Liebert & Talg, 2018). Ein vielversprechender Ansatz ist z. B. das KI-Tagging von Lerninhalten. In der Vergangenheit hingen die Inhalte, die eine Person im Learning-Management-System fand, weitgehend von den Beschreibungen ab, die die Entwickler:innen mit dem Training verknüpft und hochgeladen hatten. Diese Beschreibungen werden als *Metadaten* bezeichnet. Es kam also sehr auf die Entwickler:innen an, was die Lernenden finden konnten, wenn sie ein Schlagwort eingegeben haben. Anders ist es beim *KI-Tagging*. Mit KI-Tagging werden Inhalte wie Bilder und Dokumente, die in Learning-Management-Systeme hochgeladen werden, durch KI-Technologien mit Metadaten angereichert. Dies hilft Lernenden dabei, die für sie relevanten Trainingsinhalte zu finden und effizienter zu nutzen (Guenole & Feinzig, 2018).

Zu den wesentlichen Komponenten einer personalisierten Lern-KI gehören:

- *Offene Lernplattform:* Diese integrieren Mitarbeiter:innen- und Lerndaten aus verschiedenen Quellen und bringen alle relevanten Inhalte für den Zugriff von jedem Gerät aus zusammen – sodass das Lernen überall und jederzeit stattfinden kann.
- *Mitarbeiter:innenspezifische Lernempfehlungen:* Diese bieten personalisierte Lernempfehlungen, die auf die berufliche Rolle, den Geschäftsbereich, die Fähigkeiten und die persönliche Lernhistorie zugeschnitten sind und die eine kontinuierliche Mitarbeiter:innenentwicklung und den Kompetenzzuwachs fördern.
- *Inhaltskanäle:* Lerninhalte sind so organisiert, dass eine Vielzahl von Anforderungen, Wünschen und Interessen unterstützt werden können. Das führt zu einer einfachen Navigation und zu einer kontinuierlichen Aktualisierung von Inhalten bezogen auf sich verändernde Organisationsziele und Strategien.

Die Lern-KI kann zudem verwendet werden, um ein Gesamtbild in Form eines Lern-Dashboards zu erstellen, das abbildet, wie es der Organisation im Bereich des Lernens und der individuellen Entwicklung „geht". Dashboards können z. B. anzeigen, ob und inwiefern sich Qualifikationslücken im Unternehmen über die Zeit und durch gezielte Programme schließen.

Ein Learning-Analytics-Rahmenmodell kann anschließend wie in Abbildung 30 dargestellt aussehen, welches an das holistische Rahmenmodell von Ifenthaler und Greiff (2022) angelehnt ist. In der Lernumgebung treffen die Lerner:innen auf die Lernmaterialien, didaktische Methoden und verschiedenartige Testverfahren, die den Lernerfolg erfassen. Die Informationen z.B. über die Zeit, die jemand mit bestimmten Materialien verbringt, oder Testfragen, die richtig oder falsch beantwortet werden, werden von der sogenannten Analytics Engine verarbeitet.

Definition: Engine

Eine *Engine* kann als komplexes, spezialisiertes Programm beschrieben werden. Die Datenanalysesoftware SPSS könnte man in diesem Sinne auch als eine Data Analytics Engine bezeichnen. Die gesamte Funktionalität eines sogenannten „Data Warehouse" kann als Engine gesehen werden. Man kann sich das in etwa so vorstellen, dass die genannten Engines jeweils komplexe Programmstrukturen sind, die für einen speziellen Bereich (wie Datenanalyse, Personalisierung oder Reporting) die dazugehörigen Funktionalitäten umsetzen.[3]

Die Analytics Engine arbeitet zum einen mit einer Personalisierungs-Engine zusammen, die die Lerninhalte gemäß dem Nutzungsverhalten, den Lerner:innenpräferenzen, den Voraussetzungen, den Assessmentergebnissen anpasst und somit z.B. die Lernmotivation dauerhaft fördert. Die Analytics Engine ist ebenso verknüpft mit der Reporting Engine, die wiederum die Aufgaben des Curriculum Analytics erfüllt, um das gesamte Lernprogramm und dessen Sequenz und Dramaturgie auf Konsistenz zu prüfen und mit den übergeordneten Zielen zu vergleichen.

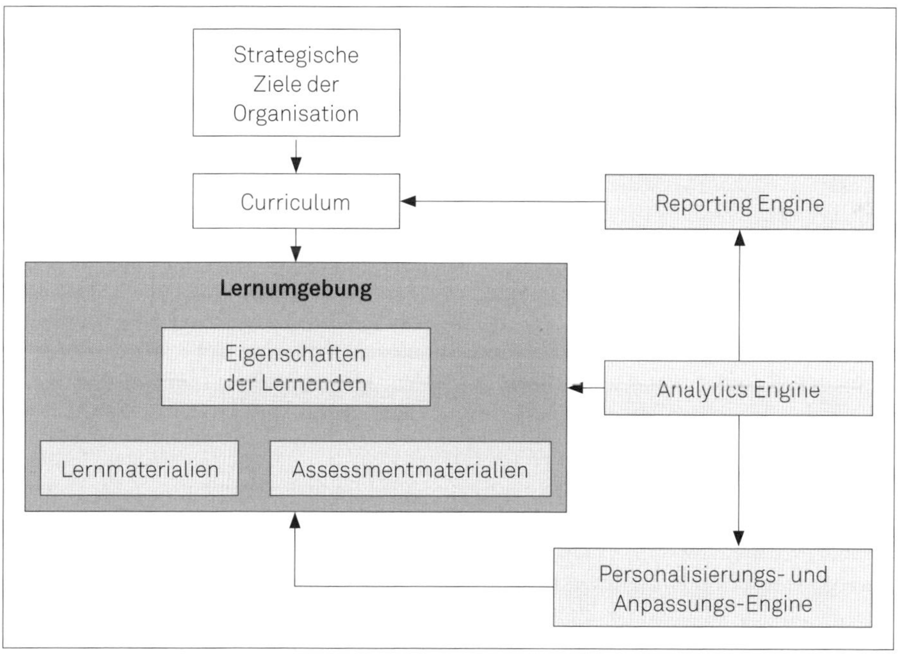

Abbildung 30: Learning-Analytics-Rahmenmodell

3 Wir danken der Kollegin Prof. Dr. Ute Schmid, Universität Bamberg, für die „Übersetzungshilfe".

Ein Anwendungsbeispiel: „Your Learning“

Mithilfe von KI hat IBM „Your Learning“ entwickelt: einen vielseitigen personalisierten digitalen Marktplatz für das Lernen, der vierteljährlich von 98 % der Mitarbeiter:innen besucht wird (Guenole & Feinzig, 2018). IBM-Mitarbeiter:innen absolvieren durchschnittlich 60 Lernstunden pro Jahr. Die Mitarbeiter:innen können dabei sehen, was bei den Kollegen/Kolleginnen an Themen beliebt ist, sich gezielt für Lernkanäle anmelden und sich darüber informieren, welche Kompetenzen sie erwerben müssen, um sich auf andere Positionen zu bewerben sowie sich auf ein Bewerbungsgespräch vorzubereiten. Ein lernender Chatbot beantwortet die Fragen der IBM-Mitarbeiter:innen rund um die Uhr („24/7“). Guenole und Feinzig (2018) zufolge erhöht die KI-gesteuerte Lernplattform von IBM die Einschreibungen für Kurse sowie die Anzahl der Kursabschlüsse und beschleunigt somit den strategischen Kompetenzerwerb. IBM hat in diesem Kontext einen statistischen Zusammenhang zwischen der Nutzung von Your Learning und dem allgemeinen Engagement aufzeigen können. IBM-bezogene Business-Impact-Studien zeigen eine direkte Korrelation zwischen Lernaktivitäten der Mitarbeiter:innen und den organisationalen Ergebnissen (Guenole & Feinzig. 2018). Da die Halbwertszeit von Wissen, Fähigkeiten und Fertigkeiten schrumpft, stellt KI-basiertes Lernen für IBM sicher, dass die Fähigkeiten der IBM-Belegschaft aktuell bleiben.

9.3 Actionable Analytics in der Personalentwicklung

Im Unternehmenskontext soll aber nicht primär das Lernen an sich verstanden werden, sondern der Zusammenhang zwischen den Lern- und Entwicklungsaktivitäten der Beschäftigten und der Erreichung des Unternehmensziels. Es zeigen sich Verbindungen zu anderen HRM-Themen, wie z. B. dem Retention Management (siehe Kapitel 10). So berichtet Olenski (2017), dass 40 % der neu Beschäftigten schlechtes Training als Grund dafür nannten, die Organisation, bei der sie gerade erst begonnen hatten, wieder zu verlassen.

Während man im angloamerikanischen Sprachraum die Begriffe Learning and Development, Vocational Education and Training (VET) für gezielt geplante individuelle Veränderungs- und Entwicklungsprozesse von im Unternehmen Beschäftigten nutzt, haben sich im deutschsprachigen Raum die Begriffe Personalentwicklung, betriebliche Aus- und Weiterbildung, Kompetenzmanagement sowie Talent Management etabliert. Im Folgenden nutzen wir den Begriff der Personalentwicklung als Überbegriff.

Personalentwicklung gilt als ein zentrales Aktivitätsfeld des strategischen Human Resource Management. Human Resource Management ist die Summe der mitarbeiter:innenbezogenen Gestaltungsmaßnahmen zur Verwirklichung der strategischen Unternehmensziele (Holling & Liepmann, 2007; Jackson, Schuler & Jiang, 2014; Wright & McMahan, 1992). Eine strategische Personalentwicklung entwickelt langfristig die notwendigen „Human Resources“ in quantitativer, qualitativer, räumlicher und zeitlicher Hinsicht (Kluge, 2021). Wie kann HR-A im Bereich der Personalentwicklung Entscheidungen sinnvoll und zielbezogen unterstützen und verbessern?

Um die Auswirkungen oder die Wirksamkeit eines Interventionsprogramms, wie einer Personalentwicklungsmaßnahme, richtig bewerten zu können, ist wie oben bereits eingeführt, eine Bewertung der Veränderungen erforderlich (Edwards & Edwards, 2019). Dies kann beispielsweise eine Veränderung von handlungsleitenden Einstellungen, Wahrnehmungen des Wissens oder des direkten Verhaltens der Mitarbeiter:innen sein (Kluge, 2021; Kluge & Hagemann, 2019). Damit man behaupten kann, dass eine Intervention Wirkung gezeigt hat, muss sich nach ihrer Einführung etwas geändert haben, denn in den meisten Fällen besteht der Grund für die Einführung einer HR-Intervention darin, dass sie etwas bewirken soll. Allerdings kann es auch Situationen geben, in denen die HR-Funktion eine Intervention einführen möchte, um Veränderungen zu verhindern (z. B. um sicherzustellen, dass positive Einstellungen oder Verhaltensweisen erhalten bleiben und sich nicht verringern), z. B. wenn Refresher-Trainings zum Fertigkeitserhalt eingesetzt werden.

Weitere Fragestellungen, die im Sinne eines HR-A-Projekts für Unternehmen relevant sind, sind Fragen nach der bestmöglichen Gestaltung (im Sinne von Zeit, Aufwand) im Hinblick auf die Wirkung (Resultat) von gesetzlich vorgeschriebenen Qualifizierungsmaßnahmen, wie z. B. Sicherheitsschulungen für Wartungsarbeiter:innen. Das Resultat von Sicherheitsschulungen soll eine höhere Sicherheit und damit eine reduzierte Anzahl von Unfällen sein. Wie lässt sich das Ziel am besten erreichen? Reicht eine „mündliche Unterweisung" von circa 10 Minuten? Brauchen wir zum Erwerb einer Kompetenz eine praktische Unterweisung durch einen/eine Anleiter:in? Können Augmented-Reality-Anwendungen helfen, wichtige sicherheitsbezogene Schritte nicht auszulassen, oder reicht eine papierbasierte Checkliste?

Datenverknüpfungen, die ein Unternehmen im Zusammenhang mit der Personalentwicklung für eine Analyse besonders interessieren, sind solche im Sinne von „Actionable Analytics" (Rasmussen & Ulrich, 2015). Bei Actionable Analytics geht es zunächst um die Beantwortung der zentralen Fragen, was genau das Ziel des HR-A-Projekts sein soll:

- Soll eine Auswahl oder eine Entscheidung getroffen werden (z. B. zwischen verschiedenen Trainingsprogrammen oder Lernformen)?
- Sollen Hypothesen entwickelt werden, die bei der Vorhersage von personalentwicklungsbezogenen Ergebnissen helfen (z. B. wie sich Lernende mit unterschiedlichen Lernvoraussetzungen durch verschiedene Lernformen entwickeln werden)?
- Sollen Empfehlungen für konkrete Handlungen gegeben werden (z. B. im Rahmen eines Veränderungsprojekts sollen verschiedene Lernangebote entwickelt werden – welche Empfehlung kann dazu abgegeben werden)?

Im Folgenden geht es um Entscheidungen in Bezug auf einzelne Trainingsprogramme. Ein HR-A-Projekt sollte sich bei jeder Einzelintervention mit drei Schlüsselfragen auseinandersetzen (Edwards & Edwards, 2019):

1. Was genau erwarten wir von dieser Intervention beziehungsweise was erwarten wir zu sehen, wenn die Veränderung eingetreten ist? Auch die Effektgröße sollte hier eine Rolle spielen, nämlich die Frage, wie groß eine Veränderung sein sollte, damit sich die Intervention „rechnet".
2. Welche möglichen Messgrößen oder Metriken sind derzeit verfügbar, die helfen könnten, diese erwartete Veränderung zu messen?
3. Müssen wir Kennzahlen, einen Index oder eine Metrik erst erstellen, um die Auswirkungen der Intervention zu bewerten?

Unabhängig von der Art der erwarteten Änderung, die für das HR-A-Projekt im Zentrum steht, ist eine Vorher-Nachher-Messung mit verschiedenen Möglichkeiten der quasi-experimentellen Zeitreihendesigns erforderlich. Vertiefende Literatur zu den Vor- und Nachteilen verschiedener Evaluationsdesigns in der Personalentwicklung und besondere Aspekte im Hinblick auf Herausforderungen für die interne und externe Validität finden Sie bei Cook und Campbell (1979), Goldstein und Ford (2002), Kluge und Hagemann (2019), Kluge (2021), Wottawa und Thierau (1990) sowie bei Thierau-Brunner, Wottawa und Stangel-Meseke (2006).

Die besonderen Herausforderungen bei einem interventionsbezogenen HR-A-Projekt beziehen sich auf das „Herausrechnen“ von Zeit- vs. Interventionseffekten (Cascio et al., 2019; Edwards & Edwards, 2019). Gerade in der Trainingsevaluation ist es eine besondere Kompetenz, die Auswirkungen anderer, parallel auftretender unternehmensbezogener Veränderungen von der Wirkung der Intervention zu isolieren. Solche „anderen“ Veränderungen können Änderungen bei Führungspersonen, Veränderungen in der Teamzusammensetzung, neue Entgeltsysteme oder technische Innovationen am Arbeitsplatz sein, die parallel zu der uns interessierenden Intervention auftreten und eine (wie auch immer geartete) Wirkung entfalten. Solche anderen, parallel auftretenden Veränderungen treten auf natürliche Weise am Arbeitsplatz auf. Mit quasi-experimentellen Evaluationsdesigns (und mindestens einer Kontrollgruppe) hat man gute Chancen, natürliche „andere“ unternehmensbezogene Effekte parallel zu den „kausalen“ Effekten einer neuen Intervention zu erfassen und anschließend zu isolieren, um diese nicht mit der Wirkung der Intervention zu vermixen.

> Eines der Beispiele zu Beginn des Kapitels soll hier als Veranschaulichung dienen: Ein neues „Onboarding-Programm“ führt zu einem Leistungsanstieg in den ersten sechs Monaten, der dann aber wieder verschwindet – sollte man das Programm beibehalten? In diesem Beispiel gibt es zwei Herausforderungen: Zunächst muss sichergestellt werden, dass das Onboarding-Programm für eine Leistungssteigerung verantwortlich ist, z. B. indem ein Zeitreihendesign (institutionelle Zyklusanalyse, siehe Thierau-Brunner et al., 2006; Kluge, 2021) mit mehreren Messzeitpunkten vor und nach dem Onboarding-Programm genutzt wird. Zudem ist eine Kontrollgruppe erforderlich, die dazu dient zu messen, was sich ohne Onboarding-Programm zu denselben Messzeitpunkten verändert. Die mehrfachen Messzeitpunkte nach dem Onboarding-Programm können dabei helfen, zu identifizieren, was nach den sechs Monaten, in denen ein Anstieg der Leistung beobachtet werden kann, parallel passiert. Wechseln die Mitarbeiter:innen in andere Abteilungen? Verändert sich dadurch der Kontext inklusive Führungsstil? Erhalten die Mitarbeiter:innen mehr Aufgaben? Führt das Onboarding-Programm zu einer erhöhten Motivation, die sich anschließend im „Alltag“ wieder normalisiert? Schlussfolgerungen dieser Art sind nur auf der Basis von ausgefeilten Evaluationsdesigns möglich, aber mithilfe von Datenintegrationen in einer Organisation durchaus leistbar.

Wer sind die Stakeholder (siehe Kapitel 6) in einem HR-A-Projekt im Bereich des Lernens und der Entwicklung? Die Stakeholder sind im Falle von Trainingsinterventionen die Trainer:innen, Seminarleiter:innen, die Programmverantwortlichen und das Management. Die Trainer:innen sind gegebenenfalls an der Zufriedenheit der Teilnehmer:innen interessiert, die Programmverantwortlichen wollen die Kosten pro Teilnehmer:in sowie den finanziellen Aufwand für die Unterbringung überblicken. Die Managementebene wird aber wissen wollen, inwieweit das Training spezifische Geschäftsergebnisse beeinflusst, welchen Gegenwert das Training erzeugt (im Vergleich zu den eingesetzten Kosten) und wie die Anwendung des Gelernten am Arbeitsplatz sichergestellt werden kann. Die Fragen der Trainer:innen und Programmverantwortlichen (bezogen auf Zufriedenheit und Kosten) ließen sich auch bisher schon beantworten – hinsichtlich eines HR-A-Projekts ist nun aber auch die

Antwort auf Fragen des Managements möglich. Am Beispiel der Stakeholder zeigt sich jedoch der Unterschied in der „Bewertung" von Trainings hinsichtlich Effizienz, Effektivität und unternehmensbezogenem Wert (siehe Tabelle 10), die als relevante Größen bei einem HR-A-Projekt betrachtet werden können. Im Sinne eines kompetenzbasierten Trainings muss das Ziel sein, die Wirkung auf unternehmensbezogenen Maßen abzubilden.

Tabelle 10: Vergleich von Effizienz-, Effektivitäts- und unternehmensbezogenen Maßen in Bezug auf eine PE-Intervention

Effizienzmaße	Effektivitätsmaße	Unternehmensbezogene Maße
Anzahl Personen, die trainiert wurden	Zufriedenheit mit dem Training	Erhöhung der Kund:innenzufriedenheit
Anzahl von Personen, die mit einer bestimmten Lernform trainiert wurden (E-Learning, durch eine/n Trainer:in, virtuell)	Wissen und Fertigkeiten, die durch das Training erworben wurden	Erhöhung der Arbeitsqualität
Anzahl Personen, die erreicht wurden (in einer Population)	Absicht, das Erlernte anzuwenden	Reduktion von Risiken
Kosten des Trainings pro Teilnehmer:in	Erwartung, dass das Training die Arbeitsleistung steigert	Reduktion von Kosten und Anstieg der Verkaufszahlen
Kosten des Trainings pro Stunde	Erwartung, dass die verbesserte Arbeitsleistung die relevanten organisationalen Ergebnisse positiv beeinflusst	Verbesserung des Gewinns

Trainingsevaluation ist bei weitem keine neue Erfindung, sondern hätte auch in den letzten Jahrzehnten bereits wesentlicher Bestandteil von Trainingsentwicklung und -erfolgsmessung sein können. Die vier Ebenen der Evaluation nach Kirkpatrick (1959, 1998) haben bereits in der 1950er-Jahren vorgegeben, auf welchen Ebenen Evaluationsdaten erhoben werden sollten, und werden in einigen gängigen Evaluationsinventaren erfasst (z. B. Ritzmann, Hagemann & Kluge, 2014):

1. *Reaction,* d.h. emotionales Erleben im Training und erlebte Nützlichkeit für den eigenen beruflichen Kontext
2. *Learning,* d.h. (erlebter) Wissens- und Fertigkeitserwerb direkt nach dem Training
3. *Behavior,* d.h. Wissens- und Fertigkeitstransfer am Arbeitsplatz
4. *Outcome,* d.h. positive Wirkung auf organisationale Ergebnisvariablen wie Umsatz, Produkt- und Dienstleistungsqualität.

Die heute verfügbaren Datenspuren in Organisationen ermöglichen es nun, alle vier Stufen zu erfassen und miteinander zu verknüpfen. Bisher waren Personalentwickler:innen meist schon froh, wenn man bis zur zweiten Stufe kam, von der dritten und vierten konnte man meistens nur „träumen“. In wissenschaftlichen Untersuchungen und in damit meist verbundenen aufwendigen Feldstudien war gegebenenfalls noch die dritte Stufe zu erreichen – diese Evaluationen auf Behavior-Ebene blieben allerdings eher (wissenschaftliche) Ausnahmen, als dass sie gelebte Unternehmenspraxis waren. Im Folgenden wollen wir ein Beispiel geben, was heute denkbar ist.

Ein Anwendungsbeispiel: „Values festival“

Das Beispiel aus Edwards und Edwards (2019) führt durch ein Szenario, in dem ein Finanzberatungsunternehmen eine neue Reihe von sozial-verantwortlichen Unternehmenswerten einführen will und in ein „values festival“-Event investiert, das einen ganzen Tag dauert. Alle Beschäftigten können an vielen verschiedenen Aktivitäten teilnehmen. An dem „values festival“ werden die neuen Werte und die Art und Weise, wie sie sich in das tägliche Arbeitshandeln umsetzen, eingeführt: Der zentrale Wert lautet „*Respekt* für wichtige Stakeholder: Gemeinschaften, Kund:innen, Aktionär:innen und Mitarbeiter:innen“. Da das Finanzberatungsunternehmen eine hohe Summe in das „values festival“ investiert, möchte das Management sicherstellen, dass die Werte „greifen“. Daher bitten sie die Agentur, die die jährliche Mitarbeiter:innenbefragung im Unternehmen durchführt, einige Fragen aufzunehmen, die einen Hinweis auf das Engagement der Mitarbeiter:innen für diese neuen Werte geben können. Kurz vor dem Event lassen die Manager:innen (die die Auswirkungen des „values festival“ überprüfen wollten) noch eine Reihe von Fragen in diese extern organisierte Umfrage aufnehmen, die an eine zufällige Stichprobe der Finanzberatung (800 Beschäftigte aus vier strategisch wichtigen Schlüsselfunktionen innerhalb der Organisation) als Online-Link gesendet wird. Die Beschäftigten erhalten die Online-Fragebögen erneut 6 und 12 Monate später. Folgende Punkte werden in die ohnehin regelmäßig durchgeführte Befragung aufgenommen:

- „In meinem Handeln respektiere ich immer die lokalen Gemeinschaften, die mit unserer Finanzberatung verbunden sind.“
- „In meinem Handeln respektiere ich immer die Kund:innen unserer Finanzberatung.“
- „In meinem Handeln respektiere ich immer die Aktionär:innen unserer Finanzberatung.“
- „In meinem Handeln bin ich immer respektvoll gegenüber den Mitarbeiter:innen unserer Finanzberatung.“

Das Interessante ist nun, welche Auswertungen die auf diese Weise erhobenen Daten ermöglichen. Die Daten vor dem „values festival“ können mit denen 6 und 12 Monate danach verglichen werden (Auswertung mit Messwiederholung). Wie viele Personen mit dem „values festival“ erreicht wurden, ist eine Frage der Effizienz. Eine Vorher-Nachher-Messung und die dadurch festgestellte Veränderung wäre eine Frage nach der Effektivität. Letztendlich soll das „values festival“ aber dazu beitragen, einen Mehrwert für die Kund:innen und damit auch für das eigene Unternehmen zu schaffen. Dazu muss die Wahrnehmung des wertbezogenen Handelns durch die Kund:innen auch in den Kund:innenbefragungen erfasst und in den Zusammenhang mit den gewinnorientierten Zielen gebracht werden. Eine Befragung der Mitarbeiter:innen reicht daher nicht aus.

Wenn es um die Frage geht, wie viele finanzielle Ressourcen Trainings- und Personalentwicklungsmaßnahmen in einer Organisation grundsätzlich zugestanden werden sollten, reicht ein HR-A-Projekt auf Interventionsebene nicht aus. Stattdessen muss der analytische Blick geweitet werden. Es geht weniger um eine Vorher-Nachher-Messung und die Feststellung von Veränderungen generell, sondern um die Wertigkeit von Qualifikation (und die damit in die Qualifikation der Beschäftigten getätigten Investitionen) im Vergleich zu alternativen Investitionen. Die dahinterliegende Frage lautet: Welche Rolle spielt es z. B. für die Kund:innenzufriedenheit, dass unser Personal qualifiziert ist? Für was genau ist die Qualifikation relevant? Wo und wie macht Qualifikation einen Unterschied? Ein Fallbeispiel (Rasmussen & Ulrich, 2015) verdeutlicht, was „Actionable Analytics" im Kontext einer organisationalen Betrachtung bedeutet kann.

Ein Anwendungsbeispiel: Bewertung des Beitrags/Nutzen von Qualifikationen

Es geht in diesem Beispiel um die Zusammenhänge zwischen Führungsqualität, Qualifikationen von Beschäftigten und die organisationalen Ergebnisse in Bezug auf Sicherheit, Betriebsleistung und Kund:innenzufriedenheit bei einem Offshore-Bohrunternehmen. Das Ausgangsproblem: Das Bohrunternehmen verzeichnete erhebliche Leistungsunterschiede zwischen ähnlichen Bohrgeräten, die unter ähnlichen Bedingungen betrieben wurden. Das Bohrunternehmen stand gleichzeitig vor der Herausforderung, innerhalb eines Zeitraums von vier Jahren um 40 Prozent zu wachsen. Das Top-Management, einschließlich des Vorstands, war daran interessiert, Folgendes zu identifizieren:

- Was erklärt die Varianz in der Leistung zwischen den Bohrinseln?
- Wie kann dieses Wissen effektiv auf neu in Betrieb genommene Bohrinseln angewandt werden?
- Wie können die Ergebnisse genutzt werden, um potenzielle Kund:innen davon zu überzeugen, dass das Unternehmen die versprochenen Leistungsstandards einhalten und gleichzeitig in einem interessanten Markt erheblich wachsen wird?

Geschäftsanalysen unter Verwendung sowohl qualitativer als auch quantitativer Daten, Erfahrungen aus dem Unternehmen und der Einsichten von Offshore-Führungskräften darüber, was die Leistung erhöht, ergaben starke und signifikante Beziehungen zwischen der Kund:innenzufriedenheit (gemessen über das CRM-System [Customer Relationship Management] des Unternehmens) und (1) der Führungsqualität (gemessen über eine jährliche Beschäftigtenbefragung), (2) der Qualifikation der Mitarbeiter:innen (dokumentiert gemäß den Qualifikationsstandards und -anforderungen), (3) der Sicherheitsleistung (Information entnommen aus dem Sicherheitsmanagementsystem des Unternehmens), (4) der Umweltleistung (sogenannte Spills, die in Übereinstimmung mit den Health, Safety and Environment (HSE)-Systemen gemäß den Standards der Offshore-Industrie dokumentiert werden müssen) sowie (5) den Ergebnissen zur operativen Leistung (über das operative Business-Intelligence-System des Unternehmens).

Die Verknüpfung und Analyse der vorhandenen Daten (über Einheiten im Unternehmen hinweg) zeigte: Bei der Kund:innenzufriedenheit ging es zwar primär um die betriebswirtschaftlichen Ergebnisse (in diesem Fall Bohrleistung/Betriebszeit). Aber auf eben diese betriebswirtschaftlichen Ergebnisse haben ganz bestimmte menschliche Faktoren einen Einfluss, die in einer Wirkungskette miteinander verbunden sind: Führungskräfte, die bei verschiedenen Standard-Führungsaufgaben positiver bewertet werden, haben eine geringere Personalfluktuation. Die geringere Fluktuation ist wiederum mit einer höheren Kompetenz der Beschäftigten in dem Team verbunden (da weniger neue Mitglieder trainiert werden müssen), was wiederum mit einer erhöhten Sicherheitsleistung zusammenhängt, d.h. wiederum weniger „Spill" und weniger Wartungsarbeiten (durch qualifizierteres Personal und weniger Zeit, die benötigt wird, um Equipment zu reparieren), was sich ebenso positiv auf die Kund:innenzufriedenheit auswirkt. Das heißt konkret: Schlechte Führung führt zu höherer Personalfluktuation und zu schlecht qualifizierten Mitarbeiter:innen, die die technischen Hilfsmittel vor Ort falsch einsetzen und damit die Kosten für Reparaturen und die Zeit bis zur Fertigstellung erhöhen sowie die Kund:innenzufriedenheit reduzieren.

Was kann das Unternehmen mit einem derartigen HR-A-Ergebnis nun im Hinblick auf Personalentwicklung anfangen? Das HR-A-Team konnte auf Basis der Daten empfehlen, sich auf die Verbesserung der Führungsqualität (durch Führungskräftetraining und verbesserte Auswahl), den Kompetenzerwerb und -erhalt der Beschäftigten (Qualifizierungsbudget und -kontrollen) und die damit verbundenen Wartungskosten zu konzentrieren. Mithilfe von Scorecards in den Unternehmenseinheiten wurden auf diese Art die Ergebnisse im gesamten Unternehmen an alle Führungskräfte und Mitarbeiter:innen sowie an bestehende und potenzielle Kund:innen kommuniziert. Im Hinblick auf die Kommunikation der Ergebnisse wurde, obwohl in diesem HR-A-Projekt fortgeschrittene statistische Methoden wie logistische Regressionsmodelle auf Längsschnittdaten genutzt wurden, das Storytelling für ein (technisches) Geschäftspublikum gewählt, da es dem Unternehmen wichtig war, die Geschichte gemeinsam mit den vielen Stakeholdern zu gestalten. Die Analysen wurden dann zum Einstieg in ein Change Management Prozess genutzt.

9.4 HR-Analytics und Kompetenzmanagement

Strategische Personalentwicklung wird in der Praxis auch häufig strategisches Kompetenzmanagement genannt. Das strategische Kompetenzmanagement vergleicht die zukünftig benötigten Kompetenzen mit den aktuell vorhandenen Kompetenzen anhand eines *Kompetenzmodells*. Diese haben wir bereits in Kapitel 5 im Kontext der notwendigen Kompetenzen für HR-Analyst:innen kennengelernt. Zur Erinnerung: Kompetenzmodelle sind vergleichbar mit einem Anforderungskatalog an Mitarbeiter:innen, in welchem die Kompetenzen zur Leistungserbringung und Problemlösung messbar und dokumentiert sind (Kluge, 2021). Leitfragen für die Erstellung eines entsprechenden Anforderungskatalogs können sein:

- Welche Kompetenz erwarten unsere Kund:innen von uns in den nächsten drei Jahren?
- Welche Technologien müssen wir in Zukunft beherrschen?
- Was machen wir besser als unsere Mitbewerber:innen?
- Wie können wir unsere Kompetenzen ausbauen?
- Was machen unsere Mitbewerber:innen besser als wir?
- Was können wir daraus lernen?

Ein *Kompetenzmanagement* ermöglicht eine Integration und Systematisierung aller Prozesse der Personalgewinnung, des Personaleinsatzes und der Personalentwicklung auf Basis von Kompetenzmodellen und nimmt aus Organisationssicht eine zentrale Rolle bei der Umsetzung der Unternehmensziele ein (Sauter & Staudt, 2016). Ein Kompetenzmodell ist das zentrale Umsetzungselement des Kompetenzmanagements, in dem die für die Strategieumsetzung benötigten Kompetenzen systematisch dargestellt werden (Lebrenz, 2017). Kompetenzmodelle unterscheiden sich danach, wie spezifisch sie für einen einzelnen Job sind, oder ob sie eher einen generischen Charakter besitzen und für viele Positionen im Unternehmen anwendbar sind (Sauter & Staudt, 2016).

Ein Kompetenzmodell ist das Bindeglied zwischen Organisationsstrategie und den Personalinstrumenten (wie z.B. dem Nachfolgemanagement, dem Change Management, Mitarbeiter:innenbefragungen, Personalmarketing, Performance Management). Ein strategieorientiertes Kompetenzmanagement geht dabei implizit oder explizit auch von dem selbstorganisierten und eigenverantwortlichen Lernen der Mitarbeiter:innen und Führungskräfte aus und berücksichtigt dabei im Besonderen auch die Unternehmensleitbilder und die Unternehmenswerte.

Kompetenzen sind beobachtbar, messbar und stehen im Zusammenhang mit einer beruflichen Bewährung (Liebenow et al., 2020). Wie in Kapitel 5 eingeführt, beinhalten Kompetenzmodelle Bündel von Fähigkeiten, Fertigkeiten und Persönlichkeitsmerkmalen, die für eine Position als relevant definiert werden, um eine Tätigkeit erfolgreich auszuführen (Campion et al., 2011). Beispiele für generische Kompetenzen, die weltweit für alle Beschäftigten gefordert werden, sind (Gray, 2016):

1. Komplexes Problemlösen
2. Kritisches Denken
3. Kreativität
4. Personalmanagement
5. Koordination mit anderen
6. Emotionale Kompetenz
7. Urteilen und Entscheiden
8. Service-Orientierung
9. Verhandeln und Ergebnisse aushandeln
10. Kognitive Flexibilität

Diese generellen Kompetenzfelder müssen auf die jeweilige Organisation bezogen und organisationsspezifisch definiert werden. Es werden Single-Job-Modelle, One-Size-Fits-All-Modelle und Multiple-Job-Approach-Modelle unterschieden (Kluge, 2021; Liebenow et al., 2020). Häufig finden sich Ansätze für die Entwicklung von Kompetenzmodellen auf Basis von Jobfamilien. Je spezifischer Kompetenzmodelle ausgestaltet sind, desto höher ist die Akzeptanz von Stelleninhaber:innen und HRM'lern, jedoch sind diese aufwendig zu pflegen, nachzuhalten und auch weniger flexibel. Sehr generische Kompetenzmodelle sind dagegen flexibel anzuwenden, aber eben auch wenig aussagekräftig (Sauter & Staudt, 2016). Dies haben wir bereits im Kapitel 5 in Bezug auf die Kompetenzmodelle von HRM-Verantwortlichen gesehen.

Bei der Erarbeitung von Kompetenzmodellen wird zwischen sehr erfolgreichen und durchschnittlichen Stelleninhaber:innen unterschieden (Campion et al., 2011). Gleichsam sollten diese Kompetenzmodelle beschreiben, wie sich Kompetenzen verändern und weiterentwickeln sollten, wenn sich ein/e Beschäftigte:r auf einer bestimmten Position im Sinne einer Laufbahnentwicklung weiterentwickelt. Die Kompetenzmodelle sind dabei direkt mit den organisationalen Zielen und Strategien verknüpft (was mit HR-A-Projekten gezeigt und validiert werden kann) und müssen mit allen weiteren HR-Instrumenten (das Performance Management, Entgeltsysteme, Personalauswahlkriterien etc.) vereinheitlicht und insgesamt angeglichen werden. Wer als Organisation noch keine Kompetenzmodelle hat, wird die Einführung mit einem Change-Projekt verknüpfen (müssen), das – wenn Kompetenzmanagement richtig verstanden wurde – alle HRM-Aktivitätsfelder tiefgreifend verändert und gleichsam miteinander in Beziehung setzt. Denn das Kompetenzmodell beziehungsweise die zur Anwendung kommenden Kompetenzmodelle (für z. B. Jobfamilien) werden anschließend genutzt, um Personal auszuwählen (interne und externe Bewerber:innen, siehe Kapitel 7), Trainingskurse zu entwickeln und deren Beitrag zum Kompetenzerwerb zu evaluieren. Des Weiteren dienen die Kompetenzmodelle dazu, sogenannte Proficiency-Level (Abstufungen in der Expertise) zu definieren, die erreicht sein müssen, um einen weiteren Karriereschritt machen zu können oder auch die Beschäftigten dahingehend zu beraten, wie sie sich weiterentwickeln können und was sie noch dazu benötigen, um befördert zu werden.

Die Kompetenzmodelle werden anschließend ebenso dazu genutzt, die Kompetenz der Beschäftigten sowie deren Kompetenzentwicklungen zu dokumentieren. Ein organisational verknüpftes Kompetenzmanagementsystem im Sinne von HR-A kann dann z. B. auch ein Frühwarnsystem sein, um festzustellen, welche Kompetenzen durch Fluktuation die Organisation „verlassen" und welche nachentwickelt werden müssen (dies ist verknüpft mit dem Thema der Personalbindung und Personalbedarfsplanung, siehe Kapitel 10).

Es geht also nicht nur darum, eine Kompetenz zu beschreiben, sondern auch zu definieren, was es bedeutet, diese Kompetenz (noch) eher schwach oder im Gegensatz dazu stark ausgeprägt zu besitzen. Die Definition von Proficiency-Leveln kann die Transparenz bei den Entscheidungen für Stellenbesetzungen für die Beschäftigten erhöhen, indem sie besser nachvollziehen können, warum sie ein bestimmtes Proficiency-Level noch nicht erreicht haben und deshalb bei einer Stellenbesetzung nicht berücksichtigt wurden. Ebenso können diese Proficiency-Level dazu dienen, den Beitrag zur Erreichung von organisationsbezogenen Zielen auf der Basis von Entlohnungsmodellen für die Beschäftigten zu verdeutlichen. Ein gutes Kompetenzmanagement besitzt zudem das Potenzial, die Mitglieder der Organisation im Hinblick auf ein gewünschtes zukünftiges Ziel zu entwickeln, zu bewerten, auszuwählen, zu fördern und zu belohnen und trägt dazu bei, organisationale Transitionsprozesse zu beschleunigen (Campion et al., 2011).

In Zeiten vor Big Data und der Nutzung von KI waren Personalentwickler:innen und HRM-Verantwortliche vor allem auf ihre Erfahrungen angewiesen, wenn sie Kompetenzmodelle entwickelt haben. Auf Basis sogenannter *Kompetenz-Bibliotheken* (Competency Libraries) konnten Kompetenzmodelle schneller und effizienter zusammengestellt werden. Kompetenz-Bibliotheken nutzen dabei vor allem die Erfahrungen, die in anderen Kompetenzmodellierungsprojekten in der Organisation (gegebenenfalls auch außerhalb) gesammelt wurden.

Die Nutzung von KI kann auch hier unterstützen. Eine KI ermöglicht es, auf Basis einer sinnvollen Datenintegration z. B. Kompetenzen abzuleiten, indem sie die unternehmensspezifische digitale Datenpräsenz der Mitarbeiter:innen z. B. hinsichtlich Leistungen, Kund:innenbewertungen, Führungskräfteeinschätzungen und Auswahltestergebnissen verknüpft und nutzt (Guenole & Feinzig, 2018). Daten können aus Quellen wie Lebensläufen, Leistungsmaßen und digitalen Ausweisen stammen. Sobald die Kompetenzprofile generiert sind, können sie Mitarbeiter:innen und Manager:innen zu einer Validierung zur Verfügung gestellt werden. Diese Art der KI-basierten Kompetenzinferenz kann Unternehmen dabei unterstützen, die „versteckten Juwelen" in einer Organisation zu finden, d. h. die Personen im Unternehmen, die bisher weniger auffielen. Dies kann zum einen im Rahmen des Rekrutierungsprozesses bei der Anforderungsanalyse helfen (siehe Abschnitt 7.1.1). Auf aggregierter Ebene ist es zum anderen möglich, eine „Heatmap" der Kompetenzen eines Unternehmens im Vergleich zu den benötigten Kompetenzen zu entwerfen, sodass Interventionspläne entwickelt werden können, die es Unternehmen und Organisationen ermöglichen, Qualifikationslücken schnell zu schließen (Guenole & Feinzig, 2018).

Beispiel: AI Skill Interference bei IBM

Bei dem von IBM entwickelten Tool „AI Skill Interference" haben die Mitarbeiter:innen über eine Expertise-Management-Schnittstelle Zugriff auf ihre eigenen Kompetenzprofile. Dieser Ansatz spart viele tausend Stunden Arbeit, die zuvor mit dem Ausfüllen von Kompetenzinventaren verbracht wurden. Zudem werden diese Informationen kontinuierlich aktualisiert, um genauere Echtzeit-Einblicke in die Fähigkeiten zu erhalten. Dieser Prozess sei inzwischen zu 85 bis 95% genau, wenn es darum geht, zu identifizieren, welche Qualifikationslücken geschlossen werden müssen (Guenole & Feinzig, 2018).

Ein Verständnis des Nutzens von standardisierten Kompetenzmodellen für viele Aktivitätsfelder im HRM ist jedoch in vielen Organisationen noch nicht sehr ausgeprägt (Schermuly, Schröder, Nachtwei, Kauffeld & Gläs, 2012). Kompetenzmodelle zu entwickeln, erfordert den Weitblick im HRM, ausgehend von der mittel- und langfristigen Strategie der Organisation die dafür benötigten Kompetenzen abzuleiten und daraufhin Diagnoseinstrumente zur Messung und Maßnahmen zu deren Entwicklung zu erarbeiten. Diese Kompetenzmodelle können dann wiederum Ausgangspunkt zur Nutzung von Learning Analytics und Entwicklung von Learning-Experience-Plattformen sein. Ein Kompetenzmanagement sollte ein Bewusstsein dafür schaffen, zukünftige Entwicklungen (z.B. demografischer Wandel, Digitalisierung, Industrie 4.0) und deren Auswirkungen auf den Erfolg der eigenen Organisation sowie die zukünftige Arbeitswelt zu antizipieren und daraus zukünftige Betätigungsfelder der eigenen Organisation abzuleiten (Karwehl & Kauffeld, 2021).

HR-A kann einerseits auf einem schon existierenden beziehungsweise entwickelten Kompetenzmodell aufbauen, um z.B. die Zusammenhänge zwischen den bisher definierten Kompetenzen einer Tätigkeit und den Erfolgskriterien (wie in Abbildung 28 auf Seite 148: Kosten, Zeit, Menge, Qualität und Quantität) zu untersuchen, aber auch dazu beitragen, Kompetenzmodelle auf der Basis von empirischen Zusammenhängen zu entwickeln (z.B. wie unterscheiden sich die erfolgreichen von den weniger erfolgreichen Stelleninhaber:innen?). Im Rahmen eines HR-A-Projekts könnte eine Organisation beispielsweise analysieren, ob unterschiedliche Jobanforderungen in Kompetenzfelder einbezogen werden können (Kongruenz zwischen Anforderungsanalyse und Kompetenzprofilen) und damit die Lücke zwischen Jobanalyse und Kompetenzmanagement schließen. Eine fundierte Schätzung der verfügbaren Kompetenzen in einer Organisation sowie eine Schätzung der zukünftig erwarteten Nachfrage an Kompetenzen kann dann mit der organisationalen Strategie (z.B. mithilfe von Scenario-Analysen) abgeglichen werden. Umgesetzt werden kann dies beispielweise mithilfe von „Corporate Foresight", welches einen Prozess zur Erstellung und Visualisierung von möglichen Zukunftsbildern für eine Organisation unter Einbeziehung von Veränderungen in den organisationalen Umwelten beschreibt. Das Zusammenspiel zwischen der Kompetenzmodellierung, der kompetenzorientierten Personalentwicklung und dem Talent Management ist in Abbildung 31 verdeutlicht.

Die eingangs beschriebenen Möglichkeiten von Learning Analytics und der Learning-Experience-Plattform ergeben nur dann Sinn, wenn eine Organisation über Kompetenzmodelle verfügt. Das Zusammenspiel von Kompetenzmodellen und der Nutzung von Datenspuren von den Beschäftigten verdeutlicht das Beispiel des „Watson Career Coaches" (Guenole & Feinzig, 2018; Semet & Hilberer, 2018).

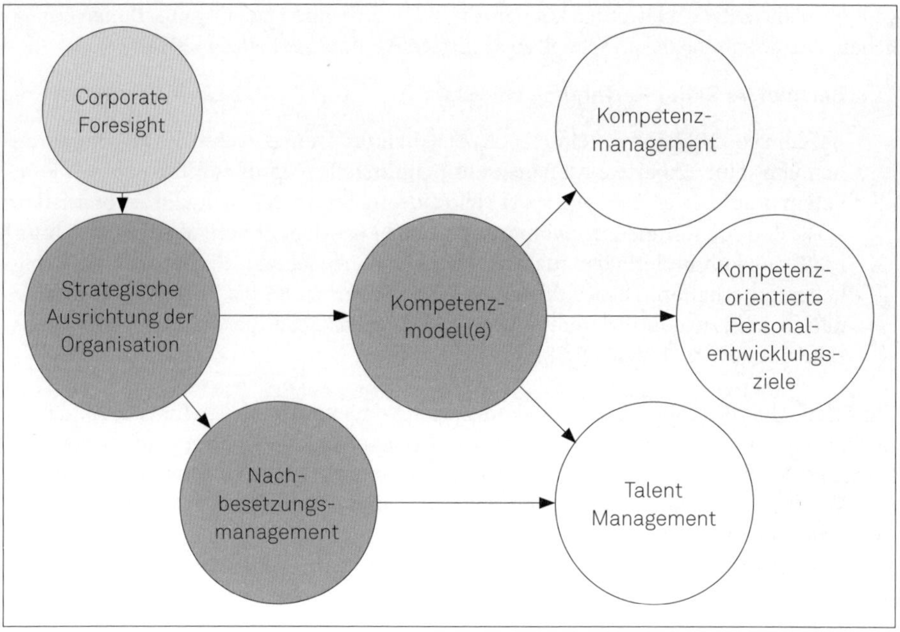

Abbildung 31: Der Zusammenhang zwischen der Kompetenzmodellierung, der kompetenzorientierten Personalentwicklung und dem Talent Management

Ein Anwendungsbeispiel: Der Watson-Karriere-Coach

IBM hatte das Ziel, allen Mitarbeiter:innen, unabhängig von ihrem beruflichen Level, eine qualitativ hochwertige Karriereberatung anzubieten. Die entwickelte Lösung ist ein persönlicher Berater, der Watson Career Coach, der die Vorteile eines individuellen Karriere-Coachings für alle IBM-Mitarbeiter:innen erfahrbar macht. Die individuelle Karriereberatung ist kombiniert mit einem Employee-Self-Service, d.h. mit einer webbasierten oder mobilen Anwendung, mit der die Mitarbeiter:innen eigene personalbezogene Daten selbst anlegen, anzeigen, ändern oder verwalten können. Dafür erforderlich sind die beschriebenen Kompetenzmodelle sowie die karrierespezifischen Anforderungen einer Organisation (Semet & Hilberer, 2018).

Der persönliche Berater ist ein KI-Assistent, der mit Mitarbeiter:innen interagiert, die über zukünftige Karriereoptionen nachdenken. Der Watson Career Coach lernt die Mitarbeiter:innen zunächst kennen, indem er Fragen in natürlicher Sprache stellt und beantwortet sowie Informationen aus den Kompetenzprofilen der Mitarbeiter:innen integriert. Eine zweite Komponente der Lösung ist der sogenannte „Job Opportunity Match". Dieser ermöglicht es den Mitarbeiter:innen, ihre Lebensläufe hochzuladen oder Fragen zu selbsteingeschätzten Fähigkeiten zu beantworten und schlägt anschließend Tätigkeitsfelder oder Positionen vor, die für den/die Mitarbeiter:in geeignet sind. Wenn Mitarbeiter:innen nach Möglichkeiten suchen, die eher außerhalb ihrer derzeitigen Tätigkeit liegen, können sie eine Karriere-Navigator-Komponente verwenden. Der Karriere-Navigator ermöglicht es den Mitarbeiter:innen, ihren persönlichen Entwicklungspfad zu den gewünschten Tätigkeitsbereichen zu planen und bereitet sie mit Entwicklungsvorschlägen vor, die ihnen helfen sollen, die erforderlichen Kompetenzen aufzubauen. Der KI-Assistent kann personalisierte Lernempfehlungen geben, die die Mitarbeiter:innen unterstützen sollen, ihre Fähigkeiten kontinuierlich weiterzuentwickeln (Guenole & Feinzig, 2018; Semet & Hilberer, 2018).

Für IBM hat das folgende Vorteile: Karriere-Coaching ist eine wichtige Möglichkeit, bedeutungsvolle Arbeitserfahrungen für alle Mitarbeiter:innen zu schaffen und kann zu höherer Produktivität und zielgerichteten Nachfolgeplanungen für das eigene Unternehmen führen (Guenole & Feinzig, 2018). Karriere-Coaching ist aber in der Regel „high touch", d.h. personal- und zeitintensiv und damit teuer. Dies hat in der Vergangenheit dazu geführt, dass Coaching in der Regel Personen vorbehalten war, die entweder unterdurchschnittlich waren, oder solchen Personen, die sehr hohes Potenzial hatten und in die eine Organisation bereit war, einen beträchtlichen Geldbetrag zu investieren. Wenn – so argumentiert IBM – jedoch jedem in der Organisation dieses Maß an Möglichkeiten für die Karriereentwicklung geboten wird, wird sich dies positiv auf die Motivation und das Arbeitsengagement auf allen Ebenen auswirken (Guenole & Feinzig, 2018). Ein organisationsspezifisch trainierter Watson Career Coach lernt dabei zusätzlich, was die Mitarbeiter:innen im eigenen Unternehmen interessiert und will so auch die „Workfoce Mobility" im eigenen Unternehmen fördern (Liebert & Talg, 2018).

Die Kombination von Personalentwicklung und Karriere-Coaching findet sich konzeptuell auch im Talent Management wieder (siehe Abbildung 32).

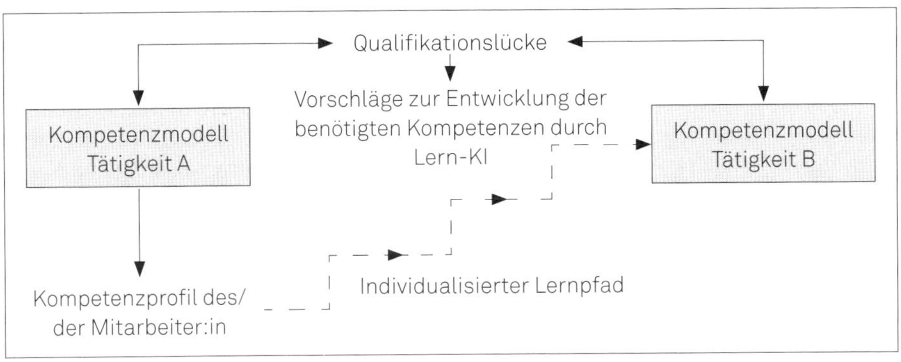

Abbildung 32: Kompetenzmodelle als Basis von KI-gestütztem Karriere-Coaching

9.5 HR-Analytics und Talent Management

Talent Management besteht in der Implementierung eines Talent-Pools und den damit verbundenen Prozessen, die den „Fluss" der Talente hin zu den richtigen Jobs steuern (Kluge, 2021). Der Begriff Talent Management entwickelte sich im Anschluss an den 1998 von McKinsey geprägten Ausdruck des „War for Talent" (Chambers, Foulon, Handfield-Jones, Hankin & Michaels, 1998).

Der Begriff *Talent* umfasst nicht nur den aktuellen Entwicklungsstand von beruflichen Kompetenzen, sondern auch deren antizipierten zeitlichen Entwicklungsverlauf mit Unterstützung von gezielten Interventionen (wie z.B. internationale Laufbahnentwicklungsprogramme). Der Begriff Talent umfasst also mehr als das, was eine Person „hier und jetzt" leistet und leisten kann. „Talent" umfasst die zukünftigen Möglichkeiten (das Potenzial; Mayo, 2018), die sich nach einer gezielten Förderung erreichen lassen. Dies erfordert eine Prognose des zukünftigen Leistungsvermögens einer Person. Die Potenziale können sich auf die „Höhe" beziehen (wie hoch kommt jemand in der organisationalen Hierarchie?), auf die „Breite" (wie viele unterschiedliche Funktionen kann jemand übernehmen?) sowie auf die „Tiefe" (welche unternehmensrelevante Expertise kann jemand entwickeln?).

Ein erfolgreiches Talent Management bedeutet, die eigenen (organisationsspezifischen) Arbeitskräfte und Mitarbeiter:innen mit ihren Talenten zu kennen sowie die Entwicklung eines Talent-Pools der High Potentials und High-Performing-Mitarbeiter:innen, die diese Aufgaben erfüllen könnten. Darüber hinaus bedeutet es die Entwicklung einer differenzierten HR-Architektur, die dazu beiträgt, dass diese Positionen mit kompetenten Mitarbeiter:innen gefüllt werden, die ein hohes anhaltendes Commitment für die Organisation entwickeln (Collings & Mellahi, 2009). Zentrale Aufgaben im Talent Management sind (Collings & Mellahi, 2009):

- die Identifikation der zentralen und entscheidenden Positionen und Aufgabenfelder in der Organisation,
- der Aufbau eines Talent-Pools oder sogar mehrerer Talent-Pools für unterschiedliche Positionen und Anforderungen,
- die Entwicklung einer differenzierten HR-Architektur, d.h. unterschiedliche HR-Instrumente für unterschiedliche Arten von Arbeitskräften und deren Tätigkeiten sowie Bedeutung für die strategischen Ziele der Organisationen.

Die Entstehung des Labels „Talent Management" folgte der breiteren Entwicklung der Geschäftsstrategie vieler Großunternehmen, um grenzenlosere und vernetzte Organisationssysteme abzubilden (Cascio & Boudreau, 2016). Talent Management will die Grenzen zwischen den Silos innerhalb der Personalabteilung überwinden und verschiedene Aktivitätsfelder im Bereich HRM verbinden (Personalauswahl, Personalentwicklung und Nachfolgemanagement). Die Entwicklung (Silos zu durchbrechen) begann mit der Entstehung des japanischen Managementmodells in den 1980er-Jahren, das einen ganzheitlicheren Ansatz bot, um Ergebnisse wie „Gesamtqualität" von Produkten oder Dienstleistungen mit einer Reihe von Managementpraktiken zu verbinden. Diese Reihe von Managementpraktiken beinhaltete Prozesse, wie Talente rekrutiert, aufgespürt, belohnt, entwickelt und eingebunden wurden.

Wie kann *Talent Analytics* einen sinnvollen Beitrag für Organisationen leisten? Davenport, Harris und Shapiro (2010) schlagen sechs Arten von Analytics sowie die damit verbundenen Fragen vor, die Unternehmen für sich beantworten sollten (siehe Tabelle 11).

Tabelle 11: Beispielfragen für HR-A im Kontext des Talent Managements (angelehnt an Davenport et al., 2010)

Art von HR-A	Beispielfragen
Human Capital Facts	Welches sind die zentralen Indikatoren der „Gesundheit" unserer Organisation? → Beispiel: ein aus Daten der Kund:innenzufriedenheit und dem Commitment der Mitarbeiter:innen kombinierter Wert

Tabelle 11: Fortsetzung

Art von HR-A	Beispielfragen
Human Capital Investment Analysis	Welche Maßnahmen zeigen die größte Wirkung in unserem Geschäftsfeld? → Beispiel Ölbohrfirma (vgl. Abschnitt 9.3): Die Qualifikation der Beschäftigten auf den Bohrinseln hat maßgeblich Einfluss auf die Reparaturanfälligkeit von technischem Gerät und Fertigstellungzeit und damit auf die Kund:innenzufriedenheit.
Analytical HR	Welche Abteilungen und Einheiten oder auch Einzelpersonen brauchen Aufmerksamkeit? → Beispiel: In welchen Bereichen wirken sich Unterschiede im Führungsstil massiv auf die zentralen Indikatoren aus?
Workforce Forecasts	Auf welcher Daten-Basis entscheiden wir, wo wir zusätzliches Personal benötigen oder auch reduzieren sollten? → Beispiel: Welche Marketing-Daten können uns helfen, die zukünftigen Kund:innenbedürfnisse zu antizipieren und diese Bereiche personell zu stärken?
Talent Value Model	Auf welcher Basis entscheiden sich unsere Beschäftigten mit Potenzial für Führungsaufgaben, im Unternehmen zu bleiben oder dieses zu verlassen? → Beispiel: Welche Muster erkennen wir in den Daten von Personen, die wir halten wollen, die sich aber wegorientieren? Welche Muster erkennen wir bei Nachwuchstalenten, die im Unternehmen verbleiben?
Talent Supply Chain	Inwiefern müssen sich die Beschäftigten in Bezug auf zukünftige Anforderungen im Marktumfeld anpassen und weiterentwickeln? → Beispiel: Welche Trends sind in Bezug auf das Online-Geschäft (B2C und B2B) zu erkennen, welche Kompetenzen lassen sich daraus ableiten und wie können diese Kompetenzen sichergestellt werden?

Gerade im Bereich des Talent Managements werden verschiedene Formen von HR-A miteinander verbunden: (a) die Bestimmung von zentralen Aufgabenfeldern und Positionen, für die Talente aufgebaut werden sollen (Human Capital Facts), (b) der Workforce Forecast mit Bezug auf die Talente im Unternehmen, die vorhanden, entwickelt oder erst rekrutiert werden müssen (Rekrutierung und Personalbedarfsplanung), (c) die Identifikation von Personen mit Potenzial, deren Verbleib in der Organisation (Talent Supply Chain und Personalbindung) und (d) deren spätere Leistung sowie Beitrag zur organisationalen Wertschöpfung (Human Capital Investment Analysis).

Mit Bezug auf das zu Kapitelbeginn genannte Beispiel, dass ein Führungskräfteentwicklungsprogramm erfolgreich die Nachbesetzung von Managementpositionen initiiert, aber nicht für Frauen funktioniert, könnte Talent Analytics nun Auswertungen beisteuern, z. B.

hinsichtlich der Definition der Aspekte von Talent und Potenzial. Werden weibliche Nachwuchskräfte auf den talentrelevanten Dimensionen schlechter eingeschätzt? Sollten die talentrelevanten Dimensionen anders definiert und operationalisiert werden? Kann eine Veränderung der Bewertungsdimensionen das Problem lösen?

Für Talent Management Analytics schlägt Mayo (2018) konkrete Maße vor, die für HR-A-Projekte genutzt werden können, wie:
- das Risiko, dass ein Talent das Unternehmen verlässt (und zu einem/einer Mitbewerber:in wechselt),
- das früheste Datum, zu dem das Talent den nächsten Karriereschritt machen sollte,
- die Mobilität, z. B. auch zu einer Auslandsdependance zu wechseln.

Weitere Metriken im Bereich des Talent Managements mit seinen Prozessschritten (Talentstrategie und Planung, Talente identifizieren, Talente entwickeln und einsetzen und Talente halten) sind z. B.:
- der Prozentsatz der Stellen ohne bereits benannte/n unmittelbare/n Nachfolger:in,
- der Prozentsatz der Stellen, für die es weder jetzt noch langfristig eine/n Nachfolger:in gibt,
- der Prozentsatz der Stellen auf dem Plan, die frei werden und aus dem Plan besetzt werden,
- die Grenzkosten, die mit der externen Besetzung von Führungspositionen im Vergleich zur internen Besetzung verbunden sind.

Einige Metriken, die Organisationen im Bereich der Rekrutierung von Talenten interessieren könnten, lauten:
- Qualität und Quantität der Hochschulabsolvent:innen, die sich bewerben,
- die wahrgenommene Arbeitgebermarke („Employer Brand“),
- der Prozentsatz der intern besetzten Stellen in leitenden Positionen,
- der Prozentsatz der externen Kandidat:innen, die ein Job-Angebot annehmen.

Metriken im Bereich Talententwicklung und -einsatz variieren je nach Organisation, können aber (für den Führungstalente-Pool) z. B. beinhalten:
- Prozentsatz der Personen, die im letzten Jahr in eine neue Position versetzt wurden,
- Prozentsatz der Personen, der sich auf Entwicklungsentsendungen bezieht,
- Prozentsatz an Personen mit Erfahrung in mehr als einer Funktion und/oder Geografie,
- Prozentsatz an Personen, die eine Business-School-Entwicklungserfahrung haben,
- Prozentsatz an Personen, die über ein „frühestes Datum für einen Entwicklungsschritt“ hinaus sind (und noch nicht auf eine andere Stelle versetzt wurden).

Wie gut eine Organisation in der Lage ist, Talente langfristig für sich zu gewinnen und zu halten, ergibt sich z. B. aus folgenden Metriken:
- Prozentsatz dieser Personen, der „mangelnde Karrierechancen“ als Grund für einen Weggang angibt,
- Prozentsatz an Personen, der „Unbehagen mit der Kultur“ als Grund für eine Kündigung angibt,
- durchschnittliches Engagement der Personen in den verschiedenen Talent-Pools der Organisation.

Die Herausforderungen, die eine Organisation mit Talent Analytics, vor allem auch in Hinblick auf sich verändernde und sich kontinuierlich an einen Markt anpassende Unternehmen, bewältigen muss, sind nach Davenport et al. (2010) in Tabelle 12 dargestellt.

Tabelle 12: Organisationale Herausforderungen und deren konstruktive Bewältigung beim HR-A-bezogenen Talent Management

Herausforderungen	Konstruktiver Umgang mit dieser Herausforderung
Man vergisst, die Entwicklung der Organisationen und die Verschiebung von Prioritäten (und damit die Kompetenzen und die Definitionen von Potenzial) zu berücksichtigen und misst irrelevante Sachverhalte.	• Durch umsichtiges Stakeholder Management können solche Stakeholder mit einbezogen werden, die die Verschiebung von Prioritäten antizipieren helfen • Erstellung eines Messplans und Diskussion, ob die erfassten Variablen auch tatsächlich die sind, die inhaltlich valide sind (siehe Kapitel 1)
Es werden Metriken beibehalten, auch wenn diese keine wirklichen Daseinsberechtigungen mehr haben.	• Klare Ausrichtung an einer relevanten Fragestellung im Sinne des strategischen HRM, d.h. erst die Fragestellung spezifizieren, dann die Metriken dazu definieren
Man verlässt sich auf ein paar Metriken, sodass die besonders cleveren Personen, die diese Metriken verstanden haben, das „Spiel beherrschen".	• Nicht bei den Metriken beginnen, sondern bei den relevanten Fragestellungen der Organisation • Genaue Analyse der Möglichkeiten, valide Daten zu einer spezifizierten Fragestellung zu erheben. Überprüfung, welche Daten vorhanden sind, und welche erst noch erzeugt werden müssen
Man nutzt vor allem Daten, die leicht zu erfassen beziehungsweise einfach quantitativ zu erheben sind.	• Ganzheitliche Planung des Stakeholder-Dialoges unter Einbeziehung von Personen, die helfen können, auch aufwendige Datenerzeugnisse zu generieren
Man besteht auf 100 % genaue Daten, die man nicht erreichen kann, und fällt daher nie eine Entscheidung.	• Eine Vorab-Definition der Unschärfe, mit der man in einem HR-A-Projekt leben kann, und im Sinne eines kontinuierlichen agilen Verbesserungsprozesses mit jedem neuen HR-A-Projekt validere und reliablere Daten identifiziert und verwendet
Man nutzt HR-A vor allem für die unteren Ebenen – aber nicht für die Managementebene.	• Einbezug des Managements in die Stakeholder-Dialoge
Man benutzt Analytics als Ausrede dafür, dass man Menschen wie austauschbare Dinge behandelt.	• Nutzung von ethischen Standards und einer menschenzentrierten Haltung

Ausgangspunkt für die Entwicklung eines Talent-Management-Systems ist auch hier ein Kompetenzmodell, welches vorliegen muss, damit Potenziale im Hinblick auf bestimmte Tätigkeitsfelder identifiziert werden können.

9.6 Abschließende Betrachtung

Im Bereich Lernen und Entwicklung durch Training, Personalentwicklung und Interventionen gibt es viele Möglichkeiten, ein HR-A-Projekt zu starten, angefangen bei der Evaluation einzelner Interventionen bis hin zum strategisch orientierten Kompetenzmanagement. Dabei hat die Kombination von Learning Analytics und den Möglichkeiten, die KI-Systeme bieten, das größte Potenzial, um die Vorstellungen von „gutem Lernen" im Sinne einer hohen Individualisierung, Personalisierung durch Lernendenzentrierung möglich zu machen. Aufbauend auf der Kompetenz zu Trainingsevaluation und validen Evaluationsdesigns kann die Expertise im HRM genutzt werden, um der eigenen Organisation zu helfen zu verstehen, wie in der eigenen Organisation gelernt wird, welche Kompetenzen in der Organisation wie und wo verteilt sind und welche Lücken mit Bezug auf eine zukünftige strategische Ausrichtung der Organisation geschlossen werden sollten. Ein HR-A-Projekt kann Ausgangspunkt sein für die Verknüpfung von Kompetenzmanagement, Personalentwicklung, Skill Management und dem Talent Management. Der Dreh- und Angelpunkt bei allem ist dabei ein organisationsspezifisches Kompetenzmodell. Das mag bei der erstmaligen Erstellung aufwendig wirken – aber es hat eine starke Breitenwirkung auch in andere Bereiche, wie dem Personalmarketing, dem Recruiting bis ins Performance Management hinein. Der Schritt lohnt sich, und HR-A kann dabei helfen, dass HR bei der Kompetenzmodellierung kontinuierlich besser wird.

10 HR-Analytics im Kontext von Personalbindung und Personalplanung

Stellen Sie sich vor ...

- ... in einem Viertel der Filialen einer Bank zeigen sich 4 bis 5% höhere Fluktuationsraten im Vergleich zu den restlichen Filialen der Bank: Woran liegt das und wie lässt sich die Fluktuationsrate senken?
- ... die Mitarbeiter:innen einer Organisation erhalten eine marktübliche Gehaltserhöhung: Wird dies die Wahrscheinlichkeit bedeutsam senken, dass die Mitarbeiter:innen das Unternehmen im nächsten Planungszeitraum verlassen?
- ... bei zwei IT-Unternehmen steht eine Fusion an: An welchen Standorten werden nach der Fusion welche Mitarbeiter:innen mit welchen Fähigkeiten und Fertigkeiten benötigt?
- ... die Wirksamkeit von Employee Benefits soll evaluiert und über das Budget für weitere Benefits entschieden werden: Woher wissen Sie, ob die Benefits einen positiven Effekt auf die Motivation und Bindung der Mitarbeiter:innen haben?

Solche und weitere Fragen lassen sich mit HR-A im Kontext von Personalbindung und Personalplanung beantworten. Wir haben in den bisherigen Anwendungskapiteln beleuchtet, wie HR-A dabei helfen kann, geeignete Talente zu rekrutieren, deren Leistung zu beurteilen und Mitarbeiter:innen weiterzuentwickeln sowie zu trainieren. Nun wollen wir uns der Frage widmen, wie Mitarbeiter:innen motiviert und gebunden werden können, sodass sie und ihr Wissen und Können dem Unternehmen erhalten bleiben.

Die Personalbindung wird von einigen Autor:innen als noch bedeutsamer beschrieben im Vergleich zu Rekrutierungsbemühungen (Al-Emadi, Schwabenland & Wei, 2015), denn Fluktuation ist teuer (Brence, Nowshad, Wallner & Bauer, 2019). Die Kosten der Nachbesetzung einer Stelle können je nach Industrie und Position Schätzungen zufolge 25 bis 200% des Jahresgehalts der zu besetzenden Stelle ausmachen (Allen, Bryant & Vardaman, 2010; Hebenstreit, 2008; Sandhya & Kumar, 2011). Diese Kosten ergeben sich aus den Einstellungskosten für Nachfolger:innen, Ausbildungskosten und Produktivitätsverlust in der Einarbeitungsphase (Al-Emadi et al., 2015; Sandhya & Kumar, 2011). Dazu kommt, dass Mitarbeiter:innen, die die Organisation verlassen, wertvolles Wissen und Erfahrungen mitnehmen, was bedeutet, dass das „organisationale Gedächtnis" durch Fluktuation Schaden nimmt (Allen et al., 2010). Fluktuation führt somit auch zu indirekten Kosten, worunter neben dem Verlust von Wissen beispielsweise auch verringerte Diversität oder Störungen der Teamarbeit durch Wechsel von Teammitgliedern gehören (Allen et al., 2010). Eine hohe Fluktuationsquote kann zudem einen Imageschaden für Organisationen bedeuten (Singh, 2019).

Fitz-Enz (2010) beschreibt mit den Schlagworten „Attract – Motivate – Retain" drei Kernaufgaben des Personalmanagements. Im ersten Anwendungskapitel (Kapitel 7) haben wir das Thema Rekrutierung und Employer Branding, also das Anwerben geeigneter Kandidat:innen, adressiert. Zum Abschluss der Anwendungskapitel widmen wir uns nun den letzten beiden Aspekten: „Motivate und Retain". Wir werden zunächst schauen, was Personalbindung klassischerweise bedeutet, um darauf aufbauend die Fragen zu beantworten, wie HR-A dazu beitragen kann, Mitarbeiter:innen an das Unternehmen zu binden und welche Rolle die Analyse von arbeitsbezogenen Einstellungen, beispielsweise der Motivation und Zufriedenheit der Mitarbeiter:innen, in dem Kontext spielt.

10.1 Fluktuation und Bindung

Das Thema der Personalbindung kann von zwei Seiten betrachtet werden: entweder unter dem Schlagwort „Turnover" oder dem Schlagwort „Retention" – also Fluktuation oder Bindung. Die Perspektiven bilden zwei Seiten einer Medaille und rücken entweder die Ursachen für die Entscheidung von Beschäftigten, das Unternehmen zu verlassen, oder aber die Ursachen für eine Bleibeentscheidung in den Fokus. Dabei ist es zunächst wichtig, zu definieren, über welche Formen von Fluktuation wir sprechen, denn nicht jede Form von Fluktuation ist für das Thema der Personalbindung relevant. In Abbildung 33 sind verschiedene Formen der Fluktuation nach Allen et al. (2010) dargestellt. In Dunkelgrau sind die Formen von Fluktuation markiert, um die es im Folgenden gehen soll und welche insbesondere unerwünscht für eine Organisation sind. Dies sind die Abgänge von Mitarbeiter:innen, die *freiwillig* erfolgen, d.h. von dem/der Mitarbeiter:in initiiert sind und nicht von der Organisation ausgehen. Unfreiwillige Fluktuation wird z.B. aufgrund von Restrukturierungen oder geringer Leistung initiiert und ist damit im Kontext Personalbindung nicht zentral. Außerdem soll es um die Fluktuation von leistungsstarken Mitarbeiter:innen gehen, welche als *dysfunktionale* Form der Fluktuation bezeichnet werden. Fluktuationen können auch funktional sein, wenn beispielsweise wenig leistungsstarkes Personal oder Mitarbeiter:innen, die kontraproduktives Arbeitsverhalten gezeigt haben, die Organisation freiwillig verlassen. Außerdem sind die Fälle von Relevanz, bei denen die Organisation einen Einfluss auf den Abgang der Person nehmen könnte, d.h. *vermeidbare* Fluktuationen, im Gegensatz zu beispielsweise (freiwilligen) unvermeidbaren Fluktuationen aufgrund von Renteneintritt.

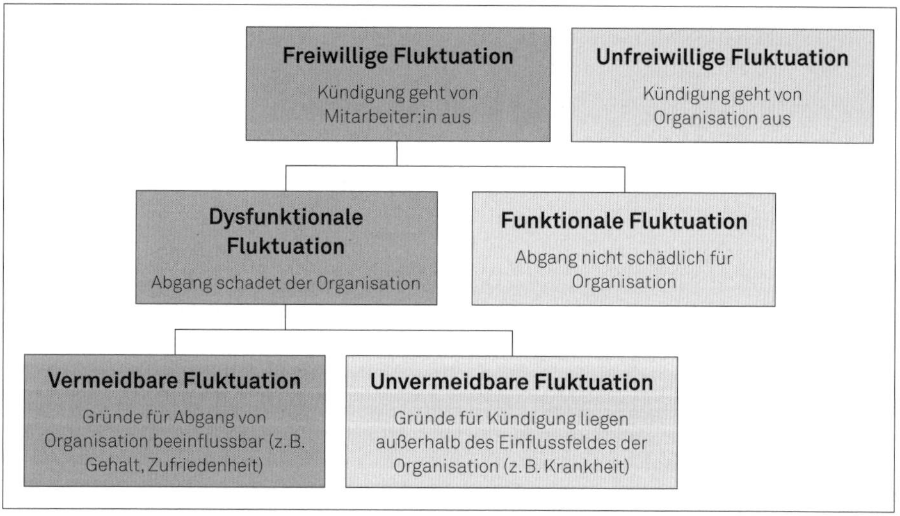

Abbildung 33: Formen von Fluktuation (nach Allen et al., 2010)

Da mit dem Thema Fluktuation eine so hohe (finanzielle) Relevanz verbunden ist, monitoren viele Organisationen die Fluktuation genau. Anders als in anderen Personalarbeitsbereichen findet diesbezüglich häufig ein regelmäßiges Reporting statt. Dabei sind neben der Fluktuationsquote auch die Abwanderungsrate und der Stabilitätsindex häufig berechnete Metriken, die ergänzende Informationen liefern können. In Tabelle 13 sind die drei Metriken und ihre Bedeutungen zusammengefasst und häufig verwendete Berechnungsformeln mit angegeben. Wichtig ist, dass – wenngleich Fluktuation und Abwanderung häufig synonym verwendet werden – die Statistiken dazu nicht die gleiche Grundlage haben und diese beiden Aspekte unterschiedliche Phänomene erfassen. Die Fluktuationsquote erfasst die Stellen, welche eine Organisation plant, nachzubesetzen, wohingegen die Abwanderungsrate den Umfang der Stellen anzeigt, die abgebaut wurden. Die Abwanderungsrate ist also vielmehr ein Indiz im Hinblick auf positives oder rückläufiges Wachstum einer Organisation. Die Fluktuationsquote dagegen zeigt den Wechsel von Mitarbeiter:innen auf Positionen, die erhalten bleiben sollen, an. Im Hinblick auf freiwillige, dysfunktionale und vermeidbare Abgänge ist also primär die Fluktuationsrate relevant. Die Bindungsquote erfasst die Mitarbeiter:innen, die im betrachteten Zeitraum (z. B. in einem Quartal oder einem Jahr) fortlaufend im Unternehmen beschäftigt waren.

Tabelle 13: Metriken zur Fluktuation, Abwanderung und Bindung

	Bedeutung	**Metrik (je über definierten Zeitraum, z. B. ein Jahr)**
Fluktuation (auch Turnover)	Rate, mit der eine Organisation in einem bestimmten Zeitraum ausscheidende Mitarbeiter:innen durch neue Mitarbeiter:innen ersetzt. Nur Stellen, die frei werden und neu besetzt werden, zählen in die Fluktuationsquote.	$\frac{\text{Anzahl der Kündigungen von Beschäftigten, die ersetzt werden sollen}}{\text{durchschnittliche Anzahl der Beschäftigten}} \times 100$
Abwanderung (auch Attrition oder Churn Rate)	Mitarbeiter:innen, die die Belegschaft verlassen und deren Stelle nicht ersetzt wird	$\frac{\text{Beschäftigte zu Beginn des Zeitraums} + \text{neue Beschäftigte während des Zeitraums} - \text{Beschäftigte am Ende des Zeitraums}}{\text{Beschäftigte zu Beginn des Zeitraums}}$
Bindung (auch Stabilitätsindex oder Retention)	Quote an Beschäftigten, die fortlaufend beschäftigt waren	$\frac{\text{Anzahl Beschäftigte, die im Unternehmen verbleiben}}{\text{Anzahl Beschäftigte zu Beginn des Messzeitraums}} \times 100$

Die Metriken sind wichtig für Organisationen, um die Größe des Problems der Fluktuation abzuschätzen, denn sie erlauben beispielsweise einen internen Vergleich der Fluktuations- und Bindungsraten zwischen verschiedenen Abteilungen oder einen Vergleich mit branchenüblichen Quoten. Um jedoch Einfluss auf die Fluktuation zu nehmen und diese möglichst zu verringern, ist nicht nur die Frage danach, ob und, wenn ja, wie viel Fluktuation in welchen Abteilungen stattfindet, relevant. Der entscheidende Punkt, um Mitarbeiter:innen an das Unternehmen binden zu können, ist, die Gründe für die Fluktuation zu erkennen. Handelt es sich um *vermeidbare* Gründe, gibt es Ansatzpunkte für Organisationen, dem entgegenzuwirken und künftige Abgänge zu verhindern.

Die Ursachen für einen Unternehmenswechsel werden in Organisationen häufig mit sogenannten Exit Surveys oder Exit Interviews erfasst, also mit quantitativen oder qualitativen Befragungen von Mitarbeiter:innen, die sich entschieden haben, das Unternehmen zu verlassen. Auch aus der bisherigen empirischen Forschung wissen wir bereits einiges über Prädiktoren von Turnover. Die wichtigste Erkenntnis ist dabei: Die Gründe für freiwillige Fluktuation sind sehr vielfältig. Es gibt nicht *den einen Faktor*, der Fluktuation bedingt, sondern ein breites Spektrum an Faktoren, die einen Einfluss darauf haben, ob ein/e Mitarbeiter:in das Unternehmen verlässt (Biemann & Weckmüller, 2018). In Abbildung 34 sind Faktoren dargestellt, die sich in der Forschung als bedeutsam für die freiwillige Fluktuation von Beschäftigten herausgestellt haben.

Die Abbildung verdeutlicht, dass es entgegen häufig angenommener Ursache nicht (nur) das Gehalt ist, was Mitarbeiter:innen zu einem Weggang bewegt. Der Effekt des Gehalts auf die Kündigungsabsichten ist zwar vorhanden, aber weniger stark als vielfach angenommen (Biemann & Weckmüller, 2018; Rubenstein et al., 2018). Stattdessen können die Gründe in der Person, ihren Einstellungen und ihrem Verhalten, in der Art der Tätigkeit, im organisationalen, Führungs- oder Teamkontext und den Trainings- oder Entwicklungsmöglichkeiten liegen. Auf der Basis empirischer Studien können wir eine grobe Rangordnung in einige der Faktoren bringen: Ein höheres Alter und Kinder erhöhen die Wahrscheinlichkeit eines Unternehmenswechsels mehr (im Schnitt größere Effektstärke), im Vergleich zu den Faktoren Geschlecht und Ausbildung (Biemann & Weckmüller, 2018). Das breite Spektrum an Faktoren bleibt dennoch eine herausfordernde Tatsache und verdeutlicht,

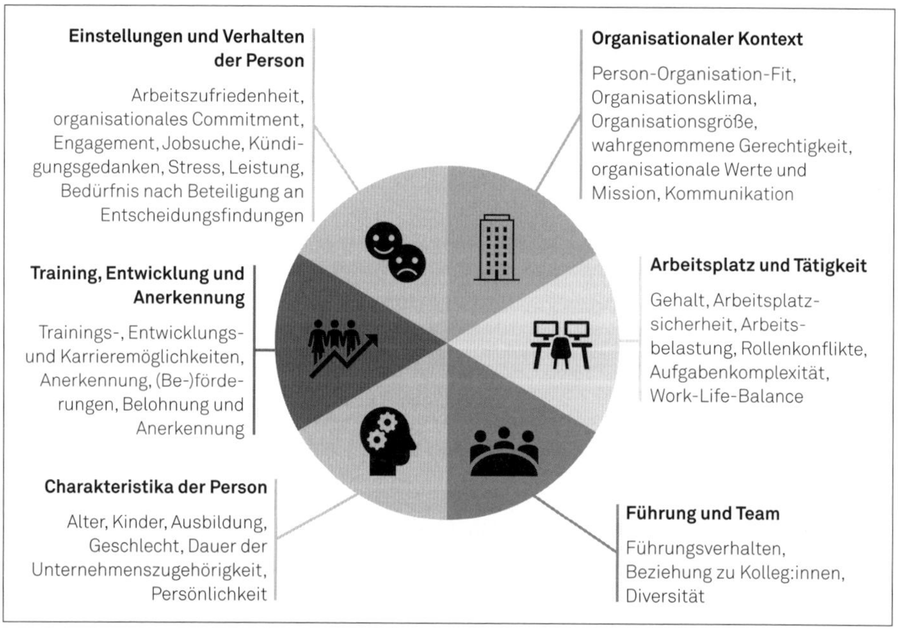

Abbildung 34: Gründe für freiwillige Fluktuation von Mitarbeiter:innen (Faktoren basierend auf Al-Emadi et al., 2015; Cloutier, Felusiak, Hill & Pemberton-Jones, 2015; Das & Baruah, 2013; Rubenstein, Eberly, Lee & Mitchell, 2018)

dass Personen verschiedene Faktoren bei der Arbeit und im Arbeitsumfeld wichtig und damit ausschlaggebend dafür sind, ob eine Person in einer Organisation verbleibt oder nicht. Dies bedeutet für Organisationen, dass die Bindung von Mitarbeiter:innen ebenfalls nicht durch *die eine* Maßnahme geschehen kann, sondern eine herausfordernde Aufgabe darstellt, die der Heterogenität der Bleibe- und Kündigungsabsichten Rechnung tragen muss.

Unter *Personalbindung* werden alle Maßnahmen einer Organisation verstanden, die darauf abzielen, ein Umfeld zu schaffen, das die Mitarbeiter:innen ermutigt und motiviert, in der Organisation zu bleiben (Das & Baruah, 2013). Dies umfasst alle Aktivitäten des Personalmanagements, die darauf ausgerichtet sind, leistungsstarke Mitarbeiter:innen über einen längeren Zeitraum in der Organisation zu halten, damit sie ihre Fähigkeiten ausüben oder entwickeln können (Al-Emadi et al., 2015). In Übereinstimmung mit dem breiten Spektrum an Ursachen für Fluktuationen, setzen Organisationen häufig auf ein Bündel von Praktiken, die darauf abzielen, die Mitarbeiter:innen an die Organisation zu binden (Al-Emadi et al., 2015). In Tabelle 14 sind einige Personalbindungsmaßnahmen, die auf empirischer Evidenz basieren, beispielhaft zusammengefasst. Diese bilden nur einen Teil möglicher Maßnahmen ab und sollen lediglich einen ersten Einblick geben.

Tabelle 14: Beispiele für Personalbindungsmaßnahmen

Bereich	Maßnahme	Quelle
Organisationaler Kontext	• Einarbeitung und Integration der Mitarbeiter:innen in das Unternehmen • Belohnungsstrategien, die Anreize für erwünschtes Verhalten schaffen und Fairness und Gerechtigkeit bei allen demonstrieren • Corporate-Social-Responsibility (CSR)-Strategien • Job Rotation	Häfner & Truschel (2022); Pandita & Ray (2018); Paruzel, Klug & Maier (2021)
Arbeitsplatz und Tätigkeit	• Work-Life-Balance-Strategien (Unterstützung bei der Kinderbetreuung und Betreuung älterer Menschen, flexible Arbeitszeiten, Telearbeit/mobile Arbeit oder Jobsharing) • Leistungsbeurteilung durch Würdigung und Anerkennung von guter Arbeitsleistung	Rodríguez-Sánchez, González-Torres, Montero-Navarro & Gallego-Losada (2020); Sandhya & Kumar (2011)
Führung und Team	• Förderung der Teamarbeit durch Teambuilding oder Prozessoptimierung von Teambesprechungen	Häfner & Truschel (2022)
Charakteristika der Person	• Unterstützung in Lebensbereichen durch Coaching oder Mentoring, auch über Karrierekontext hinaus, durch beispielsweise Beratungsangebote bei Pflege von Angehörigen	Häfner & Truschel (2022)

Tabelle 14: Fortsetzung

Bereich	Maßnahme	Quelle
Training, Entwicklung und Anerkennung	• Aus-, und Weiterbildungsmöglichkeiten für die persönliche Entwicklung • Mentoring-Programme	Deery (2008); Younas & Bari (2020)
Einstellung und Verhalten der Mitarbeiter:innen	• Verbesserung der psychologischen Sicherheit und des Arbeitsengagements durch Anpassung von Arbeitsplatzmerkmalen (Job Design), z. B. Erhöhung von Autonomie, Bedeutsamkeit oder Abwechslung der Tätigkeit	Allen et al. (2010); Rubenstein et al. (2018)

Grundsätzlich zeigt sich: Mitarbeiter:innen an die Organisation zu binden und eine überdurchschnittliche und ungewünschte Fluktuation zu minimieren, ist wichtig und es gibt viele verschiedene Personalbindungsmaßnahmen, die Organisationen einsetzen können, um einer Vielzahl potenzieller Abwanderungsgründe entgegenzuwirken. Ein Reporting über Fluktuations- oder Bindungsquoten bedeutet einen Schritt in Richtung HR-A, denn die deskriptiven Kennzahlen erlauben eine Quantifizierung des Problems Fluktuation. Wie in Kapitel 1 jedoch dargestellt, ist das Ziel von HR-A, über deskriptives Berichtswesen hinauszugehen, d. h. prädiktives HR-A anzustreben. Die Notwendigkeit für Organisationen, von deskriptivem Reporting hin zu prädiktivem Analytics zu kommen, ist im Bereich Fluktuation so deutlich wie in fast keinem anderen Personalarbeitsbereich: Ein Bericht über das Vergangene bedeutet, dass die Fluktuation bereits geschehen ist – die Mitarbeiter:innen sind bereits gegangen. Um direkte und indirekte Fluktuationskosten zu vermeiden und zielgerichtete Maßnahmen zur Bindung anzustreben, ist es jedoch unerlässlich, zu verstehen, ob und warum Mitarbeiter:innen Kündigungs*absichten* haben. Es ist sehr viel wertvoller, in der Lage zu sein, *vorherzusagen*, wann es am wahrscheinlichsten ist, dass Mitarbeiter:innen sich entscheiden werden zu gehen (Fernandez, 2019). HR-A im Kontext von Personalbindung kann als eine Art „Frühwarnsystem“ dienen und Organisationen die Möglichkeit geben, Talente zu binden – oder ausreichend Zeit für die Planung der Nachbesetzung einer Stelle zu erlauben (Valluru, 2018). Mit dem Fokus auf die Bindung von Talenten ist das Thema Fluktuationsmanagement eng verwandt mit HR-A im Kontext von Talent Management (siehe Abschnitt 9.5).

10.2 Turnover Analytics

Unter *Turnover Analytics* (oft auch „Turnover Modeling“ genannt) verstehen wir die Analyse von Daten zur Prognose zukünftiger Fluktuationen, die die Entscheidungsfindung im Hinblick auf Personalbindungs- oder Rekrutierungsmaßnahmen unterstützen. In Rückgriff auf den Reifegrad von HR-A im Kontext der Personalbindung (siehe Kapitel 1) können wir zwischen deskriptivem, prädiktivem und präskriptivem Turnover Analytics unterscheiden. Auf der niedrigsten Reifegradstufe, also *deskriptivem* Turnover Analytics, geht es primär darum, das Problem Fluktuation zu quantifizieren und zu beschreiben. Es geht also darum, zu verstehen, ob es Unterschiede im Unternehmen oder zwischen Positionen gibt und welche Kündigungsgründe (überzufällig) häufig genannt werden. Dies kann auf Basis der bereits vorgestellten Fluktuations- und Bindungsmetriken geschehen und durch Exit Surveys qualitativ angereichert werden.

Im Rahmen von *prädiktivem* Turnover Analytics ist dann das Ziel, Zusammenhänge zwischen Gründen für Fluktuation und der Kündigungsrate oder auch den Personalbindungsmaßnahmen und ihrem Effekt auf die Fluktuationsrate festzustellen. Die Unternehmensberatung McKinsey beispielsweise berichtet, dass auf der Basis von umfassender Datenanalyse (von quantitativen Daten angereichert mit qualitativ generierten Daten durch Interviews, Workshops, Fokusgruppen) sogenannte „Employee Cluster", also Gruppen von Mitarbeiter:innen, identifiziert werden konnten, die sich in ihren Gründen für Fluktuations- oder Bleibeabsichten bedeutsam unterschieden (Fecheyr-Lippens, Schaninger & Tanner, 2015).

Präskriptives Turnover Analytics schaut in die Zukunft, mit dem Zweck Kündigungen vorherzusagen, bevor sie eintreten werden. Es werden historische Daten genutzt, d. h. für die Analysen werden vergangene Fluktuationen und ihre Gründe betrachtet, um auf deren Basis künftige Entwicklungen vorherzusagen. So können bei einem hohen Fluktuationsrisiko weitere Personalbindungsmaßnahmen eingesetzt werden und deren Effekt auf die Wahrscheinlichkeit, dass bestimmte Gruppen von Beschäftigten im Unternehmen verbleiben, vorab kalkuliert werden. Beispielhafte Fragen für die drei Reifegradstufen von Turnover Analytics sind in Abbildung 35 zusammengefasst.

Analytischer Reifegrad

Turnover Analytics	Beispielhafte Fragen
Deskriptives Turnover Analytics	• Wie hoch ist die Fluktuationsrate und wie hoch ist die Bindungsrate pro – Funktion, Position oder Rolle? – Abteilung, Standort oder Land? • Wie lange bleiben Mitarbeiter:innen im Durchschnitt im Unternehmen, aufgeschlüsselt nach – Position, Altersgruppe, Funktion, Abteilung oder Standort? • Welche Kündigungsgründe werden in Abteilungen/Positionen mit welcher Häufigkeit genannt?
Prädiktives Turnover Analytics	• Hängen Charakteristika der Mitarbeiter:innen, Charakteristika des Arbeitsplatzes, des Teams, der Führungskräfte oder des organisationalen Umfeldes mit der freiwilligen Fluktuation zusammen? Wo zeigen sich die größten Effektstärken? • Gibt es Gruppen von Mitarbeiter:innen (Cluster), die sich in ihren Wünschen und Bedürfnissen im Hinblick auf Personalbindungsangebote ähnlich sind? • Hängen die Personalbindungsmaßnahmen signifikant mit der Fluktuations- und Bindungsquote zusammen?
Präskriptives Turnover Analytics	• Wie wahrscheinlich ist es, dass eine geplante Personalbindungsmaßnahme (z.B. neue Mitarbeiter:innen-Benefits oder ein Führungskräftetraining) das „Fluktuationsrisiko" senkt? • Wie wahrscheinlich ist es, dass Mitarbeiter:innen mit bestimmten Merkmalen (Alter, Position, Gehalt, Dauer im Unternehmen) das Unternehmen verlassen werden? • Wird eine branchenübliche Gehaltserhöhung die Fluktuationsabsichten eines/einer Mitarbeiter:in im anvisierten Planungshorizont signifikant verringern?

Abbildung 35: Beispielhafte Fragen für Turnover Analytics, organisiert nach analytischen Reifegraden

Die Ziele von Turnover Analytics können wie folgt formuliert werden:

1. adaptive Personalbindungsmaßnahmen ermöglichen,
2. unbesetzte Stellen reduzieren und
3. den zeitlichen Vorlauf für Neueinstellungen verlängern, sodass ein qualitativ hochwertiger Rekrutierungsprozess für notwendige Neubesetzungen sichergestellt werden kann (Mishra, Lama & Pal, 2016).

10.3 Turnover Analytics und Personalbindungsmaßnahmen

Werfen wir zunächst einen Blick auf das erste Ziel: Ermöglichung adaptiver Personalbindungsmaßnahmen. Im Kern geht es darum, herauszufinden, welche konkreten Bedürfnisse, Vorstellungen und Wünsche Mitarbeiter:innen haben, um darauf reagieren zu können (Fitz-Enz, 2010). Dies trägt dem Umstand Rechnung, dass die Gründe für Fluktuationen vielfältig sind (siehe Abbildung 34 auf Seite 178). Es ist grundsätzlich möglich – wenn auch wenig effizient und effektiv – nach dem Gießkannenprinzip ein Bündel an Personalbindungsmaßnahmen anzubieten, die der Fluktuation entgegenwirken sollen. Der Ansatz von Turnover Analytics ist hingegen, gezielte Bindungsmaßnahmen zu ermöglichen, die die Bedürfnisse der eigenen Belegschaft erfüllen, um die Bleibewahrscheinlichkeit zu erhöhen (Zhao, Hryniewicki, Cheng, Fu & Zhu, 2019). Natürlich lassen sich nicht alle Fluktuationen verhindern und das Ziel von Turnover Analytics kann nur sein, über bestimmte Gruppen hinweg Präferenzen oder Risikofaktoren für Kündigungen zu bestimmen – diese Tendenzen werden zwangsläufig für Individuen abweichen. Aber die Wahrscheinlichkeit, passende Bindungsmaßnahmen für bestimmte Beschäftigtengruppen zu finden, steigt.

Wir können uns den Mechanismus ähnlich zu dem Vorgehen von bekannten Streamingdiensten vorstellen – eine Analogie, die wir bereits aus vorherigen Kapiteln kennen: Streaminganbieter kennen unser Alter und unser Geschlecht und sie monitoren, welche Serien wir geschaut haben, welches Genre an Filmen wir bevorzugen, bei welchen wir alle Staffeln geschaut oder welche wir abgebrochen haben. Auf der Kombination dieser Verhaltensdaten aufbauend schlagen sie uns weitere Filme und Serien vor: „Basierend auf Ihrer Historie gefällt Ihnen vielleicht auch diese Serie?“ Wenn wir die Verhaltensdaten der Mitarbeiter:innen kennen, lassen sich auch hier Muster erkennen und Vorhersagen über Präferenzen machen. Statt einen bestimmten Film vorzuschlagen, schlägt ein Unternehmen beispielsweise weitere Karriereschritte oder ein bestimmtes Training vor. Hat ein Unternehmen Informationen darüber, welches „Genre“ an Benefits bestimmte Personengruppen präferieren, können entsprechende Maßnahmen ergriffen werden. Es ist nachvollziehbar, dass ein Streaminganbieter einer Person, die primär Krimis und Thriller schaut, Filme eben diesen Genres vorschlägt – und weniger Romantikkomödien. Gleichermaßen macht es Sinn, Mitarbeiter:innengruppen die Bindungsmaßnahmen anzubieten, die ihren Vorlieben („ihrem Genre“) entsprechen. Die Forschung zeigt beispielsweise, dass es generationsbedingte Unterschiede in den Präferenzen bezüglich Führungsstil, Work-Life-Balance, Karriere- und Entwicklungsmöglichkeiten und materiellen Anreizen gibt: Mitarbeiter:innen der Generation Y (Jahrgänge 1980 bis 1995) legen Wert auf Karriere- und Weiterbildungsmöglichkeiten, wohingegen die Generation der „Baby-Boomer“ (Jahrgänge 1946 bis 1964) Maßnahmen des Betrieblichen Gesundheitsmanagements stärker wertschätzt (Winkler & Saur, 2019). Generationsbedingte Unterschiede sind nur ein Beispiel, wie die Erkenntnisse aus deskriptivem Analytics (z. B. zu Gruppen von Beschäftigten, die sich in ihren Präferenzen ähneln), in passgenaue Bindungsmaßnahmen übersetzt werden können.

Allgemein ermöglicht Turnover Analytics Unternehmen die Chance, die eigene Belegschaft im Hinblick auf Fluktuations- und Bindungsabsichten besser kennenzulernen, um aus der Fülle an Bindungsmaßnahmen (siehe Tabelle 14 auf Seite 179) die für die eigene Belegschaft wirksamsten auszuwählen. Fecheyr-Lippens et al. (2015) beschreiben verschiedene Use Cases aus Unternehmen, die erfolgreiches Turnover Analytics implementiert haben.

> Ein Unternehmen berichtet, 20 Millionen Dollar Bindungsprämien eingespart zu haben: Das Unternehmen hat auf Basis von Datenanalysen festgestellt, dass Mitarbeiter:innen Trainings- und Weiterbildungsmöglichkeiten sowie Wertschätzung und Anerkennung vermissen, die extensiven „Haltungsprämien", die das Unternehmen bis dato zahlte, waren vielmehr ein unzureichendes – und kostenintensives – „Pflaster", das die Bedürfnisse der Mitarbeiter:innen nur unzulänglich zufriedenstellte. Durch ein stärkeres Investieren in Trainings für Führungskräfte und ein gesteigertes Weiterbildungsangebot konnten die Boni reduziert und die Fluktuationsquote gleichzeitig gesenkt werden. Das Budget für die Boni war folglich sehr viel effektiver in Trainings investiert. Gegensätzlich dazu führte Turnover Analytics bei einem anderen Unternehmen zu der Erkenntnis, dass mangelnde Bonuszahlungen und zu hohe Zielvorgaben an die Mitarbeiter:inenn durch die Führungskräfte Haupttreiber hoher Fluktuationen waren (Kels & Vormbusch, 2020). Der Ansatz dieses zweiten Unternehmens war folglich konträr zu dem vorab beschriebenen Ansatz: Hier erwiesen sich gerade die Bonuszahlungen als Schlüssel zu mehr Bindung (Kels & Vormbusch, 2020).

Die Beispiele verdeutlichen, dass Turnover Analytics einen Beitrag zur Entscheidungsfindung im Hinblick auf Bindungsmaßnahmen liefern kann. Abhängig von der Branche, der Unternehmenskultur, dem Unternehmensklima und den Unternehmenswerten versprechen unterschiedliche Bindungsmaßnahmen einen größeren Effekt. So wird es grundsätzlich nicht *falsch* sein, wenn ein Unternehmen in Bindungsmaßnahmen investiert – im vorab beschriebenen Fall von Unternehmen 1 waren die Bonuszahlungen nicht der *Grund* für Fluktuation, sie haben in dem Sinne also nicht geschadet. Sie waren jedoch auch nicht der Grund, aus welchem Mitarbeiter:innen sich entschieden, zu bleiben. Turnover Analytics kann ein Tool zur Entscheidungsfindung sein, auf dessen Basis über Kosten und Nutzen von Personalbindungsmaßnahmen entschieden werden kann.

Ein wichtiger Punkt, an dem Unternehmen zur Vermeidung von Turnover ansetzen, sind die Einstellungen der Mitarbeiter:innen. Dabei liegt der Fokus auf der Analyse der aktuellen (affektiven) Einstellungen der Mitarbeiter:innen, da diese ein wichtiger Indikator für Kündigungsabsichten sind: Viele der in Abschnitt 10.1 vorgestellten Bindungsmaßnahmen (siehe Tabelle 14 auf Seite 179) wirken nicht direkt auf die Kündigungsabsicht von Mitarbeiter:innen, sondern sie wirken *vermittelt über* emotionale/motivationale Zustände (Häfner & Truschel, 2022). Aus diesem Grund werfen wir im Folgenden einen Blick auf den Beitrag, den HR-A auf die arbeitsbezogenen Einstellungen von Mitarbeiter:innen haben kann.

10.4 Die Rolle von arbeitsbezogenen Einstellungen für die Fluktuation

Unter dem Schlagwort *arbeitsbezogene Einstellungen* fassen wir verschiedene Konstrukte zusammen, die den „emotionalen Zustand“ (Affekt) und die Einstellung von Mitarbeiter:innen im Hinblick auf die Organisation, die Tätigkeit und ihr soziales Umfeld beschreiben. Dies umfasst unter anderem die Motivation der Mitarbeiter:innen, also die Richtung, Intensivität und Persistenz, mit der sie Handlungen (Arbeitsaufgaben) ausführen (Kanfer, 1990), oder die Zufriedenheit. In Tabelle 15 sind Konstrukte der arbeitsbezogenen Einstellungen zusammengefasst, die sich im Kontext von Personalbindung als wichtig herausgestellt haben (Park & Min, 2020).

Tabelle 15: Arbeitsbezogene Einstellungen, die bedeutsam auf Kündigungsabsichten wirken

Konstrukt	Definition	Zusammenhang mit Fluktuation (beispielhafte Erkenntnisse)
Intrinsische Motivation	Antrieb für Verhalten kommt aus der Person und wird nicht extern bestimmt (Deci, Olafsen & Ryan, 2017)	Intrinsische Motivation hängt negativ mit Kündigungsabsichten zusammen: je höher die Motivation, desto geringer die Kündigungsabsicht (z. B. Dysvik & Kuvaas, 2010; Kim, 2018; Park & Min, 2020).
Affektives Commitment	Grad der Identifikation mit der Organisation, charakterisiert durch (a) den Glauben/die Akzeptanz der organisationalen Ziele und Werte, (b) die Bereitschaft, Anstrengungen im Auftrag der Organisation auf sich zu nehmen, und (c) den Wunsch, in der Organisation zu verbleiben (Mowday, Steers & Porter, 1979)	Affektives Commitment hängt negativ mit Kündigungsabsichten zusammen: je höher das Commitment, desto geringer die Kündigungsabsicht (z. B. Meyer, Stanley, Herscovitch & Topolnytsky, 2002; Vandenberghe & Bentein, 2009).
Engagement	Positiver, erfüllender und arbeitsbezogener Zustand, der durch hohe Tatkraft, Hingabe und Aufnahmefähigkeit gekennzeichnet ist (Schaufeli, Salanova, Gonzalez-Roma & Bakker, 2002)	Arbeitsengagement hängt negativ mit Kündigungsabsichten zusammen: je höher das Engagement, desto geringer die Kündigungsabsicht (z. B. Harter, Schmidt & Hayes, 2002)
Arbeitszufriedenheit	Emotionale Reaktion auf, Einstellung und Meinung über die Arbeit und ihre Facetten, z. B. Aufgabe, Gehalt, Arbeitsbedingungen (Nerdinger, Blickle & Schaper, 2019)	Arbeitszufriedenheit hängt negativ mit Kündigungsabsichten zusammen: je höher die Zufriedenheit, desto geringer die Kündigungsabsicht (z. B. Biason, 2020; Terera & Ngirande, 2014).

Wie in Tabelle 15 beschrieben, sind die Motivation, das Commitment, Engagement und die Arbeitszufriedenheit wichtige Arbeitseinstellungen, da sie die Bleibeabsichten von Mitarbeiter:innen positiv beeinflussen: Mitarbeiter:innen, die motiviert, committet, engagiert und zufrieden sind, bleiben mit höherer Wahrscheinlichkeit in der Organisation. Personalbindungsmaßnahmen sind daher oft darauf ausgelegt, eben diese positiven Arbeitseinstellungen der Mitarbeiter:innen zu fördern. Die Forschung zeigt, dass HR-Maßnahmen *vermittelt über* arbeitsbezogene Einstellungen auf die Leistung von Mitarbeiter:innen und deren Kündigungsabsichten wirken (Luna-Arocas & Camps, 2007). Das bedeutet, dass sie beispielsweise die Motivation der Mitarbeiter:innen steigern und *darüber* zu besserer Leistung oder geringerer Kündigungsabsicht führen. HR-Maßnahmen, die neben der Vermittlung von berufsrelevantem Wissen, Fähigkeiten und Fertigkeiten auch die Motivation und Zufriedenheit von Mitarbeiter:innen steigern und dazu führen, dass Mitarbeiter:innen motiviert sind, ihr Wissen und ihre Fähigkeiten im Sinne der Organisation einzubringen, werden *High Performance Work Practices* genannt (Combs, Liu, Hall & Ketchen, 2006). Beispiele für High Performance Work Practices sind Anreizsysteme, Trainings und Weiterbildungen, Mitarbeiterbeteiligung/Empowerment, interne Unternehmenskommunikationsstrategien oder flexibel gestaltete Arbeitsbedingungen (Posthuma, Campion, Masimova & Campion, 2013). Dies sind also Maßnahmen, welche wir ausschnittsweise bereits in Tabelle 14 (siehe Seite 179) kennengelernt haben.

Zusammengefasst ist es für Unternehmen von zentraler Bedeutung, die arbeitsbezogenen Einstellungen von Mitarbeiter:innen aktiv mit entsprechenden HR-Maßnahmen zu verbessern/aufrechtzuhalten, da diese wiederum die Kündigungsabsichten minimieren und auf diese Weise zu weniger Turnover beitragen. Die Fragen, die sich Unternehmen also stellen müssen, lauten:

1. Wie motiviert, engagiert, zufrieden und committet sind die Mitarbeiter:innen?
2. Wie hängen Motivation, Engagement, Zufriedenheit und Commitment der Mitarbeiter:innen mit relevanten KPIs zusammen (z.B. Fluktuation, Abwanderung, Bindung, Leistung, Kund:innenzufriedenheit oder Umsatz/Gewinn)?
3. Wie wahrscheinlich ist es, dass eine geplante HR-Maßnahme (High Performance Work Practice) zu mehr Motivation, Zufriedenheit, Engagement oder Commitment führt?

Unternehmen sollten in der Lage sein, deskriptiv zu beschreiben, wie die arbeitsbezogenen Einstellungen der Mitarbeiter:innen aussehen, um darauf aufbauend die korrelativen Zusammenhänge zwischen den Einstellungen und relevanten KPIs verstehen zu können und so in Zukunft präskriptiv den Effekt neuer HR-Maßnahmen abzuschätzen.

Eine weit verbreitete Art und Weise, arbeitsbezogene Einstellungen von Mitarbeiter:innen zu erfassen, sind Mitarbeiter:innenbefragungen. Häufig werden diese jährlich durchgeführt und ausgewertet. Im besten Fall werden valide und reliable Skalen zur Erfassung der psychologischen Konstrukte wie Engagement oder Motivation eingesetzt (siehe Abschnitt 2.1.3 zu den psychometrischen Gütekriterien Validität und Reliabilität). Diese Art der Erfassung ist hilfreich, um datengestützte Aussagen im Hinblick auf die Einstellung der Mitarbeiter:innen zu treffen und diese deskriptiv zu beschreiben. Eine Mitarbeiter:innenbefragung hilft also, die erste aufgeworfene Frage zu beantworten: Wie motiviert, engagiert, zufrieden und committet sind die Mitarbeiter:innen? Eine jährliche Erfassung ist jedoch relativ statisch und zeitverzögert, denn Schwankungen in der Motivation oder der Zufriedenheit können nicht abgebildet werden. Das ist ein Nachteil, denn die Forschung zeigt, dass arbeitsbezogene Einstellungen sehr dynamisch sind. Diese schwanken auch über kurze Zeiträume in Abhängigkeit von internen und externen Faktoren, zum Beispiel aufgrund von negativen oder positiven Prozessen in einem Arbeitsteam (Ontrup & Kluge, 2022).

> Stellen wir uns zum Beispiel vor, ein Pharmaunternehmen führt Mitarbeiter:innenbefragungen zur Motivation und zum Engagement im Januar jeden Jahres durch. Die Daten werden im Frühjahr ausgewertet und bei negativen Trends werden Maßnahmen über den Verlauf des Jahres etabliert. Nun rollte im März des Jahres 2020 die Coronapandemie heran und das Unternehmen musste viele Prozesse ad hoc umstellen. Von heute auf morgen gab es eine Vielzahl neuer Arbeitsbedingungen: Mitarbeiter:innen, die bisher ausschließlich im Büro gearbeitet haben, arbeiteten nun im Homeoffice, statt Face-to-Face-Teammeetings wurden diese virtuell durchgeführt, und es wurde Schichtdienst eingeführt, um die Gefahr zu minimieren, dass sich ganze Abteilungen infizieren. Der jährliche Turnus der Mitarbeiter:innenbefragungen wird hier wenig hilfreich sein, um die Auswirkungen dieser Veränderungen auf die arbeitsbezogenen Einstellungen zu verstehen. Wenngleich einige der Maßnahmen für die Reduzierung der Infektionen wichtig waren, wäre es dennoch hilfreich gewesen, zu verstehen, wie diese von den Mitarbeiter:innen aufgenommen wurden, was zu Unmut oder Demotivation führte, um frühzeitig – d.h. bevor die Mitarbeiter:innen kündigen – mit entsprechenden Anpassungen oder Kommunikationsmaßnahmen darauf reagieren zu können.

Das Beispiel der Pandemie ist drastisch. Die grundsätzliche Idee, dass die arbeitsbezogenen Einstellungen aufgrund von organisationalen, gesellschaftlichen, aufgabenbezogenen oder persönlichen Ereignissen schwanken (z.B. neue Teamzusammensetzungen, Abteilungsfusionen, Führungskräftewechsel, Wechsel im Management, Einführung neuer Software, Deadline-Verschiebungen in Projekten, Inflation, tarifliche Änderungen, ...) lässt sich aber übertragen. Die Relevanz der dynamischeren, kontinuierlichen Erfassung von arbeitsbezogenen Einstellungen zeigt sich auch darin, dass insbesondere das *relative Ausmaß* der Einstellungen für Kündigungsabsichten relevant ist und diese besser vorhersagt als der absolute Wert (Häfner & Truschel, 2022). So zeigte sich beispielsweise, dass eine *Abnahme* des Commitments über die Zeit bedeutsam die Kündigung einer Person innerhalb der nächsten Monate vorhersagt (Bentein, Vandenberghe, Vandenberg & Stinglhamber, 2005). Um also negative *Trends* in den arbeitsbezogenen Einstellungen und deren Dynamiken rechtzeitig zu verstehen – d.h. bevor Mitarbeiter:innen Kündigungsabsichten formen –, geraten zunehmend alternative Datenquellen in den Fokus, welche dynamischere Einblicke in Faktoren wie Zufriedenheit oder Motivation geben können (Garcia-Arroyo & Osca, 2021; King, 2016).

In Kapitel 2 haben wir alternative Datenquellen kennengelernt, die zur Erfassung motivationaler Zustände dienen könnten. Beispielsweise können Informationen aus Spurendaten (Trace Data) wie E-Mails, Kommentare in Chat-Verläufen oder auf Bewertungsportalen (z.B. *Glassdoor*) Stimmungen von Mitarbeiter:innen wiedergeben (Marr, 2018a). Die Nutzung von Daten, welche nicht zum primären Zweck der Datenanalyse im Rahmen eines HR-A-Projektes erhoben wurden, ist allerdings datenschutzrechtlich sensibel, d.h. nur weil die Daten prinzipiell vorliegen, dürfen sie nicht ohne Einverständnis für sekundäre Zwecke weiterverwendet werden (siehe Kapitel 2 und 3). Hierbei sind eine informierte Einwilligung, aggregierte Erfassung und Auswertung der Daten, welche den Rückschluss auf Individuen unterbindet (siehe Kapitel 3), und transparentes Stakeholder Management von großer Bedeutung (siehe Kapitel 6). Der datenschutzrechtlich unbedenklichere Weg ist die explizite Generierung neuer Daten für HR-A-Projekte.

Eine Option, sich einer explizit dynamischeren Messung und Analyse von Einstellungen anzunähern, sind sogenannte *Pulsbefragungen* (Pulse Surveys oder Pulse Check). Unter Pulsbefragungen werden digitale Kurzumfragen unter den Mitarbeiter:innen in kurzen Zeitabständen verstanden: Im Vergleich zum klassischen jährlichen Mitarbeiter:innen-Feedback enthält eine Pulsbefragung nur sehr wenige Fragen und wird in kurzen zeitlichen Abständen (alle zwei bis vier Wochen) durchgeführt (Garg, Kiwelekar, Netak & Ghodake, 2021). Da einzelne, geschlossene Fragen nicht zwangsläufig eine hohe Variabilität über die Zeit auf Gruppenebene abbilden können, werden offene Fragenformate (kleine Kommentare o.Ä.) empfohlen (Brown, 2022). Zum Teil werden die Fragen rotiert, sodass nicht jede Person jede Frage zu jedem Zeitpunkt beantwortet, womit die „Belastung" der Mitarbeiter:innen durch die wiederholte Beantwortung von Fragen reduziert wird. Die offenen Antworten können Impulse für wichtige Themen liefern, die die Mitarbeiter:innen beschäftigen und die für deren Motivation oder Zufriedenheit akut von Relevanz sind. Diese Themen können dann bei weiteren (z.B. jährlichen, umfangreicheren) Befragungen aufgegriffen und vertieft werden (Brown, 2022). Wenngleich diese Art der Datenerhebung nicht neu ist (es gleicht beispielsweise dem Experience Sampling; Barrett & Barrett, 2001), gewinnt sie aufgrund der technischen Entwicklungen an Bedeutung. So war es lange Zeit sehr aufwendig, offene Antwortformate auszuwerten (Brown, 2022). Nun wird es zunehmend einfacher und günstiger, digitale Kurzumfragen in die unternehmensinternen IT-Lösungen zu implementieren, und es gibt eine Vielzahl an IT-Dienstleistern, die auch die automatisierte Analyse von Pulsbefragungen anbieten.

Neben der kontinuierlicheren Erfassung von arbeitsbezogenen Einstellungen wird die automatisierte Analyse dieser Daten durch den technologischen Fortschritt einfacher, sodass nicht nur eine konstantere Datenerfassung, sondern ebenfalls eine zeitnahe Auswertung – und damit Handeln – sichergestellt wird. Sentiment Analysis (oder Opinion Mining) beschreibt hierbei die computergestützte Auswertung von „natürlicher Sprache", d.h. von Meinungen, Einstellungen und Emotionen, die Menschen (meistens) schriftlich im Hinblick auf beispielsweise die Organisation, ein Team oder ein Produkt äußern (Medhat, Hassan & Korashy, 2014). Sentiment Analysis kann offene Antworten von Pulsbefragungen automatisch auswerten und somit in Echtzeit die „Stimmungen" (z.B. Engagement, Zufriedenheit oder Motivation) der Belegschaft einfangen.

Ein Beispiel für eine solch automatisierte Auswertung passiv generierter Datenquellen ist die Plattform *Yammer*. Yammer ist eine unternehmensinterne Kommunikationssoftware, in welcher die Analyse der schriftlichen Kommentare über das Feature *Crane* integriert werden kann (Leicht-Deobald et al., 2019; Simonite, 2012). Konkret werden die Emotionen der Mitarbeiter:innen grafisch auf aggregierter Ebene dargestellt, um Führungskräften die aktuelle Stimmung in ihrer Abteilung auf Basis der gehäuft geäußerten Emotionen anzuzeigen (Leicht-Deobald et al., 2019). So soll die Datenanalyse direkt zum Führungsinstrument werden (Welbourne, 2016). Denn gut aufbereitete Analysen und Dashboards können den verantwortlichen Führungskräften helfen, Entscheidungen zu treffen oder ein Anker für ein Gespräch zwischen HR und Führungskraft sein: Kels und Vormbusch (2020) zitieren die Leiter zweier HR-A-Projekte, die angeben, dass sie in Dashboards dargestellte Daten/Analysen nutzen, um Führungskräfte auf die Stimmungslage in deren Teams hinzuweisen und ihnen so „einen Tipp zu geben", zum Beispiel im Hinblick auf Personengruppen mit hoher Fluktuationswahrscheinlichkeit.

Wichtig an dieser Stelle ist erneut die Betonung der Einhaltung der Datenschutzrichtlinien, d.h. diese Prozesse müssen transparent kommuniziert sein (siehe Kapitel 6). Mitarbeiter:innen müssen über die Datensammlungsprozesse informiert sein und Gelegenheit bekommen, diesen aktiv zuzustimmen oder ohne Konsequenz die Einwilligung abzulehnen. Aus datenschutzrechtlicher Sicht einfacher und akzeptierter ist die Analyse von Daten, welche explizit für den Zweck eines HR-A-Projektes generiert werden, beispielsweise auf Basis von Pulsbefragungen. Garg et al. (2021) beschreiben einen Natural-Language-Processing-Algorithmus, der natürliche Sprachkommentare aus Pulsbefragungen im Hinblick auf das Engagement der Mitarbeiter:innen analysiert (i-Pulse). Die KI-gestützte Lösung erfasst die Essenz der Mitarbeiter:innen-Feedback-Kommentare und stellt diese aufbereitet als Schlüsselwörter bereit, sodass das Engagement in Echtzeit dargestellt werden kann. Anbieter wie *Kazoo* (WorkTango), *Glint* oder *Workday* bieten kommerzielle und individualisierbare Kurzbefragungen und Auswertungen als Dienstleistung an und zeigen gleichzeitig präskriptiv Beziehungen zu ausgewählten KPIs (Key Performance Indicators) auf. Workday beschreibt „Workday Peakon Employee Voice" auf der Website (abgerufen am 25.08.22) als „eine Plattform mit echtzeitbasierten Stimmungstrends in der Belegschaft, kontinuierlichem Feedback zur Mitarbeiterzufriedenheit und personalisierten, präskriptiven Handlungsempfehlungen". Gerade die Verknüpfung mit relevanten KPIs ist ein entscheidender Aspekt, wenn Unternehmen von rein deskriptivem HR-A zu prädiktivem und präskriptivem HR-A kommen wollen.

Denn zu wissen, ob Mitarbeiter:innen mehr oder weniger zufrieden oder motiviert sind und wie sich dies über die Zeit entwickelt, ist gut. Wichtig für Handlungsempfehlungen ist jedoch, die Zusammenhänge zu relevanten Outcomes – beispielsweise zur Fluktuation – zu verstehen. Eine Option, die arbeitsbezogenen Einstellungen und relevante KPIs in einer gemeinsamen Auswertung zu betrachten, ist die Analyse von Mitarbeiter:innen-Clustern („Employee Cluster"; vgl. Abschnitt 10.2). Wie das aussehen könnte, beschreiben Vande Griek, Clauson und Eby (2020) in ihrer Studie. Die Autor:innen stellen eine Typologie von Mitarbeiter:innen auf, die sich im Hinblick auf ihre *Proaktivität* und ihre *organisationale Karriereentwicklung* unterscheiden. Schauen wir zunächst, was diese beiden Konstrukte bedeuten: Mitarbeiter:innen mit hoher Proaktivität zeichnen sich dadurch aus, dass sie Eigeninitiative zeigen und von sich aus Maßnahmen initiieren, um Arbeitsprozesse oder -aufgaben zu verbessern. Organisationale Karriereentwicklung beschreibt das Ausmaß, in dem eine Person das Gefühl hat, dass sie in der Organisation ihre Karriereziele erreichen kann. In Abbildung 36 sind vier Cluster von Mitarbeiter:innen dargestellt, die sich im Hinblick auf diese beiden Konstrukte, also in ihrer Proaktivität und organisationalen Karriereentwicklung (hoch vs. niedrig), unterscheiden. Wie in der Abbildung aufgezeigt, unterscheiden sich diese Cluster zudem dahingehend, ob die Wahrscheinlichkeit für Turnover erhöht ist. Im Hinblick auf Personalbindungsmaßnahmen ist insbesondere die Gruppe „Flight Risk" (übersetzt „Fluchtrisiko": Bezeichnung aus Originalstudie übernommen) von Bedeutung. Mitarbeiter:innen in dieser Gruppe haben nicht das Gefühl, dass sie ihre Karriereziele in der Organisation erreichen können. Gleichzeitig zeichnen sie sich durch hohe Proaktivität aus – sie initiieren Veränderungen von sich aus. Diese Kombination führt dazu, dass diese Gruppe sich mit höherer Wahrscheinlichkeit (proaktiv) nach einem anderen Job umschaut. Geeignete Personalbindungsmaßnahmen in den Bereichen Karriereentwicklung und Training und Weiterbildung können hier die Chance für Bleibeabsichten steigern. Dies bedeutet nicht, dass es nicht gleichermaßen wichtig bleibt, auch Mitarbeiter:innen der anderen Cluster zu binden. Es erlaubt jedoch eine Fokussierung der Bemühungen bei limitierten Ressourcen.

Die Kenntnis solcher Mitarbeiter:innen-Cluster in der eigenen Organisation kann damit zu einer Art Frühwarnsystem werden, denn sie sensibilisiert beispielsweise Führungskräfte dazu, „genau hinzuschauen" und erlaubt darüber hinaus die Auswahl von Personalbindungsmaßnahmen für spezifische Gruppen. Vorstellbar ist auch, dass Analysen eine Art

Abbildung 36: Typologie von Mitarbeiter:innen, die sich im Hinblick auf ihre Performance und Turnover-Intentionen unterscheiden (angelehnt an Vande Griek et al., 2020)

Grenzwert liefern und so dabei helfen, individualisierte Personalbindungsbemühungen zu forcieren. Ein Unternehmen könnte beispielsweise feststellen, dass bei Mitarbeiter:innen, die mehr als fünf Jahre in der Organisation sind und während dieser Zeit keine Positionswechsel innerhalb der Organisation vorgenommen haben, die Wahrscheinlichkeit für Fluktuation überproportional steigt. Nähern sich Mitarbeiter:innen dieser Jahresgrenze, kann das Unternehmen also – spätestens dann – proaktiv über Karriereentwicklung mit den jeweiligen Personen sprechen, um so potenziellen Fluktuationen entgegenzuwirken.

Neben dem Bilden von Clustern erlaubt die dynamische – d.h. längsschnittliche – Analyse der arbeitsbezogenen Einstellungen im Zusammenhang mit relevanten KPIs oder konkreten Ereignissen praktische Handlungsimplikationen.

Ein Beispiel: Die Mitarbeiter:innen berichten nach ihren jährlichen Feedbackgesprächen im Schnitt weniger Motivation und Zufriedenheit als davor. Da wir wissen, dass geringe Motivation und geringe Zufriedenheit entscheidend die Kündigungsabsicht erhöhen, ist es wichtig, dieser Dynamik auf den Grund zu gehen. Je nachdem, was sich in nachfolgenden Analysen oder Gesprächen zeigt, könnten sich gegebenenfalls Führungskräftetrainings zum Thema Feedbackgespräche anbieten. Ein weiteres Beispiel: Ein Unternehmen stellt fest, dass mit steigender Teamdiversität das Risiko für negative Teamprozesse (Konflikte, Mistrauen) signifikant ansteigt, was wiederum die Wahrscheinlichkeit für Fluktuationsabsichten der Teammitglieder steigert. Sobald klar ist, dass eine Neubesetzung im Team zu gesteigerter Diversität führt, könnten entsprechende Teamtrainingsmaßnahmen begleitend eingeleitet werden.

Zusammengefasst haben wir die dynamische und längsschnittliche Analyse arbeitsbezogener Einstellungen (z.B. Motivation, Commitment, Zufriedenheit oder Engagement) im Zusammenhang mit strategisch relevanten KPIs diskutiert, die die Entscheidungsfindung im Hinblick auf Personalmaßnahmen unterstützen soll. Im Kontext dieses Kapitels ging es konkret um die Entscheidungsfindung im Hinblick auf Personalbindungsmaßnahmen. Im Allgemeinen kann die Analyse arbeitsbezogener Einstellungen auch bei der Entscheidungsfindung in anderen Personalarbeitsbereichen unterstützen, z.B. zur Beurteilung der Notwendigkeit und Evaluation von Learning- und Development-Angeboten. Die Ausrichtung der Analysen orientiert sich an den strategischen Zielen der Organisation und den entsprechend abgeleiteten strategischen HR-Zielen (siehe Kapitel 1).

Wichtig ist, dass diese Analysen und Ergebnisse immer nur Aussagen über Gruppen und damit *Wahrscheinlichkeiten* darstellen – individuelle Betrachtungen werden davon zwangsläufig abweichen. Es ist unzulässig, anzunehmen, dass eine Person definitiv kündigen wird, weil sie wenig oder abnehmende arbeitsbezogene Einstellungen berichtet. Dies ist wichtig, zu verstehen, da es Missverständnissen und Ungleichbehandlungen vorbeugt, denn eine Fehlinterpretation könnte im Zweifelsfall dazu führen, dass diese Person zum Beispiel nicht für Beförderungen in Erwägung gezogen wird, „da sie ja eh gehen wird". Analysen und abgeleitete Implikationen sollten demnach immer für Gruppen von Mitarbeiter:innen gelten und verstanden werden. Sofern sich die Vorhersagen im Schnitt häufiger bewahrheiten, als dass sie es nicht tun, entsteht ein Mehrwert für HR (Wirges et al., 2020).

10.5 Strategische Personalplanung

Im Abschnitt 10.2 („Turnover Analytics") haben wir beschrieben, dass neben dem Ziel der adaptiven Personalbindungsmaßnahmenplanung Turnover Analytics auch die Ziele verfolgt, unbesetzte Stellen zu reduzieren und den zeitlichen Vorlauf für Neueinstellungen zu reduzieren (Mishra et al., 2016). Das Thema Turnover Analytics geht daher Hand in Hand mit der strategischen Personalplanung, welche wir auch schon in Kapitel 9 angesprochen haben. Im vorangegangenen Kapitel haben wir im Kontext von Learning Analytics beschrieben, dass eine Analyse der Kompetenzen der Mitarbeiter:innen es erlaubt, Lern- und Entwicklungsfelder zu identifizieren (siehe Abschnitt 9.4). Das Thema der strategischen Personalplanung umfasst jedoch nicht nur die strategische Personalentwicklung, sondern ebenfalls die Frage nach notwendigen Neueinstellungen und strategischer Nachfolgeplanung und adressiert darüber hinaus das Zusammenspiel zwischen strategischer Ausrichtung und Personalbedarf.

Wissen Sie, ...
- ... für wie viel Prozent der Führungspositionen in Ihrem Unternehmen derzeit ein Ersatz bereitsteht, um die Position wieder zu besetzen?
- ... inwieweit die Erschließung neuer Geschäftsfelder die Neueinstellung weiteren Personals mit entsprechenden Kompetenzen bedingt – oder ob diese Kompetenzen bereits im Unternehmen vorhanden sind?
- ... ob es eine Überkapazität oder Lücken spezifischer Kompetenzen im Unternehmen gibt?
- ... inwieweit sich globale Entwicklungen (z. B. steigende Bedeutung nachhaltiger Produktion) auf die in Zukunft benötigten Kompetenzen der Belegschaft auswirken werden?

Diese Fragen sind aus Personalplanungssicht entscheidend, um mittel- und langfristig nicht nur Wissens- und Kompetenzmanagement zu betreiben, sondern auch entsprechende Rekrutierungsprozesse anzustoßen.

Definition: Strategische Personalplanung

Unter *strategischer Personalplanung* wird die systematische und zukunftsgerichtete Analyse des Personalbedarfs verstanden, die dazu dient, auch mittel- und langfristig sicherzustellen, dass die zur Erreichung der organisationalen Ziele notwendigen Arbeitskräfte und Kompetenzen im Unternehmen vorhanden sind (Mayo, 2015).

Im Rahmen der strategischen Personalplanung werden die Fragen beantwortet: Welchen Personalbestand habe ich heute? Und wie sieht dieser morgen aus? Was werde ich übermorgen brauchen? Dabei geht es sowohl darum, zu beschreiben, wie viele Arbeitskräfte benötigt werden (Quantität), als auch die heute und in Zukunft erforderlichen Kompetenzen qualitativ zu beschreiben (Rump, Stracke, Wilms & Zapp, 2020). Im Gegensatz zur operativen Personalplanung, die sich auf einen kurzfristigen Planungshorizont (z. B. laufendes Geschäftsjahr) bezieht, schaut die strategische Personalplanung auf den mittel- und langfristigen Horizont (zwei bis zehn Jahre) und fungiert damit als Brücke zwischen der organisationalen Strategie und dem Personalmanagement (Rump et al., 2020).

In Abbildung 37 ist ein prototypischer Ablauf der strategischen Personalplanung skizziert, der bei der langfristigen Strategie der Organisation ansetzt und über die Analyse der aktuellen und künftigen Personalbedarfe (Demografie, Anzahl, Kompetenzen) zu der Frage nach notwendigen Maßnahmen kommt (Cotten, 2009; Rump et al., 2020). Eine Organisation könnte beispielsweise ein Wachstumsziel definiert haben, welches mit Produkteinführungen und verstärkter Kund:innenakquise einhergeht (Schritt 1). Wenn jedoch die Anzahl der Mitarbeiter:innen in Vertrieb und Verkauf nicht ausreicht, um die Akquise auszuweiten und einem größeren Kund:innenansturm gerecht zu werden (Schritt 2) oder aber die notwendigen Fähigkeiten und Fertigkeiten zur Entwicklung und zum Vertrieb neuer Produktlinien noch nicht vorhanden sind (Schritt 3), wird das Wachstumsziel schwierig zu erreichen sein (Albrecht & Bonifer, 2015). Stellt man jedoch frühzeitig das Delta zwischen aktuellem Personalbestand und vorhandenen Kompetenzen und dem antizipierten Bedarf fest, können Rekrutierungs- oder Weiterbildungsmaßnahmen eingeleitet werden (Cotten, 2009). Die Basis für die Planung des Kompetenzbedarfs baut auf den in Abschnitt 9.4 beschriebenen Aktivitäten auf: Dreh- und Angelpunkt für die strategische Personalplanung ist ein organisationsspezifisches Kompetenzmodell, insbesondere die Beschreibung von Jobfamilien. Dies ist wichtig, denn die Planung des Kompetenzbedarfs

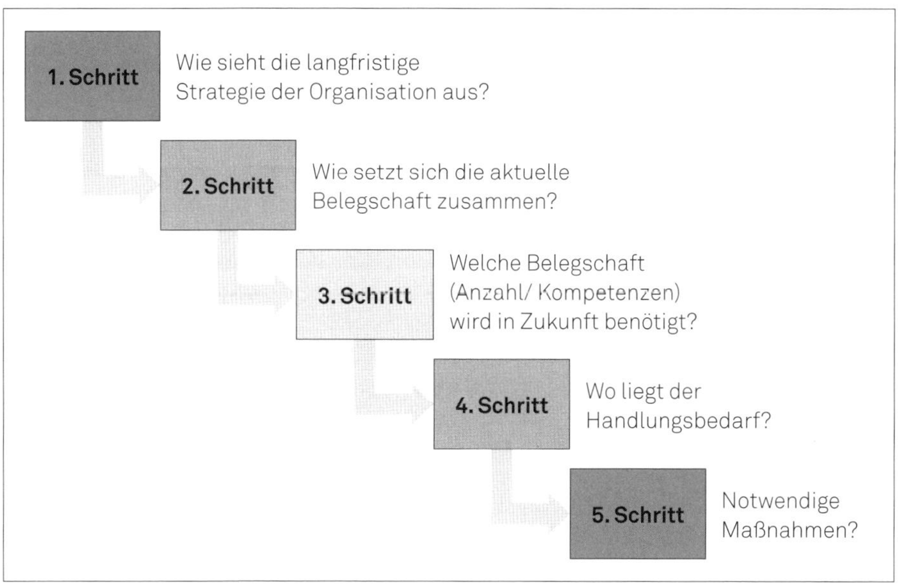

Abbildung 37: Ein prototypischer Ablauf der strategischen Personalplanung (angelehnt an Rump et al., 2020)

erfolgt dabei nicht für einzelne Personen (die Entwicklung von Individuen lässt sich nur über einen sehr kurzen Zeitraum vorhersagen – mit Ausnahme altersbedingter, unvermeidbarer Fluktuationen), sondern für Gruppen von Mitarbeiter:innen, für sogenannte Jobfamilien (Berendes, Kumpf & Delarue, 2016). Zur Erinnerung: Eine Jobfamilie setzt sich typischerweise aus einer Gruppe von Beschäftigten zusammen, die durch ähnliche Merkmale charakterisiert sind wie z. B. berufliche Qualifikation oder Ausbildung, Fähigkeiten/Fertigkeiten oder eine ähnliche Ebene in der Organisationshierarchie (Mayo, 2015; für eine ausführliche Beschreibung siehe Abschnitt 9.4).

Die strategische Personalplanung geht über die Turnover-Analysen hinaus, denn neben den vermeidbaren und unvermeidbaren Abwanderungen von Mitarbeiter:innen sind für den künftigen Personalbedarf auch zukünftige Entwicklungen relevant (Berendes et al., 2016). Diese können sich beispielsweise durch allgemeine Trends in der Arbeitswelt (z. B. Globalisierung, Ressourcenmangel, Wertewandel, Klimawandel; Cotten, 2009; Rump & Eilers, 2020) oder geplante Änderungen der Geschäftsmodelle (z. B. Zusammenlegung von Geschäftsbereichen, Entwicklung neuer Produkte; Rump et al., 2020) ergeben. Im Folgenden wollen wir uns anschauen, welchen Beitrag HR-A zur strategischen Personalplanung leisten kann.

10.6 Workforce Planning Analytics

Bei der strategischen Personalplanung geht es darum, Informationen zum aktuellen Personalbestand und -bedarf abzugleichen, und für diesen Abgleich sind aktuelle, akkurate und konsistent verfügbare Daten notwendig (Cotten, 2009). *Workforce Planning Analytics* bedeutet also, strategische Personalplanung auf Basis integrierter Daten zu betreiben – und nicht ausschließlich auf der Basis von Erfahrungen und des eigenen Bauchgefühls. Den Begriff Workforce Analytics verwenden viele Autor:innen synonym zu den Begriffen HR-A oder People Analytics (Tursunbayeva et al., 2018), weswegen wir hier explizit von Workforce Planning Analytics sprechen, um speziell die Analyse von Daten zur systematischen und zukunftsgerichteten Analyse des Personalbedarfs zu beschreiben (auch: *Workforce Modeling;* Willis, Cave & Kunc, 2018). Cotten (2009) schlägt zentrale Metriken vor, welche zum Zweck von Workforce Planning Analytics gesammelt werden können:

- Personalstatistiken (insgesamt und aufgeteilt nach Aufgaben oder Positionen), z. B. Dienstjahre, Besoldungsgruppe, Einstufung, geografische Verteilung und demografische Merkmale
- Prozentsatz der Mitarbeiter:innen, die in den nächsten fünf Jahren in den Ruhestand gehen können
- Prozentsatz der Mitarbeiter:innen, die erfolgskritische Funktionen bekleiden und die in den nächsten fünf Jahren in den Ruhestand gehen können
- Anzahl der Führungspositionen im Nachfolgeplan
- Anzahl an Fachpositionen-Stellen im Nachfolgeplan
- Prozentsatz der Führungspositionen im Nachfolgeplan, für die ein geeigneter Talent-Pool vorhanden ist
- Prozentsatz der geschäftsprozessbezogenen Funktionen, die von Berater:innen vor Ort ausgeführt werden
- Verhältnis von zusätzlichem Personal zum Stammpersonal
- Verhältnis der Stundensätze für zusätzliches Personal zu vergleichbaren Stundensätzen für Stammpersonal, einschließlich Zusatzleistungen und Gemeinkosten.

Auch die Nutzung datengestützter Kompetenzmodelle (siehe Kapitel 5 und 9) lässt sich im Kontext von Workforce Planning Analytics integrieren, um vorhandene und zukünftig notwendige Kompetenzen zu beschreiben. Diese Datenpunkte bilden den Ausgangspunkt zur Beschreibung des Ist-Zustands: Wie sieht die Belegschaft aktuell aus, welche Kompetenzen liegen vor? Für eine datengestützte Personalplanung benötigen wir Informationen darüber, was morgen und übermorgen notwendig sein wird. Wenngleich es logischerweise keine Daten über den morgigen Stand der Belegschaft gibt, können dennoch datengetriebene Szenarien entworfen werden. In solche simulierten Szenarien können zum einen externe, nicht zu beeinflussende Faktoren (z. B. gesetzliches Renteneintrittsalter), aber auch direkt beeinflussbare Größen (z. B. Anzahl Auszubildende) einfließen (Berendes et al., 2016). Unter Berücksichtigung der historischen Daten (der frühere und der aktuelle Stand der Belegschaft) in Kombination mit den unbeeinflussbaren und den beeinflussbaren Größen können dann verschiedene Szenarien simuliert werden. So kann die Entwicklung des Personalbestands in Abhängigkeit von unterschiedlichen Entscheidungen (Anzahl Neueinstellungen, Größe der Wachstumsziele über die Jahre, Erweiterung des Produktportfolios, schwankende Fluktuationsrate, ...) simuliert werden. In einem noch größeren Rahmen können ergänzende Annahmen über die Zukunft einbezogen werden, beispielsweise in Bezug darauf, welche technischen, ökologischen, politischen oder sozialen Entwicklungen Effekte auf die Personalplanung haben könnten (auch *Horizon Scanning* genannt; Willis et al., 2018). Informationen über diese Faktoren können beispielsweise durch Interviews mit Stakeholdern, Stakeholder-Workshops oder Online-Umfragen generiert werden (Willis et al., 2018). Basierend auf der Häufigkeit der Nennung von bestimmten externen Treibern kann auch eine Priorisierung für das eigene Unternehmen vorgenommen werden.

Auf diese Art und Weise werden verschiedene Entscheidungen im Hinblick auf eine Situation „durchdacht", um auf der Basis die Entscheidungsfindung zu verbessern. Beispielsweise kann modelliert werden, ob ein Cross-Training der vorhandenen Werker:innen in einer Produktionsstätte sich positiver auf die Produktivität auswirkt im Vergleich zu Neueinstellungen und den damit verbundenen Kosten (Wirojanagud, Gel, Fowler & Cardy, 2007). Ein weiteres Beispiel ist die Anwendung von Workforce Planning Analytics auf nationaler Ebene.

> In England wurde auf Basis simulierter Szenarien die Planung der Gesundheitsversorgung im Hinblick auf den Bedarf verschiedener Berufsgruppen vorgenommen (Willis et al., 2018): Ein Modell für Medizinstudierende berücksichtigte vier Szenerien, die sich im Hinblick auf die Drop-Out-Raten im Studium und die Verfügbarkeit von Fördermitteln unterschieden. Die Modelle prognostizierten ein Überangebot an Krankenhausärzt:innen, während die Zahl der Hausärzt:innen unter dem Bedarf lag. So konnten Maßnahmen direkt in die Ausbildung der Medizinstudierenden integriert werden, die sicherstellen, dass auch der Bedarf an Hausärzt:innen in Zukunft gedeckt werden kann (Willis et al., 2018).

Natürlich bleibt die Zukunft ungewiss und kann – gerade auf lange Zeit – nicht vorhergesagt werden. Die Entwicklung von Szenarien und die Betrachtung der Konsequenzen für die Personalplanung erlauben aber eine Vorbereitung auf potenzielle Entwicklungen, die es möglich machen, verschiedene Aktionspläne vorzubereiten, die je nach Entwicklung eingesetzt werden können (Berendes et al., 2016). Die Analyse verschiedener Zukunftsszenarien und deren Auswirkungen auf den Personalbedarf erlaubt die Ableitung von Implikationen für ...

- ... die Personalrekrutierung (wie viele und welche Personen müssen wann eingestellt werden?)
- ... das Talent Management (welche Jobfamilien werden auch in Zukunft zentrale Treiber zur Erreichung der organisationalen Ziele sein?) und damit verbunden

- ... das Fluktuationsmanagement (welche Talentgruppen haben ein erhöhtes Fluktuationsrisiko und sollten daher gebunden werden?)
- ... das Kompetenzmanagement (Identifikation von Skill-Gaps, welche durch Trainings- und Weiterbildungsmaßnahmen geschlossen werden können).

10.7 Abschließende und integrierende Betrachtung

Vielen Organisationen sind die (hohen) Kosten der Nachbesetzung einer Stelle bewusst und der Fachkräftemangel macht die Notwendigkeit zur Bindung der Leistungsträger:innen sehr deutlich. Fluktuation zu reduzieren, die Mitarbeiter:innen zu binden und langfristig strategisch den Personalbestand zu planen, sind daher Themen, die bei vielen Unternehmen ganz oben auf der „Agenda" stehen und damit häufig das Ziel (erster) HR-A-Projekte werden. HR-A kann adaptive Personalbindungsmaßnahmen gestalten helfen, die verschiedene Mitarbeiter:innen passgenau ansprechen, sodass die Anzahl unbesetzter Stellen reduziert werden kann. Gleichzeitig kann durch datengestützte Vorhersagen der zeitliche Vorlauf für Neueinstellungen verlängert werden. Zentral für einen ethischen Einsatz von HR-A im Kontext von Fluktuation, Bindung und strategischer Personalplanung ist, dass stets Aussagen über Gruppen und damit Wahrscheinlichkeiten berechnet werden. Auch wenn ein Modell theoretisch das Fluktuationsrisiko für einzelne Mitarbeiter:innen berechnen kann, ist es unangemessen anzunehmen, dass Person A definitiv kündigen und Person B definitiv bleiben wird – weil er oder sie zunehmende oder abnehmende arbeitsbezogene Einstellungen berichten. Ein Mehrwert wird durch HR-A im Kontext von Personalbindung und -planung dadurch geschaffen, dass sich Vorhersagen auf Basis der Daten häufiger bewahrheiten, als dass sie es nicht tun, sodass entsprechend den Erkenntnissen zielgerichtete HR-Maßnahmen ermöglicht werden.

Es zeigt sich außerdem, dass Workforce Planning Analytics einen Dreh- und Angelpunkt zwischen verschiedenen Personalarbeitsbereichen und den entsprechenden Analytics-Prozessen, welche wir in den Anwendungskapiteln 7 bis 10 vorgestellt haben, bildet. Dies macht auch noch einmal deutlich, dass die im Buch vorgestellten HR-A-Anwendungsbereiche nicht überschneidungsfrei sind, sondern sich Analysen und ihre Implikationen ergänzen. HR-A sollte daher in seiner Anwendung im Rahmen der Funktionsbereiche nicht isoliert betrachtet werden, sondern es liefert Puzzlestücke, die in ihren Analyseergebnissen und Implikationen in der Gesamtheit zur Erreichung der organisationalen Ziele beitragen. Stellen Sie sich vor, ein Dienstleistungsunternehmen stellt fest, dass ungewöhnlich hohe Fluktuationsraten in bestimmten Abteilungen vorkommen. Dieses Ergebnis kann Folgeprojekte in den Bereichen Rekrutierung (werden die „falschen" Personen eingestellt?), Leistungsbeurteilung (welche Personen gehen; handelt es sich um unerwünschte Fluktuation, da primär die Leistungsträger:innen das Unternehmen verlassen?) oder Learning und Development (wenn beispielsweise ein Grund für die Fluktuation in mangelnden organisationalen Karriereaussichten liegt) anstoßen. So wird das Ergebnis des einen HR-A-Projektes die Fragestellung für das nächste Projekt liefern können, um die Ergebnisse besser zu verstehen oder abgeleitete Implikationen in ihrer Wirkung zu evaluieren. Wichtig ist dabei, das große Ganze nicht aus dem Auge zu verlieren, also den Beitrag von HR-A zu den strategischen Zielen der Organisation. Wird HR-A gleichzeitig in den beschriebenen rechtlichen und ethischen Grenzen betrieben, sodass alle Stakeholder auf ganzheitliche Art und Weise „mitgenommen" und bedacht werden, kann von ganzheitlichem, datengestütztem Personalmanagement gesprochen werden.

Anhang

Literatur

Abrell, C., Rowold, J. & Flasche, S. (2015). Leistungsbeurteilung. In J. Rowold (Hrsg.), *Human Resource Management. Lehrbuch für Bachelor und Master* (2. Aufl., S. 255–264). Berlin: Springer Gabler.

Adams, I. & Mastracci, S. (2018). Police body-worn cameras: Effects on officers' burnout and perceived organizational support. *Police Quarterly, 22,* 5–30. https://doi.org/10.1177/1098611118783987

Ahmad, A., Zafar, J., Hafeez, M. & Aamir, M. (2019). Measuring the influence of HR professionals' competencies and effectiveness. *Pakistan Journal of Social Sciences (PJSS), 39,* 603–613.

Albrecht, C. & Bonifer, G.-E. (2015). Zukunftsorientiertes Personalmanagement mit SAS als Garant wertorientierter Unternehmensführung. In S. Strohmeier & F. Piazza (Hrsg.), *Human Resource Intelligence und Analytics. Grundlagen, Anbieter, Erfahrungen und Trends* (S. 221–248). Wiesbaden: Springer Gabler. https://doi.org/10.1007/978-3-658-03596-9_7

Al-Emadi, A. A. Q., Schwabenland, C. & Wei, Q. (2015). The vital role of employee retention in Human Resource Management: A literature review. *The IUP Journal of Organizational Behavior, 14,* 7–32.

Alge, B. J. (2001). Effects of computer surveillance on perceptions of privacy and procedural justice. *Journal of Applied Psychology, 86,* 797–804. https://doi.org/10.1037/0021-9010.86.4.797

Allen, D., Bryant, P. C. & Vardaman, J. M. (2010). Retaining talent: Replacing misconceptions with evidence-based strategies. *Academy of Management Perspectives, 24,* 48–64.

Andersen, M. K. (2016, June 16). *Six must-have competencies in a world-class analytics team.* Retrieved from https://www.linkedin.com/pulse/six-must-have-competencies-world-class-analytics-team-andersen

Angrave, D., Charlwood, A., Kirkpatrick, I., Lawrence, M. & Stuart, M. (2016). HR and analytics: Why HR is set to fail the big data challenge. *Human Resource Management Journal, 26,* 1–11. https://doi.org/10.1111/1748-8583.12090

Applin, S. A. & Fischer, M. D. (2013, June). *Watching Me, Watching You. (Process surveillance and agency in the workplace).* Paper presented at the 2013 IEEE International Symposium on Technology and Society (ISTAS): Social Implications of Wearable Computing and Augmediated Reality in Everyday Life, Toronto, ON, Canada.

Armoneit, C., Schuler, H. & Hell, B. (2020). Nutzung, Validität, Praktikabilität und Akzeptanz psychologischer Personalauswahlverfahren in Deutschland 1985, 1993, 2007, 2020. *Zeitschrift für Arbeits- und Organisationspsychologie, 64,* 65–80. https://doi.org/10.1026/0932-4089/a000311

Backhaus, K. & Tikoo, S. (2004). Conceptualizing and researching employer branding. *Career Development International, 9,* 501–517. https://doi.org/10.1108/13620430410550754

Bald, J. & Kanning, U. W. (2019). Urteilsverzerrungen in der Personalauswahl – Schneiden Bewerberinnen, die mit Akzent sprechen, im Interview schlechter ab und welche Rolle spielt die Erfahrung der Entscheidungsträger? *Journal of Business and Media Psychology, 10,* 49–56.

Barber, A. E. (1998). *Recruiting employees. Individual and organizational perspectives.* Thousand Oaks, CA: Sage.

Barney, J. B. & Wright, P. M. (1998). On becoming a strategic partner: The role of human resources in gaining competitive advantage. *Human Resource Management, 37,* 31–46. https://doi.org/10.1002/(SICI)1099-050X(199821)37:1<31::AID-HRM4>3.0.CO;2-W

Barrett, L. F. & Barrett, D. J. (2001). An introduction to computerized experience sampling in psychology. *Social Science Computer Review, 19,* 175–185. https://doi.org/10.1177/089443930101900204

Bartels, L. K. & Nordstrom, C. R. (2012). Examining big brother's purpose for using electronic performance monitoring. *Performance Improvement Quarterly, 25,* 65–77. https://doi.org/10.1002/piq.20140

Bartzik, M. & Peifer, C. (2019). Identifikation fördert Flow, bessere Leistung und vor allem das Wohlbefinden. *Wirtschaftspsychologie aktuell, 3,* 27–32.

Bechervaise, C. (2020). *AI adoption in HR – Lessons from Unilever.* Retrieved from https://takeitpersonelly.com/2020/01/24/ai-adoption-in-hr-lessons-from-unilever/

Becker, F.G. (2009). *Grundlagen betrieblicher Leistungsbeurteilungen. Leistungsverständnis und -prinzip, Beurteilungsproblematik und Verfahrensprobleme*. Stuttgart: Schäffer-Poeschel.

Beddoes, K. (2020). Interdisciplinary teamwork artefacts and practices: A typology for promoting successful teamwork in engineering education. *Australasian Journal of Engineering Education, 25,* 133–141. https://doi.org/10.1080/22054952.2020.1836753

Behrendt, M. (2018). Digitale HR-Organisation aus rechtlicher Sicht. In W. Appel & M. Wahler (Hrsg.), *Die digitale HR-Organisation. Wo wir stehen, was wir brauchen* (S. 87–96). Köln: Wolters-Kluwer.

Bentein, K., Vandenberghe, C., Vandenberg, R. & Stinglhamber, F. (2005). The role of change in the relationship between commitment and turnover: A latent growth modeling approach. *Journal of Applied Psychology, 90,* 468–482. https://doi.org/10.1037/0021-9010.90.3.468

Berendes, K., Kumpf, J. & Delarue, M. (2016). Strategische Personalplanung und HR Analytics. *HMD Praxis der Wirtschaftsinformatik, 53,* 828–837. https://doi.org/10.1365/s40702-016-0269-y

Berretta, S., Tausch, A., Peifer, C. & Kluge, A. (2022, März). *Messung von Wohlbefindens-, Motivations- und Identitätsförderlichkeit von Mensch-KI-Teaming-Arbeitsplätzen.* Vortrag auf dem 68. Frühjahrskongress „Technologie und Bildung in hybriden Arbeitswelten" der Gesellschaft für Arbeitswissenschaft (GfA), Magdeburg.

Bersin, J. (2013). *Big data in human resources: A world of haves and have-nots.* Retrieved from https://www.forbes.com/sites/joshbersin/2013/10/07/big-data-in-human-resources-a-world-of-haves-and-have-nots/#35622581200

Bersin, J. (2019, May 5). *People Analytics and AI in the workplace: Four Dimensions of Trust.* Retrieved from https://joshbersin.com/2019/05/the-ethics-of-ai-and-people-analytics-four-dimensions-of-trust/

Bhave, D.P. (2014). The invisible eye? Electronic performance monitoring and employee job performance. *Personnel Psychology, 67,* 605–635.

Biason, R.S. (2020). The effect of job satisfaction on employee retention. *International Journal of Economics, Commerce and Management, 3,* 405–413.

Biemann, T. & Weckmüller, H. (2018). Should I stay or should I go? *Personal Quarterly, 70,* 46–49.

Binder, J. (2018). Die europäische Datenschutz-Grundverordnung – Neue Anforderungen an den Datenschutz in der betrieblichen Praxis. In W. Appel & M. Wahler (Hrsg.), *Die digitale HR-Organisation. Wo wir stehen, was wir brauchen* (S. 97–106). Köln: Wolters-Kluwer.

Bissola, R. & Imperatori, B. (2014). The unexpected side of relational e-HRM. *Employee Relations, 36,* 376–397. https://doi.org/10.1108/ER-07-2013-0078

Blickle, G. (2019). Anforderungsanalyse. In F.W. Nerdinger, G. Blickle & N. Schaper (Hrsg.), *Arbeits- und Organisationspsychologie* (S. 235–249). Berlin: Springer.

Bohnet, I. (2016). Applying data to people decisions. In I. Bohnet (Ed.), *What Works* (pp. 103–122). Cambridge, MA: Harvard University Press.

Bordia, P. & DiFonzo, N. (2013). Rumors during organizational change: A motivational analysis. In S. Oreg, A. Michel & R. Todnem By (Eds.), *The psychology of organizational change. Viewing change from the employee's perspective* (pp. 232–252). Cambridge: Cambridge University Press. https://doi.org/10.1017/CBO9781139096690.015

Borg, I. (2003). *Führungsinstrument Mitarbeiterbefragung* (3. Aufl.). Göttingen: Hogrefe.

Boudreau, J.W. & Ramstad, P.M. (2004). *Talentship and Human Resource Measurement and Analysis: From ROI to Strategic Organizational Change (Working Paper).* Los Angeles, CA: Center for Effective Organizations.

Bradac, J.J. (2001). Theory comparison: Uncertainty reduction, problematic integration, uncertainty management, and other curious constructs. *Journal of Communication, 51,* 456–476. https://doi.org/10.1111/j.1460-2466.2001.tb02891.x

Brandstädter, S., Schleiting, Y. & Sonntag, K. (2018). Interdisziplinäre Kompetenz in der Wirtschaft. *Zeitschrift für Arbeitswissenschaft, 72,* 35–43. https://doi.org/10.1007/s41449-017-0080-9

Braun, M.T. & Kuljanin, G. (2015). Big data and the challenge of construct validity. *Industrial and Organizational Psychology, 8,* 521–527. https://doi.org/10.1017/iop.2015.77

Brence, F., Nowshad, A., Wallner, R. & Bauer, C. (2019). *Fluktuation und deren Auswirkung auf Unternehmen. Eine Studie von Deloitte Österreich.* Wien: Deloitte Consulting GmbH.

Brown, M. (2022). Investigating the promise and pitfalls of pulse surveys. *Industrial and Organizational Psychology, 15,* 137–149. https://doi.org/10.1017/iop.2021.124

Brynjolfsson, E., Hitt, L.M. & Kim, H.H. (2011). *Strength in Numbers: How does data-driven decision-making affect firm performance?* Retrieved from https://ssrn.com/abstract=1819486

Bursell, M. & Roumbanis, L. (2022). *Algorithmic evaluation in the recruitment process – does it increase diversity in organizations?* Manuscript in preparation.

Buss, S., Böldeke, G., Becker, D., Blumtritt, C., Daniels, M. & Striapunina, K. (2019). *Digital Economy Compass 2019.* Retrieved from https://de.statista.com/statistik/studie/id/52312/dokument/digital-economy-compass/

Cai, L. & Zhu, Y. (2015). The challenges of data quality and data quality assessment in the big data era. *Data Science Journal, 14,* 2. https://doi.org/10.5334/dsj-2015-002

Caldwell, R. (2009). HR business partner competency models: Re-contextualising effectiveness. *Human Resource Management International Digest, 17.* https://doi.org/10.1108/hrmid.2009.04417cad.003

Campion, M.A., Fink, A.A., Ruggeberg, B.J., Carr, L., Phillips, G.M. & Odman, R.B. (2011). Doing competencies well: Best practices in competency modeling. *Personnel Psychology, 64,* 225–262. https://doi.org/10.1111/j.1744-6570.2010.01207.x

Cascio, W.F. & Boudreau, J.W. (2016). The search for global competence: From international HR to talent management. *Journal of World Business, 51,* 103–114. https://doi.org/10.1016/j.jwb.2015.10.002

Cascio, W.F., Boudreau, J.W. & Fink, A.A. (2019). *Investing in People: Financial Impact of Human Resource Initiatives* (3rd ed.). Alexandria, VA: Society for Human Resource Management.

Chambers, E.G., Foulon, M., Handfield-Jones, H., Hankin, S.M. & Michaels, E.G. (1998). The war for talent. *McKinsey Quarterly, 3,* 44–57.

Chamorro-Premuzic, T., Akhtar, R., Winsborough, D. & Sherman, R.A. (2017). The datafication of talent: How technology is advancing the science of human potential at work. *Current Opinion in Behavioral Sciences, 18,* 13–16. https://doi.org/10.1016/j.cobeha.2017.04.007

Chandra, S., Shirish, A. & Srivastava, S.C. (2020). Theorizing technological spatial intrusion for ICT enabled employee innovation: The mediating role of perceived usefulness. *Technological Forecasting and Social Change, 161,* 120320. https://doi.org/10.1016/j.techfore.2020.120320

Chartered Institute of Personnel and Development (CIPD). (2013). *Talent analytics and big data – the challenge for HR.* Retrieved from https://www.cipd.co.uk/Images/talent-analytics-and-big-data_2013-challenge-for-hr_tcm18-9289.pdf

Chartered Institute of Personnel and Development (CIPD). (2017). *HR outlook. Views of our profession.* Retrieved from https://www.cipd.co.uk/Images/hr-outlook_2017_tcm18-17697.pdf

Chen, J.Y.C., Lakhmani, S.G., Stowers, K., Selkowitz, A.R., Wright, J.L. & Barnes, M. (2018). Situation awareness-based agent transparency and human-autonomy teaming effectiveness. *Theoretical Issues in Ergonomics Science, 19,* 259–282. https://doi.org/10.1080/1463922X.2017.1315750

Chen, S., Li, J., Andrienko, G., Andrienko, N., Wang, Y., Nguyen, P.H. et al. (2015). Supporting Story Synthesis: Bridging the Gap between Visual Analytics and Storytelling. *IEEE Transactions on Visualization and Computer Graphics, 26,* 2499–2516.

Cho, Y.J. & Poister, T.H. (2013). Human Resource Management Practices and Trust in Public Organizations. *Public Management Review, 15,* 816–838. https://doi.org/10.1080/14719037.2012.698854

Chouhbi, K. (2020, October 6). *Hippocratic Oath for Data Scientists.* Retrieved from https://towardsdatascience.com/hippocratic-oath-for-data-scientists-407d2db15a78

Claus, A.M. & Wiese, B.S. (2021). Interdisziplinäre Kompetenzen: Modellentwicklung und diagnostische Zugänge. Gruppe. Interaktion. Organisation. *Zeitschrift für Angewandte Organisationspsychologie (GIO), 52,* 279–288. https://doi.org/10.1007/s11612-021-00578-6

Cloutier, O., Felusiak, L., Hill, C. & Pemberton-Jones, E.-J. (2015). The Importance of Developing Strategies for Employee Retention. *Journal of Leadership, Accountability and Ethics, 12*(2), 119–129.

Coco, C.T. (2011). Connecting people investments and business outcomes at Lowe's. Using value linkage analytics to link employee engagement to business performance. *People & Strategy, 34,* 28–33.

Collings, D.G. & Mellahi, K. (2009). Strategic talent management: A review and research agenda. *Human Resource Management Review, 19,* 304–313. https://doi.org/10.1016/j.hrmr.2009.04.001

Colquitt, J.A., Conlon, D.E., Wesson, M.J., Porter, C.O.L.H. & Yee Ng, K. (2001). Justice at the millennium: A meta-analytic review of 25 years of organizational justice research. *Journal of Applied Psychology, 86,* 425–445. https://doi.org/10.1037/0021-9010.86.3.425

Combs, J., Liu, Y., Hall, A. & Ketchen, D. (2006). How much do high-performance work practices matter? A meta-analysis of their effects on organizational performance. *Personnel Psychology, 59,* 501–528. https://doi.org/10.1111/j.1744-6570.2006.00045.x

Cook, T.D. & Campbell, D.T. (1979). *Quasi-experimentation: Design and analysis issues for field settings.* Boston, MA: Houghton Mifflin.

Cornelissen, J. (2017). *Corporate communication: A guide to theory and practice.* Los Angeles, CA: Sage.

Cotten, A. (2009). *Seven Steps of Effective Workforce Planning.* Washington, DC: IBM Center for The Business of Government. Retrieved from https://businessofgovernment.org/sites/default/files/CottenReport.pdf

Council of Economic Advisors. (2018). *Addressing America's Reskilling Challenge.* Washington, DC: Executive Office of the President of the United States.

D'Innocenzo, L., Mathieu, J.E. & Kukenberger, M.R. (2016). A meta-analysis of different forms of shared leadership-team performance relations. *Journal of Management, 42,* 1964–1991. https://doi.org/10.1177/0149206314525205

Dannewitz, J. (2019, 6. November). *Datenskandal bei H&M: Geheimer Datenordner entdeckt.* Verfügbar unter https://www.dr-datenschutz.de/datenskandal-bei-hm-geheimer-datenordner-entdeckt/

Das, B.L. & Baruah, M. (2013). Employee Retention: A Review of Literature. *Journal of Business and Management, 14,* 8–16.

Dastin, J. (2018, October 11). *Amazon scraps secret AI recruiting tool that showed bias against women.* Retrieved from https://www.reuters.com/article/us-amazon-com-jobs-automation-insight-idUSKCN1MK08G

Davenport, T.H. (2006). Competing on analytics. *Harvard Business Review, 84,* 98–107.

Davenport, T.H., Harris, J. & Shapiro, J. (2010). Competing on talent analytics. *Harvard Business Review, 88,* 52–58.

Deci, E.L., Olafsen, A.H. & Ryan, R.M. (2017). Self-determination theory in work organizations: The state of a science. *Annual Review of Organizational Psychology and Organizational Behavior, 4,* 19–43. https://doi.org/10.1146/annurev-orgpsych-032516-113108

Deery, M. (2008). Talent management, work-life balance and retention strategies. *International Journal of Contemporary Hospitality Management, 20,* 792–806. https://doi.org/10.1108/09596110810897619

Dellermann, D., Calma, A., Lipusch, N., Weber, T., Weigel, S. & Ebel, P. (2021). *The future of human-AI collaboration: A taxonomy of design knowledge for hybrid intelligence systems.* Retrieved from https://arxiv.org/abs/2105.03354

DeNisi, A.S. & Murphy, K.R. (2017). Performance appraisal and performance management: 100 years of progress? *Journal of Applied Psychology, 102,* 421–433. https://doi.org/10.1037/apl0000085

DeShon, R.P., Kozlowski, S.W.J., Schmidt, A.M., Milner, K.R. & Wiechmann, D. (2004). A Multiple-Goal, Multilevel Model of Feedback Effects on the Regulation of Individual and Team Performance. *Journal of Applied Psychology, 89,* 1035–1056. https://doi.org/10.1037/0021-9010.89.6.1035

Deutsche Gesellschaft für Personalführung e.V. (DGFP). (Hrsg.). (2016). *Leitfaden: Kompetenzen im digitalisierten Unternehmen. Ergebnisse aus Expertenkreisen im Rahmen eines BMWi-geförderten Forschungsprojekts.* Verfügbar unter https://www.dgfp.de/fileadmin/user_upload/DGFP_e.V/Medien/Publikationen/Praxispapiere/201602_Praxispapier_Kompentenzen-im-digitalisierten-Unternehmen.pdf

Diagnostik- und Testkuratorium (Hrsg.). (2018). *Personalauswahl kompetent gestalten. Grundlagen und Praxis der Eignungsdiagnostik nach DIN 33430.* Berlin: Springer. https://doi.org/10.1007/978-3-662-53772-5

Dixit, P. (2017). Digitalisation – An Emerging Trend in Human Resource Practices. *Imperial Journal of Interdisciplinary Research, 3,* 2134–2138.

Domsch, M.E. & Ladwig, D. (Hrsg.). (2013). *Handbuch Mitarbeiterbefragung* (3. Aufl.). Berlin: Springer Gabler. https://doi.org/10.1007/978-3-642-35295-9

Dysvik, A. & Kuvaas, B. (2010). Exploring the relative and combined influence of mastery-approach goals and work intrinsic motivation on employee turnover intention. *Personnel Review, 39,* 622–638. https://doi.org/10.1108/00483481011064172

Edwards, M.R. & Edwards, K. (2019). *Predictive HR analytics: Mastering the HR metric* (2nd ed.). London: Kogan Page.

Europäische Kommission. (2021). *Vorschlag für eine Verordnung des europäischen Parlaments und des Rates zur Festlegung harmonisierter Vorschriften für künstliche Intelligenz (Gesetz über künstliche Intelligenz) und zur Änderung bestimmter Rechtsakte der Union.* Brüssel: Europäische Kommission.

Falletta, S.V. & Combs, W.L. (2021). The HR analytics cycle: A seven-step process for building evidence-based and ethical HR analytics capabilities. *Journal of Work-Applied Management, 13,* 51–68. https://doi.org/10.1108/JWAM-03-2020-0020

Fallgatter, M.J. (2013). Personalbeurteilung. In R. Stock-Homburg (Hrsg.), *Handbuch Strategisches Personalmanagement* (S. 171–185). Wiesbaden: Springer.

Fecheyr-Lippens, B., Schaninger, B. & Tanner, K. (2015, March 1). *Power to the new people analytics.* Retrieved from https://www.mckinsey.com/capabilities/people-and-organizational-performance/our-insights/power-to-the-new-people-analytics

Fernandez, J. (2019). The ball of wax we call HR analytics. *Strategic HR Review, 18,* 21–25. https://doi.org/10.1108/SHR-09-2018-0077

Fernandez, V. & Gallardo-Gallardo, E. (2021). Tackling the HR digitalization challenge: Key factors and barriers to HR analytics adoption. *Competitiveness Review: An International Business Journal, 31,* 162–187. https://doi.org/10.1108/CR-12-2019-0163

Fernández-Martínez, C. & Fernández, A. (2020). AI and recruiting software: Ethical and legal implications. *Paladyn, Journal of Behavioral Robotics, 11,* 199–216. https://doi.org/10.1515/pjbr-2020-0030

Fischer, S., Häusling, A., Mühlbauer, D., Huff, J., Süß, J., Vetter, C. et al. (2018). Implikationen von Arbeit 4.0 auf die Personalarbeit. In S. Werther & L. Bruckner (Hrsg.), *Arbeit 4.0 aktiv gestalten* (S. 87–161). Berlin: Springer.

Fitz-Enz, J. (1984). *How to measure human resources management.* New York: McGraw-Hill.

Fitz-Enz, J. (2010). *The new HR analytics. Predicting the economic value of your company's human capital investments.* New York, NY: AMACOM.

Fletcher, C. (2001). Performance appraisal and management: The developing research agenda. *Journal of Occupational and Organizational Psychology, 74,* 473–487. https://doi.org/10.1348/096317901167488

Folger, R. & Cropanzano, R. (1998). *Organizational Justice and HR Management.* Thousand Oaks, CA: Sage.

Frank, B. & Kluge, A. (2019). Is there one best way to support skill retention? Putting practice, testing and symbolic rehearsal to the test. *Zeitschrift für Arbeitswissenschaft, 73,* 214–228. https://doi.org/10.1007/s41449-018-00136-9

Frank, J.R., Mungroo, R., Ahmad, Y., Wang, M., De Rossi, S. & Horsley, T. (2010). Toward a definition of competency-based education in medicine: A systematic review of published definitions. *Medical Teacher, 32,* 631–637. https://doi.org/10.3109/0142159X.2010.500898

Freeman, R.E. (2010). *Strategic management: A stakeholder approach.* Cambridge: Cambridge University Press. https://doi.org/10.1017/CBO9781139192675

Friedrichsmeier, A. & Wannöffel, M. (2010). *Mitbestimmung und Partizipation – Das Management von demokratischer Beteiligung und Interessenvertretung an deutschen Hochschulen* (Arbeitspapier 203). Düsseldorf: Hans-Böckler-Stiftung. Verfügbar unter https://www.boeckler.de/pdf/p_arbp_203.pdf

Fu, N., Keegan, A. & McCartney, S. (2022). The duality of HR analysts' storytelling: Showcasing and curbing. *Human Resource Management Journal.* Advance online publication.

Gal, U., Jensen, T.B. & Stein, M.-K. (2020). Breaking the vicious cycle of algorithmic management: A virtue ethics approach to people analytics. *Information and Organization, 30,* 100301. https://doi.org/10.1016/j.infoandorg.2020.100301

Galemann, J. (2020). *People Analytics made in Germany – Leitfaden und Anwendungsbeispiel in einem mittelständischen Unternehmen* (Unveröffentlichte Masterarbeit). Ruhr-Universität Bochum.

Garavan, T., McCarthy, A., Lai, Y., Murphy, K., Sheehan, M. & Carbery, R. (2021). Training and organizational performance: A meta-analysis of temporal, institutional and organizational context moderators. *Human Resource Management Journal, 31,* 93–119. https://doi.org/10.1111/1748-8583.12284

Garcia-Arroyo, J. & Osca, A. (2021). Big data contributions to human resource management: A systematic review. *International Journal of Human Resource Management, 32,* 4337–4362. https://doi.org/10.1080/09585192.2019.1674357

Garg, R., Kiwelekar, A.W., Netak, L.D. & Ghodake, A. (2021). i-Pulse: A NLP based novel approach for employee engagement in logistics organization. *International Journal of Information Management Data Insights, 1,* 100011. https://doi.org/10.1016/j.jjimei.2021.100011

Gaur, B., Shukla, V.K. & Verma, A. (2019, April). *Strengthening people analytics through wearable iot device for real-time data collection.* Paper presented at the 2019 International Conference on Automation, Computational and Technology Management (ICACTM), London, UK.

George, G., Haas, M.R. & Pentland, A. (2014). Big Data and Management. *Academy of Management Journal, 57,* 321–326. https://doi.org/10.5465/amj.2014.4002

Gervais, J. (2016). The operational definition of competency-based education. *Journal of Competency-Based Education, 1,* 98–106. https://doi.org/10.1002/cbe2.1011

Giermindl, L.M., Strich, F., Christ, O., Leicht-Deobald, U. & Redzepi, A. (2022). The dark sides of people analytics: Reviewing the perils for organisations and employees. *European Journal of Information Systems, 31,* 410–435. https://doi.org/10.1080/0960085X.2021.1927213

Goldstein, I.L. & Ford, J.K. (2002). *Training in Organisations. Needs Assessment, Development, and Evaluation* (4th ed.). Wadsworth, OH: Cengage Learning.

Goodijk, R. (2002). Partnership at corporate level: The meaning of the stakeholder model. *Journal of Change Management, 3,* 225–241. https://doi.org/10.1080/714042537

Gray, A. (2016, January 19). *The 10 skills you need to thrive in the Fourth Industrial Revolution.* Retrieved from https://www.weforum.org/agenda/2016/01/the-10-skills-you-need-to-thrive-in-the-fourth-industrial-revolution/

Green, D. (2017). The best practices to excel at people analytics. *Journal of Organizational Effectiveness: People and Performance, 4,* 137–144. https://doi.org/10.1108/JOEPP-03-2017-0027

Green, D. (2020, July 21). *What is the Role of Leadership in Times of Crisis? (Interview with Tomas Chamorro-Premuzic)* [Podcast]. Retrieved from https://www.myhrfuture.com/digital-hr-leaders-podcast/2020/7/21/what-is-the-role-of-leadership-in-times-of-crisis

Griffith, T.L. (1993). Monitoring and performance: A comparison of computer and supervisor monitoring. *Journal of Applied Social Psychology, 23,* 549–572. https://doi.org/10.1111/j.1559-1816.1993.tb01103.x

Guenole, N. & Feinzig, S. (2018). *The Business Case for AI in HR. With Insights and Tips on Getting Started.* Armonk, NY: IBM Corporation. Retrieved from https://www.ibm.com/downloads/cas/AGKXJX6M

Guenole, N., Feinzig, S., Green, D. & Zhang, H. (2017). *HR analytics readiness: How does Europe compare to the rest of the world?* Armonk, NY: IBM Corporation.

Guenole, N., Ferrar, J. & Feinzig, S. (2017). *The power of people: Learn how successful organizations use workforce analytics to improve business performance.* Indianapolis, IN: Cisco Press.

Guzzo, R.A., Fink, A.A., King, E., Tonidandel, S. & Landis, R.S. (2015). Big Data Recommendations for Industrial-Organizational Psychology. *Industrial and Organizational Psychology, 8,* 491–508. https://doi.org/10.1017/iop.2015.40

Häfner, A. & Truschel, C. (2022). *Fluktuationsmanagement. Ungewollte Kündigungen vermeiden.* Göttingen: Hogrefe.

Hamilton, R.H. & Davison, H.K. (2021). Legal and Ethical Challenges for HR in Machine Learning. *Employee Responsibilities and Rights Journal, 34,* 19–39.

Hammonds, K.H. (2018, March 8). *Why we hate HR.* Retrieved from https://blog.12min.com/why-we-hate-hr-summary/

Hardt-Gawron, J. & Herrmann, D. (2015). Transformationale Führung und Innovationsförderung. In J. Felfe (Hrsg.), *Trends der psychologischen Führungsforschung. Neue Konzepte, Methoden und Erkenntnisse* (S. 277–288). Göttingen: Hogrefe.

Hargie, O., Tourish, D. & Wilson, N. (2002). Communication audits and the effects of increased information: A follow-up study. *Journal of Business Communication, 39,* 414–436. https://doi.org/10.1177/002194360203900402

Harter, J.K., Schmidt, F.L. & Hayes, T.L. (2002). Business-unit-level relationship between employee satisfaction, employee engagement, and business outcomes: A meta-analysis. *Journal of Applied Psychology, 87,* 268–279. https://doi.org/10.1037/0021-9010.87.2.268

Heathfield, S.M. (2021, February 16). *Reasons Why Employees Hate HR. What HR Managers Can Learn From Common Employee Gripes.* Retrieved from https://www.thebalancecareers.com/reasons-why-employees-hate-hr-1917590

Hebenstreit, R.K. (2008). A call to apply the principles of the enneagram in organizations to attract, retain and motivate employees. *The Enneagram Journal, 1,* 4–21.

Höft, S. & Goerke, P. (2014). Traditionelle Arbeits- und Anforderungsanalyse trifft modernen Kompetenzmanagementansatz: Rosenkrieg oder Traumhochzeit? *Wirtschaftspsychologie, 1,* 5–14.

Holling, H. & Liepmann, D. (2007). Personalentwicklung. In H. Schuler (Hrsg.), *Lehrbuch Organisationspsychologie* (4. Aufl., S. 345–384). Bern: Huber.

Holman, D., Chissick, C. & Totterdell, P. (2002). The effects of performance monitoring on emotional labor and well-being in call centers. *Motivation and Emotion, 26,* 57–81. https://doi.org/10.1023/A:1015194108376

Holst, S., Schütze, B. & Spyra, G. (2018). *Arbeitshilfe zur Pseudonymisierung/Anonymisierung.* Köln: Deutsche Gesellschaft für Medizinische Informatik, Biometrie und Epidemiologie e.V. (GMDS). Verfügbar unter https://gesundheitsdatenschutz.org/download/Pseudonymisierung-Anonymisierung.pdf

Holthaus, C., Park, Y. & Stock-Homburg, R. (2015). People Analytics und Datenschutz – Ein Widerspruch? *Datenschutz und Datensicherheit, 39,* 676–681. https://doi.org/10.1007/s11623-015-0497-2

Houser, K.A. (2019). *Can AI Solve the Diversity Problem in the Tech Industry? Mitigating Noise and Bias in Employment Decision-Making (Stanford Technology Law Review).* Retrieved from https://ssrn.com/abstract=3344751

Hsu, J. (2020). Can AI hiring systems be made antiracist? Makers and users of AI-assisted recruiting software reexamine the tools' development and how they're used [News]. *IEEE Spectrum, 57,* 9–11. https://doi.org/10.1109/MSPEC.2020.9173891

Humm, B. & Wietek, F. (2005). Architektur von Data Warehouses und Business Intelligence Systemen. *Informatik-Spektrum, 28,* 3–14. https://doi.org/10.1007/s00287-004-0450-5

Hunkenschroer, A.L. & Luetge, C. (2022). Ethics of AI-Enabled Recruiting and Selection: A Review and Research Agenda. *Journal of Business Ethics, 178,* 977–1007. https://doi.org/10.1007/s10551-022-05049-6

Ifenthaler, D. (2015). Learning analytics. In J.M. Spector (Ed.), *The SAGE encyclopedia of educational technology* (pp. 447–451). Thousand Oaks, CA: Sage.

Ifenthaler, D. & Greiff, S. (2022). Learning Analytics: Analyse von Bildungsdaten in der Berufsbildung. *Zeitschrift des Bundesinstitutes für Berufsbildung, 51,* 13–17.

Ifenthaler, D. & Yau, J.Y.-K. (2020). Utilising learning analytics to support study success in higher education: A systematic review. *Educational Technology Research and Development, 68,* 1961–1990. https://doi.org/10.1007/s11423-020-09788-z

Isson, J.P. & Harriott, J. (2016). *People analytics in the era of big data. Changing the way you attract, acquire, develop, and retain talent.* Hoboken, NJ: John Wiley & Sons. https://doi.org/10.1002/9781119083856

Ittermann, P. (2009). *Betriebliche Partizipation in Unternehmen der Neuen Medien. Innovative Formen der Beteiligung auf dem Prüfstand.* Frankfurt a. M.: Campus.

Jackson, S.E., Schuler, R.S. & Jiang, K. (2014). An aspirational framework for strategic human resource management. *Academy of Management Annals, 8,* 1–56. https://doi.org/10.5465/19416520.2014.872335

Jäger, W. & Petry, T. (2018). Digital HR – Ein Überblick. In T. Petry & W. Jäger (Hrsg.), *Digital HR. Smarte und agile Systeme, Prozesse und Strukturen im Personalmanagement* (S. 27–91). Freiburg i. Br.: Haufe.

James, G., Witten, D., Hastie, T. & Tibshirani, R. (2017). *An introduction to statistical learning. With applications in R.* New York, NY: Springer.

Jeske, D. & Santuzzi, A. M. (2015). Monitoring what and how: Psychological implications of electronic performance monitoring. *New Technology, Work and Employment, 30,* 62–78. https://doi.org/10.1111/ntwe.12039

Jiang, K., Lepak, D. P., Hu, J. & Baer, J. C. (2012). How does human resource management influence organizational outcomes? A meta-analytic investigation of mediating mechanisms. *Academy of Management Journal, 55,* 1264–1294. https://doi.org/10.5465/amj.2011.0088

Jimmieson, N. L., Rafferty, A. E. & Allen, J. E. (2013). Quality of change communication and employee responses to change. In S. Oreg, A. Michel & R. Todnem By (Eds.), *The psychology of organizational change. Viewing change from the employee's perspective* (pp. 147–231). Cambridge: Cambridge University Press. https://doi.org/10.1017/CBO9781139096690.014

Johnson, R. D., Lukaszewski, K. M. & Stone, D. L. (2016). The Evolution of the Field of Human Resource Information Systems: Co-Evolution of Technology and HR Processes. *Communications of the Association for Information Systems, 38,* 533–553. https://doi.org/10.17705/1CAIS.03828

Jones, B. L. (2020, September 29). I monitor my staff with software that takes screenshots. *BBC News.* Retrieved from https://www.bbc.com/news/business-54289152

Jörden, N. M., Sage, D. & Trusson, C. (2022). „It's so fake": Identity performances and cynicism within a people analytics team. *Human Resource Management Journal, 32* (3), 524–539. https://doi.org/10.1111/1748-8583.12412

Kahneman, D. (2012). *Thinking, fast and slow.* London: Penguin Books.

Kalischko, T. & Riedl, R. (2021). Electronic Performance Monitoring in the Digital Workplace: Conceptualization, Review of Effects and Moderators, and Future Research Opportunities. *Frontiers in Psychology, 12.* https://doi.org/10.3389/fpsyg.2021.633031

Kanan, R., Elhassan, O. & Bensalem, R. (2018). An IoT-based autonomous system for workers' safety in construction sites with real-time alarming, monitoring, and positioning strategies. *Automation in Construction, 88,* 73–86. https://doi.org/10.1016/j.autcon.2017.12.033

Kanfer, R. (1990). Motivation theory and Industrial/Organizational psychology. In M. D. Dunnette & L. Hough (Eds.), *Handbook of industrial and organizational psychology* (pp. 75–170). Palo Alto, CA: Consulting Psychologists Press.

Kaptein, M. & van Tulder, R. (2017). Toward effective stakeholder dialogue. *Business and Society Review, 108,* 203–224. https://doi.org/10.1111/1467-8594.00161

Karwehl, L. J. & Kauffeld, S. (2021). Traditional and new ways in competence management: Application of HR analytics in competence management. Gruppe. Interaktion. Organisation. *Zeitschrift für Angewandte Organisationspsychologie (GIO), 52,* 7–24. https://doi.org/10.1007/s11612-021-00548-y

Kauffeld, S. (Hrsg.). (2014). *Arbeits-, Organisations- und Personalpsychologie für Bachelor* (2. Aufl.). Berlin: Springer. https://doi.org/10.1007/978-3-642-42065-8

Kaur, J. & Fink, A. A. (2017). *Trends and Practices in Talent Analytics* (SHRM-SIOP Science of HR White Paper Series). Retrieved from https://www.shrm.org/hr-today/trends-and-forecasting/special-reports-and-expert-views/Documents/2017%2010_SHRM-SIOP%20Talent%20Analytics.pdf

Kels, P. & Vormbusch, U. (2020). People Analytics im Personalmanagement. Auf dem Weg zur automatisierten Entscheidungskultur? Industrielle Beziehungen. *Zeitschrift für Arbeit, Organisation und Management, 27,* 69–88. https://doi.org/10.3224/indbez.v27i1.04

Kemper, H. G., Baars, H. & Mehanna, W. (2010). *Business Intelligence – Grundlagen und praktische Anwendungen* (3. Aufl.). Wiesbaden: Vieweg + Teubner.

Kersting, K., Lampert, C. & Rothkopf, C. (Hrsg.). (2019). *Wie Maschinen lernen. Künstliche Intelligenz verständlich erklärt.* Wiesbaden: Springer. https://doi.org/10.1007/978-3-658-26763-6

Kim, J. (2018). The contrary effects of intrinsic and extrinsic motivations on burnout and turnover intention in the public sector. *International Journal of Manpower, 39,* 486–500. https://doi.org/10.1108/IJM-03-2017-0053

King, K. G. (2016). Data Analytics in Human Resources. *Human Resource Development Review, 15,* 487–495. https://doi.org/10.1177/1534484316675818

Kirkpatrick, D. L. (1959). Four-level training evaluation model. *US Training and Development Journal, 13*(8), 34–47.

Kirkpatrick, D. L. (1998). *Evaluating Training Programs: The four levels* (2nd ed.). San Francisco, CA: Berrett-Koehler Publishers.

Klonek, F. & Parker, S. K. (2021). Designing SMART teamwork. How work design can boost performance in virtual teams. *Organizational Dynamics, 50,* 100841. https://doi.org/10.1016/j.orgdyn.2021.100841

Kluge, A. (2021). *Arbeits- und Organisationspsychologie*. Stuttgart: Kohlhammer.

Kluge, A. & Hagemann, V. (2019). Organisations- und Personalentwicklung – Zielorientierte Veränderungen von Organisationen sowie von Mitarbeiterinnen und Mitarbeitern. In T. Porsch & B. Werdes (Hrsg.), *Verwaltungspsychologie. Ein Lehrbuch für Studiengänge der öffentlichen Verwaltung* (S. 63–102). Göttingen: Hogrefe.

Kluge, A., Ontrup, G., Langholf, V. & Wilkens, U. (2021). Mensch-KI-Teaming: Mensch und Künstliche Intelligenz in der Arbeitswelt von morgen. *Zeitschrift für wirtschaftlichen Fabrikbetrieb, 116,* 728–734. https://doi.org/10.1515/zwf-2021-0112

Köchling, A. & Wehner, M. (2020). Discriminated by an algorithm: A systematic review of discrimination and fairness by algorithmic decision-making in the context of HR recruitment and HR development. *Business Research, 13,* 795–848. https://doi.org/10.1007/s40685-020-00134-w

Korman, A. K. (1971). Expectancies as determinants of performance. *Journal of Applied Psychology, 55,* 218–222. https://doi.org/10.1037/h0031154

Kremer, K. (2018). HR analytics and its moderating factors. *Vezetéstudomány/Budapest Management Review, 49,* 62–68. https://doi.org/10.14267/VEZTUD.2018.11.07

Krumm, S., Mertin, I. & Dries, C. (2012). *Kompetenzmodelle*. Göttingen: Hogrefe.

Kryscynski, D., Reeves, C., Stice-Lusvardi, R., Ulrich, M. & Russell, G. (2018). Analytical abilities and the performance of HR professionals. *Human Resource Management, 57,* 715–738. https://doi.org/10.1002/hrm.21854

Kühl, E. (2015, 2. Juli). Meine Freundin ist kein Gorilla. *Zeit Online*. Verfügbar unter https://www.zeit.de/digital/internet/2015-07/google-fotos-algorithmus-rassismus

Kulik, J. A. & Kulik, C.-L. C. (1988). Timing of Feedback and Verbal Learning. *Review of Educational Research, 58,* 79–97. https://doi.org/10.3102/00346543058001079

Kulkarni, S. B. & Che, X. (2019). Intelligent Software Tools for Recruiting. *Journal of International Technology and Information Management, 28*(2), Article 1. https://doi.org/10.58729/1941-6679.1398

Kuncel, N. R., Klieger, D. M., Connelly, B. S. & Ones, D. S. (2013). Mechanical versus clinical data combination in selection and admissions decisions: A meta-analysis. *Journal of Applied Psychology, 98,* 1060–1072. https://doi.org/10.1037/a0034156

Lanwehr, R. & Gober, P. (2017). Schutz persönlicher Daten am Arbeitsplatz – das Projekt Marble. In C. Reindl & S. Krügl (Hrsg.), *People Analytics in der Praxis. Mit Datenanalyse zu besseren Entscheidungen im Personalmanagement* (S. 94–97). Freiburg i. Br.: Haufe.

Läsker, K. (2019, 20. Oktober). TUI-Manager über Mikrochip-Implantate: „Der Chip ist Teil meines Körpers geworden". *Spiegel Online*. Verfügbar unter https://www.spiegel.de/karriere/schweden-tui-mitarbeiter-tragen-mikrochips-unter-der-haut-a-1287060.html

Lebrenz, C. (2017). *Strategisches Kompetenzmanagement*. Wiesbaden: Springer.

Leicht-Deobald, U., Busch, T., Schank, C., Weibel, A., Schafheitle, S., Wildhaber, I. et al. (2019). The Challenges of Algorithm-Based HR Decision-Making for Personal Integrity. *Journal of Business Ethics, 160,* 377–392. https://doi.org/10.1007/s10551-019-04204-w

Lepak, D. P. & Snell, S. A. (1998). Virtual HR: Strategic human resource management in the 21st century. *Human Resource Management Review, 8,* 215–234. https://doi.org/10.1016/S1053-4822(98)90003-1

Levenson, A. (2018). Using workforce analytics to improve strategy execution. *Human Resource Management, 57,* 685–700. https://doi.org/10.1002/hrm.21850

Lewinski, K., De Barros Fritz, R. & Biermeier, K. (2019). *Bestehende und künftige Regelungen des Einsatzes von Algorithmen im HR-Bereich*. Berlin: AW AlgorithmWatch gGmbH.

Liebenow, D., Uedelhoven, S., Stricker, M. & Nachtwei, J. (2020). Qualität im Kompetenzmanagement: Eine explorative Studie zur Entwicklung eines Benchmarks für Kompetenzmodellierung und Kompetenzmodell (BeKom). *Zeitschrift für Arbeits- und Organisationspsychologie, 64,* 120–148. https://doi.org/10.1026/0932-4089/a000324

Liebert, K. & Talg, A. (2018). Künstliche Intelligenz und das Lernen der Zukunft. In K. Schwuchow & J. Gutmann (Hrsg.), *HR-Trends 2019. Strategie, Digitalisierung, Diversität, Demografie* (S. 197–207). Freiburg i. Br.: Haufe.

Lin, Y.-T., Hung, T.-W. & Huang, L. T.-L. (2021). Engineering Equity: How AI Can Help Reduce the Harm of Implicit Bias. *Philosophy & Technology, 34,* 65–90. https://doi.org/10.1007/s13347-020-00406-7

Lina, M. A. (2019). Human Resource Information System (HRIS): An Important Element of Modern Organization. *Global Disclosure of Economics and Business, 8,* 61–66. https://doi.org/10.18034/gdeb.v8i2.98

Lohaus, D. & Schuler, H. (2014). Leistungsbeurteilung. In H. Schuler & U. P. Kanning (Hrsg.), *Lehrbuch der Personalpsychologie* (3. Aufl., S. 357–411). Göttingen: Hogrefe.

Luciano, M. M., Mathieu, J. E., Park, S. & Tannenbaum, S. I. (2018). A Fitting Approach to Construct and Measurement Alignment. *Organizational Research Methods, 21,* 592–632. https://doi.org/10.1177/1094428117728372

Luhmann, M. (2020). *R für Einsteiger. Einführung in die Statistiksoftware für die Sozialwissenschaften* (5. Aufl.). Weinheim: Beltz.

Luna-Arocas, R. & Camps, J. (2007). A model of high performance work practices and turnover intentions. *Personnel Review, 37,* 26–46. https://doi.org/10.1108/00483480810839950

Mallo, J., Nordstrom, C. R., Bartels, L. K. & Traxler, A. (2007). The effect of age and task difficulty. *Performance Improvement Quarterly, 20,* 49–63. https://doi.org/10.1111/j.1937-8327.2007.tb00431.x

Marcus, B. (2011). *Personalpsychologie.* Wiesbaden: VS Verlag für Sozialwissenschaften. https://doi.org/10.1007/978-3-531-93093-0

Marler, J. H. & Boudreau, J. W. (2017). An evidence-based review of HR Analytics. *International Journal of Human Resource Management, 28,* 3–26. https://doi.org/10.1080/09585192.2016.1244699

Marler, J. H. & Fisher, S. L. (2013). An evidence-based review of e-HRM and strategic human resource management. *Human Resource Management Review, 23,* 18–36. https://doi.org/10.1016/j.hrmr.2012.06.002

Marler, J. H. & Parry, E. (2016). Human resource management, strategic involvement and e-HRM technology. *International Journal of Human Resource Management, 27,* 2233–2253. https://doi.org/10.1080/09585192.2015.1091980

Marr, B. (2018a). *Data-driven HR. How to use analytics and metrics to drive performance.* New York, NY: Kogan Page.

Marr, B. (2018b). *The Amazing Ways How Unilever Uses Artificial Intelligence To Recruit & Train Thousands Of Employees.* Retrieved from https://www.forbes.com/sites/bernardmarr/2018/12/14/the-amazing-ways-how-unilever-uses-artificial-intelligence-to-recruit-train-thousands-of-employees/?sh=72c57d466274

Martins, T. F. D. O. (2015). *The role of communication satisfaction in attitudes towards gossip: A moderated mediation model* (Dissertation). Instituto Universitário de Lisboa.

Mast, C. (2007). Interne Unternehmenskommunikation: Der Dialog mit Mitarbeitern und Führungskräften. In M. Piwinger & A. Zerfaß (Hrsg.), *Handbuch Unternehmenskommunikation* (S. 757–776). Berlin: Springer.

Mayer, R. C., Davis, J. H. & Schoorman, F. D. (1995). An Integrative Model of Organizational Trust. *Academy of Management Review, 20,* 709–734. https://doi.org/10.2307/258792

Mayo, A. (2015). Strategic workforce planning – a vital business activity. *Strategic HR Review, 14,* 174–181. https://doi.org/10.1108/SHR-08-2015-0063

Mayo, A. (2018). Applying HR analytics to talent management. *Strategic HR Review, 17* (5), 247–254. https://doi.org/10.1108/SHR-08-2018-0072

McAbee, S. T., Landis, R. S. & Burke, M. I. (2017). Inductive reasoning: The promise of big data. *Human Resource Management Review, 27,* 277–290. https://doi.org/10.1016/j.hrmr.2016.08.005

McCartney, S. & Fu, N. (2022a). Promise versus reality: A systematic review of the ongoing debates in people analytics. *Journal of Organizational Effectiveness: People and Performance, 9,* 281–311. https://doi.org/10.1108/JOEPP-01-2021-0013

McCartney, S. & Fu, N. (2022b). Bridging the gap: Why, how and when HR analytics can impact organizational performance. *Management Decision, 60,* 25–47. https://doi.org/10.1108/MD-12-2020-1581

McCartney, S., Murphy, C. & McCarthy, J. (2020). 21st century HR: A competency model for the emerging role of HR Analysts. *Personnel Review, 50,* 1495–1513. https://doi.org/10.1108/PR-12-2019-0670

McIver, D., Lengnick-Hall, M.L. & Lengnick-Hall, C.A. (2018). A strategic approach to workforce analytics: Integrating science and agility. *Business Horizons, 61,* 397–407. https://doi.org/10.1016/j.bushor.2018.01.005

McNall, L.A. & Roch, S.G. (2007). Effects of electronic monitoring types on perceptions of procedural justice, interpersonal justice, and privacy. *Journal of Applied Social Psychology, 37,* 658–682. https://doi.org/10.1111/j.1559-1816.2007.00179.x

McNall, L.A. & Roch, S.G. (2009). A social exchange model of employee reactions to electronic performance monitoring. *Human Performance, 22,* 204–224. https://doi.org/10.1080/08959280902970385

Medhat, W., Hassan, A. & Korashy, H. (2014). Sentiment analysis algorithms and applications: A survey. *Ain Shams Engineering Journal, 5,* 1093–1113. https://doi.org/10.1016/j.asej.2014.04.011

Meehl, P.E. (1954). *Clinical versus statistical prediction: A theoretical analysis and a review of the evidence.* Minneapolis, MN: University of Minnesota Press.

Merritt, S.M., Ako-Brew, A., Bryant, W.J., Staley, A., McKenna, M., Leone, A. et al. (2019). Automation-Induced Complacency Potential: Development and Validation of a New Scale. *Frontiers in Psychology, 10,* 225. https://doi.org/10.3389/fpsyg.2019.00225

Meske, C., Bunde, E., Schneider, J. & Gersch, M. (2022). Explainable Artificial Intelligence: Objectives, Stakeholders, and Future Research Opportunities. *Information Systems Management, 39,* 53–63. https://doi.org/10.1080/10580530.2020.1849465

Meyer, J.P., Stanley, D.J., Herscovitch, L. & Topolnytsky, L. (2002). Affective, continuance, and normative commitment to the organization: A meta-analysis of antecedents, correlates, and consequences. *Journal of Vocational Behavior, 61,* 20–52. https://doi.org/10.1006/jvbe.2001.1842

Michelson, G. & Mouly, S. (2000). Rumour and gossip in organisations: A conceptual study. *Management Decision, 38,* 339–346. https://doi.org/10.1108/00251740010340508

Mishra, S.N., Lama, D.R. & Pal, Y. (2016). Human Resource Predictive Analytics (HRPA) for HR Management in Organizations. *International Journal of Scientific & Technology Research, 5,* 33–35.

Moosbrugger, H. & Kelava, A. (Hrsg.). (2020). *Testtheorie und Fragebogenkonstruktion* (3. Aufl.). Berlin: Springer. https://doi.org/10.1007/978-3-662-61532-4

Mowday, R.T., Steers, R.M. & Porter, L.W. (1979). The measurement of organizational commitment. *Journal of Vocational Behavior, 14,* 224–247. https://doi.org/10.1016/0001-8791(79)90072-1

Mühlbauer, D., Huff, J. & Süß, J. (2018). People Analytics und Arbeit 4.0. In S. Werther & L. Bruckner (Hrsg.), *Arbeit 4.0 aktiv gestalten* (S. 107–132). Berlin: Springer.

Müller, K. (2022). *DBI: R Database Interface* (R Package Version 1.1.3) [Computer software].

Müller, K., Wickham, H., James, D.A. & Falcon, S. (2022). *RSQLite: SQLite Interface for R* (R Package Version 2.2.17) [Computer software].

Murray-Webster, R. & Simon, P. (2006). Making Sense of Stakeholder Mapping. *PM World Today, 8* (11), 1–5.

Nartey, L.J., Henisz, W.J. & Dorobantu, S. (2023). Reciprocity in Firm-Stakeholder Dialog: Timeliness, Valence, Richness, and Topicality. *Journal of Business Ethics, 183,* 429–451.

Nebeker, D.M. & Tatum, B.C. (1993). The effects of computer monitoring, standards, and rewards on work performance, job satisfaction, and stress. *Journal of Applied Social Psychology, 23,* 508–536. https://doi.org/10.1111/j.1559-1816.1993.tb01101.x

Nerdinger, F.W., Blickle, G. & Schaper, N. (2019). *Arbeits- und Organisationspsychologie* (4. Aufl.). Berlin: Springer. https://doi.org/10.1007/978-3-662-56666-4

Newman, D.T., Fast, N.J. & Harmon, D.J. (2020). When eliminating bias isn't fair: Algorithmic reductionism and procedural justice in human resource decisions. *Organizational Behavior and Human Decision Processes, 160,* 149–167. https://doi.org/10.1016/j.obhdp.2020.03.008

Obeidat, S.M. (2016). The link between e-HRM use and HRM effectiveness: An empirical study. *Personnel Review, 45,* 1281–1301. https://doi.org/10.1108/PR-04-2015-0111

Ochmann, J. & Laumer, S. (2019). Fairness as a Determinant of AI Adoption in Recruiting: An Interview-based Study. In *DIGIT 2019 Proceedings*. Retrieved from https://aisel.aisnet.org/digit2019/16

Ochmann, J. & Laumer, S. (2020, March). *AI Recruitment: Explaining job seekers' acceptance of automation in human resource management*. Paper presented at the 15th International Conference on Wirtschaftsinformatik, Potsdam.

Ochmann, J., Zilker, S. & Laumer, S. (2021). The Evaluation of the Black Box Problem for AI-Based Recommendations: An Interview-Based Study. In F. Ahlemann, R. Schütte & S. Stieglitz (Eds.), *Innovation Through Information Systems. Volume II: A Collection of Latest Research on Technology Issues* (pp. 232–246). Cham, CH: Springer Nature. https://doi.org/10.1007/978-3-030-86797-3_16

Olenski, S. (2017, February 6). *Why C-Levels Need to Think about eLearning and Artificial Intelligence*. Retrieved from https://www.forbes.com/sites/steveolenski/2017/02/06/why-c-levels-need-to-think-about-e-learning-and-artificial-intelligence/?sh=377cd7a7ff70

Ontrup, G., Berretta, S., Tausch, A. & Kluge, A. (2022, June). *CollaborAId SMART: A theoretical outline of work and team context criteria for achieving synergetic Human-AI-Teaming*. Poster presented at the International Conference on Hybrid Human-Machine Intelligence, Amsterdam.

Ontrup, G. & Kluge, A. (2022). My team makes me think I can (not) do it: Team processes influence proactive motivational profiles over time. *Team Performance Management: An International Journal, 28,* 21–44. https://doi.org/10.1108/TPM-05-2021-0036

Ontrup, G., Schempp, P.S. & Kluge, A. (2022). Choosing the right (HR) metrics: Digital data for capturing team proactivity and determinants of content validity. *Journal of Organizational Effectiveness: People and Performance, 9,* 212–232. https://doi.org/10.1108/JOEPP-03-2021-0064

Ooms, J., James, D., DebRoy, S., Wickham, H. & Horner, J. (2021). *RMySQL: Database Interface and 'MySQL' Driver for R* (R Package Version 0.10.23) [Computer software]

Ooms, J., Miller, D & Provos, N. (2018). *bcrypt: 'Blowfish' Password Hashing Algorithm* (R Package Version 1.1) [Computer software]

Pandita, D. & Ray, S. (2018). Talent management and employee engagement – a meta-analysis of their impact on talent retention. *Industrial and Commercial Training, 50,* 185–199. https://doi.org/10.1108/ICT-09-2017-0073

Panos, S. & Bellou, V. (2016). Maximizing e-HRM outcomes: A moderated mediation path. *Management Decision, 54,* 1088–1109. https://doi.org/10.1108/MD-07-2015-0269

Park, J. & Min, H. (2020). Turnover intention in the hospitality industry: A meta-analysis. *International Journal of Hospitality Management, 90,* 102599. https://doi.org/10.1016/j.ijhm.2020.102599

Parry, E. & Tyson, S. (2011). Desired goals and actual outcomes of e-HRM. *Human Resource Management Journal, 21,* 335–354. https://doi.org/10.1111/j.1748-8583.2010.00149.x

Paruzel, A., Klug, H.J.P. & Maier, G.W. (2021). The Relationship Between Perceived Corporate Social Responsibility and Employee-Related Outcomes: A Meta-Analysis. *Frontiers in Psychology, 12,* 607108. https://doi.org/10.3389/fpsyg.2021.607108

Pease, G., Byerly, B. & Fitz-Enz, J. (2012). *Human capital analytics: How to harness the potential of your organization's greatest asset*. Hoboken, NJ: John Wiley & Sons. https://doi.org/10.1002/9781119205050

Peeters, T., Paauwe, J. & Van De Voorde, K. (2020). People analytics effectiveness: Developing a framework. *Journal of Organizational Effectiveness: People and Performance, 7,* 203–219. https://doi.org/10.1108/JOEPP-04-2020-0071

Petry, T. & Jäger, W. (Hrsg.). (2021). *Digital HR: Smarte und agile Systeme, Prozesse und Strukturen im Personalmanagement* (2. Aufl.). Freiburg i. Br.: Haufe. https://doi.org/10.34157/9783648147535

Posthuma, R.A., Campion, M.C., Masimova, M. & Campion, M.A. (2013). A High Performance Work Practices Taxonomy: Integrating the Literature and Directing Future Research. *Journal of Management, 39,* 1184–1220. https://doi.org/10.1177/0149206313478184

Project Management Institute. (2013). *A guide to the project management body of knowledge (PMBOK guide)* (5th ed.). Newtown Square, PA: Project Management Institute.

Pytlik, M. (2009, 23. Oktober). *Deutsche Bahn akzeptiert Millionenstrafe im Datenskandal.* Verfügbar unter https://www.zdnet.de/41516325/deutsche-bahn-akzeptiert-millionenstrafe-im-datenskandal/

Rąb-Kettler, K. & Lehnervp, B. (2019). Recruitment in the Times of Machine Learning. *Management Systems in Production Engineering, 27,* 105–109. https://doi.org/10.1515/mspe-2019-0018

Rafaeli, A., Ashtar, S. & Altman, D. (2019). Digital Traces: New Data, Resources, and Tools for Psychological-Science Research. *Current Directions in Psychological Science, 28,* 560–566. https://doi.org/10.1177/0963721419861410

Raghunadha Reddy, P. & Lakshmikeerthi, P. (2017). „HR Analytics" – An Effective Evidence Based HRM Tool. *International Journal of Business and Management Invention, 6,* 23–34.

Ralph, B.C.W., Onderwater, K., Thomson, D.R. & Smilek, D. (2017). Disrupting monotony while increasing demand: Benefits of rest and intervening tasks on vigilance. *Psychological Research, 81,* 432–444. https://doi.org/10.1007/s00426-016-0752-7

Rasmussen, T. & Ulrich, D. (2015). Learning from practice: How HR analytics avoids being a management fad. *Organizational Dynamics, 44,* 236–242. https://doi.org/10.1016/j.orgdyn.2015.05.008

Ravid, D.M., Tomczak, D.L., White, J.C. & Behrend, T.S. (2020). EPM 20/20: A review, framework, and research agenda for electronic performance monitoring. *Journal of Management, 46,* 100–126. https://doi.org/10.1177/0149206319869435

R Core Team (2020). *R: A language and environment for statistical computing* (R Foundation for Statistical Computing, Vienna, Austria) [Computer software]. Retrieved from https://www.R-project.org/

Reimer, T. & Rieskamp, J. (2007). Fast and Frugal Heuristics. In R. Baumeister & K. Vohs (Eds.), *Encyclopedia of Social Psychology* (pp. 346–348). Thousand Oaks, CA: Sage.

Reindl, C. & Krügl, S. (2017). *People Analytics in der Praxis: Mit Datenanalyse zu besseren Entscheidungen im Personalmanagement.* Freiburg i. Br.: Haufe.

Reinsel, D., Gantz, J. & Rydning, J. (2018). *The Digitization of the World – From Edge to Core* (IDC White Paper, No. US44413318). Framingham, MA: International Data Corporation (IDC).

Ritzmann, S., Hagemann, V. & Kluge, A. (2014). The training evaluation inventory (TEI) – Evaluation of training design and measurement of training outcomes for predicting training success. *Vocations and Learning, 7*(1), 41–73. https://doi.org/10.1007/s12186-013-9106-4

Rodríguez-Sánchez, J.-L., González-Torres, T., Montero-Navarro, A. & Gallego-Losada, R. (2020). Investing Time and Resources for Work-Life Balance: The Effect on Talent Retention. *International Journal of Environmental Research and Public Health, 17,* 1920. https://doi.org/10.3390/ijerph17061920

Rogers, E.M. (2003). *Diffusion of Innovations.* New York, NY: Free Press.

Rosnow, R.L. & Foster, E.K. (2005). Rumor and gossip research. *Psychological Science Agenda, 19,* 1–2.

Rousseau, D.M. & Barends, E.G.R. (2011). Becoming an evidence-based HR practitioner. *Human Resource Management Journal, 21,* 221–235. https://doi.org/10.1111/j.1748-8583.2011.00173.x

Rubenstein, A.L., Eberly, M.B., Lee, T.W. & Mitchell, T.R. (2018). Surveying the forest: A meta-analysis, moderator investigation, and future-oriented discussion of the antecedents of voluntary employee turnover. *Personnel Psychology, 71,* 23–65. https://doi.org/10.1111/peps.12226

Rüegg-Stürm, J. (2002). *Das neue St. Galler Management-Modell. Grundkategorien einer integrierten Managementlehre: Der HSG-Ansatz.* Bern: Haupt.

Ruël, H.J., Bondarouk, T.V. & van der Velde, M. (2007). The contribution of e-HRM to HRM effectiveness. *Employee Relations, 29,* 280–291. https://doi.org/10.1108/01425450710741757

Ruiner, C., Hagemann, V., Hesenius, M. & Klumpp, M. (2020). Digitales Ideenmanagement als Mitbestimmung 4.0? Chancen und Herausforderungen der Partizipation von Beschäftigten in betrieblichen Veränderungsprozessen. In V. Bader & S. Kaiser (Hrsg.), *Arbeit in der Data Society – Zukunftsvisionen für Mitbestimmung und Personalmanagement* (S. 243–262). Wiesbaden: Springer.

Rump, J. & Eilers, S. (2020). Strategie für die Zukunft – Vom Trendscanning zur strategischen Personalplanung. In J. Rump & S. Eilers (Hrsg.), *Strategische Personalplanung. Aktuelle Trends und Entwicklungen* (S. 3–95). Wiesbaden: Springer Gabler.

Rump, J., Stracke, S., Wilms, G. & Zapp, D. (2020). Praktische Umsetzung der strategischen Personalplanung in kleinen und mittelständischen Unternehmen. In J. Rump & S. Eilers (Hrsg.), *Strategische Personalplanung. Aktuelle Trends und Entwicklungen* (S. 95–127). Wiesbaden: Springer Gabler. https://doi.org/10.1007/978-3-662-61903-2_2

Saal, F. E. & Landy, F. J. (1977). The mixed standard rating scale: An evaluation. *Organizational Behavior & Human Performance, 18,* 19–35. https://doi.org/10.1016/0030-5073(77)90016-2

Salas, E., Sims, D. E. & Burke, C. S. (2005). Is there a „Big Five" in Teamwork? *Small Group Research, 36,* 555–599. https://doi.org/10.1177/1046496405277134

Sandhya, K. & Kumar, D. P. (2011). Employee retention by motivation. *Indian Journal of Science and Technology, 4,* 1778–1782. https://doi.org/10.17485/ijst/2011/v4i12.34

SAP SE. (2019). *People Analytics and Evidence-Based Management*. Online Course. Retrieved from https://open.sap.com/courses/pa1-tl

Satariano, A. (2020, May 7). How My Boss Monitors Me While I Work From Home. *The New York Times*. Retrieved from https://www.nytimes.com/2020/05/06/technology/employee-monitoring-work-from-home-virus.html

Sauter, W. & Staudt, F. P. (2016). *Strategisches Kompetenzmanagement 2.0. Potenziale nutzen – Performance steigern*. Wiesbaden: Springer Gabler. https://doi.org/10.1007/978-3-658-11294-3

Schafheitle, S., Weibel, A., Ebert, I., Kasper, G., Schank, C. & Leicht-Deobald, U. (2020). No stone left unturned? Toward a framework for the impact of datafication technologies on organizational control. *Academy of Management Discoveries, 6,* 455–487. https://doi.org/10.5465/amd.2019.0002

Schaufeli, W. B., Salanova, M., Gonzalez-Roma, V. & Bakker, A. B. (2002). The measurement of engagement and burnout: A two sample confirmatory factor analytic approach. *Journal of Happiness Studies, 3,* 71–92. https://doi.org/10.1023/A:1015630930326

Schein, E. H. (1990). Organizational culture. *American Psychologist, 45,* 109–119. https://doi.org/10.1037/0003-066X.45.2.109

Schein, E. H. (2004). *Organizational Culture and Leadership* (3rd ed.). San Francisco, CA: John Wiley & Sons.

Schein, V. E. (1978). Sex role stereotyping, ability and performance: Prior research and new directions. *Personnel Psychology, 31,* 259–268. https://doi.org/10.1111/j.1744-6570.1978.tb00445.x

Schein, V. E., Mueller, R., Lituchy, T. & Liu, J. (1996). Think manager – think male: A global phenomenon? *Journal of Organizational Behavior, 17,* 33–41. https://doi.org/10.1002/(SICI)1099-1379(199601)17:1<33::AID-JOB778>3.0.CO;2-F

Schermuly, C. C., Schröder, T., Nachtwei, J., Kauffeld, S. & Gläs, K. (2012). Die Zukunft der Personalentwicklung. Eine Delphi-Studie. *Zeitschrift für Arbeits- und Organisationspsychologie, 56,* 111–122. https://doi.org/10.1026/0932-4089/a000078

Schleifer, L. M., Galinsky, T. L. & Pan, C. S. (1996). Mood disturbances and musculoskeletal discomfort: Effects of electronic performance monitoring under different levels of VDT data-entry performance. *International Journal of Human-Computer Interaction, 8,* 369–384. https://doi.org/10.1080/10447319609526159

Schmid, B. F. & Lyczek, B. (2007). Die Rolle der Kommunikation in der Wertschöpfung der Unternehmung. In M. Meckel & B. F. Schmid (Hrsg.), *Unternehmenskommunikation. Kommunikationsmanagement aus Sicht der Unternehmensführung* (S. 3–149). Wiesbaden: Gabler.

Schuler, H. (2020). Auswahl von Mitarbeitern. In L. von Rosenstiel, E. Regnet & M. E. Domsch (Hrsg.), *Führung von Mitarbeitern: Handbuch für erfolgreiches Personalmanagement* (8. Aufl., S. 189–226). Freiburg i. Br.: Haufe.

Schuler, H. & Görlich, Y. (2018). Leistungsbeurteilung und Beurteilungsgespräch. In I. Jöns & W. Bungard (Hrsg.), *Feedbackinstrumente im Unternehmen. Grundlagen, Gestaltungshinweise, Erfahrungsberichte* (2. Aufl., S. 83–105). Wiesbaden: Springer Gabler.

Searle, J. R. (1980). Minds, brains and programs. *Behavioral and Brain Sciences, 3,* 417–424. https://doi.org/10.1017/S0140525X00005756

Searle, R., Den Hartog, D. N., Weibel, A., Gillespie, N., Six, F., Hatzakis, T. et al. (2011). Trust in the employer: The role of high-involvement work practices and procedural justice in European organizations. *International Journal of Human Resource Management, 22,* 1069–1092. https://doi.org/10.1080/09585192.2011.556782

Semet, S. & Hilberer, L. (2018). Potenzial von künstlicher Intelligenz für HR. In T. Petry & W. Jäger (Hrsg.), *Digital HR. Smarte und agile Systeme, Prozesse und Strukturen im Personalmanagement* (S. 181–193). Freiburg i. Br.: Haufe.

Seyda, S. & Placke, B. (2020). Weiterbildungserhebung 2020 – Weiterbildung auf Wachstumskurs. *IW-Trends, 47*(4), 3–21.

Shah, N., Irani, Z. & Sharif, A.M. (2017). Big data in an HR context: Exploring organizational change readiness, employee attitudes and behaviors. *Journal of Business Research, 70,* 366–378. https://doi.org/10.1016/j.jbusres.2016.08.010

Sherif, K., Jewesimi, O. & El-Masri, M. (2020). Empowering employees: The other side of electronic performance monitoring. *Journal of Information Communication and Ethics in Society, 19,* 207–221.

Siemens, G. (2013). Learning analytics: The emergence of a discipline. *American Behavioral Scientist, 57,* 1380–1400. https://doi.org/10.1177/0002764213498851

Simbeck, K. (2019). HR analytics and ethics. *IBM Journal of Research and Development, 63,* 1–9. https://doi.org/10.1147/JRD.2019.2915067

Simonite, T. (2012, August 8). *Microsoft's workplace social network becomes emotionally aware.* Retrieved from https://www.technologyreview.com/2012/08/08/184579/microsofts-workplace-social-network-becomes-emotionally-aware/

Singh, D. (2019). A Literature Review on Employee Retention with Focus on Recent Trends. *International Journal of Scientific Research in Science, Engineering and Technology, 6,* 425–431. https://doi.org/10.32628/IJSRST195463

Society for Human Resource Management (SHRM). (2018). *Metrics List* [Excel document]. Retrieved from https://www.shrm.org/ResourcesAndTools/business-solutions/Documents/Metrics-List.xlsx

Son, H. (2015, April 8). *JPMorgan algorithm knows you're a rogue employee before you do.* Retrieved from https://www.bloomberg.com/news/articles/2015-04-08/jpmorgan-algorithm-knows-you-re-a-rogue-employee-before-you-do

Sousa-Lima, M., Michel, J.W. & Caetano, A. (2013). Clarifying the importance of trust in organizations as a component of effective work relationships. *Journal of Applied Social Psychology, 43,* 418–427. https://doi.org/10.1111/j.1559-1816.2013.01012.x

Stanton, J.M. & Julian, A.L. (2002). The impact of electronic monitoring on quality and quantity of performance. *Computers in Human Behavior, 18,* 85–101. https://doi.org/10.1016/S0747-5632(01)00029-2

Statistisches Bundesamt. (2022). *Steuereinnahmen 2021 summieren sich auf 883 Milliarden Euro.* Verfügbar unter https://www.destatis.de/DE/Themen/Staat/Steuern/Steuereinnahmen/steuereinnahmen.html

Strohmeier, S. (2007). Research in e-HRM: Review and implications. *Human Resource Management Review, 17,* 19–37. https://doi.org/10.1016/j.hrmr.2006.11.002

Strohmeier, S. & Kabst, R. (2014). Configurations of e-HRM – an empirical exploration. *Employee Relations, 36,* 333–353. https://doi.org/10.1108/ER-07-2013-0082

Suda, M.J. (2005). *Ethik. Ein Überblick über die Theorien vom richtigen Leben.* Böhlau: UTB. https://doi.org/10.36198/9783838526478

Talamas, S.N., Mavor, K.I. & Perrett, D.I. (2016). The influence of intelligence on the endorsement of the intelligence-attractiveness halo. *Personality and Individual Differences, 95,* 162–167. https://doi.org/10.1016/j.paid.2016.02.053

Tan, C.D., Zhang, Y., Sun, J., Wang, Z. & Zheng, G. (2018, December). *Key Influencing Factors for Cross-organizational R & D Project Stakeholder Management.* Paper presented at the 2018 IEEE International Conference on Industrial Engineering and Engineering Management, Bangkok, Thailand.

Taylor, F.W. (1911). *The Principles of Scientific Management.* New York, NY: W.W. Norton.

Teichert, R. (2019). Digital Transformation Maturity: A Systematic Review of Literature. *Acta Universitatis Agriculturae Et Silviculturae Mendelianae Brunensis, 67,* 1673–1687. https://doi.org/10.11118/actaun201967061673

Terera, S.R. & Ngirande, H. (2014). The Impact of Rewards on Job Satisfaction and Employee Retention. *Mediterranean Journal of Social Sciences, 5,* 481–488. https://doi.org/10.5901/mjss.2014.v5n1p481

Thielsch, M.T., Träumer, L., Pytlik, L. & Kanning, U.W. (2012). Personalmarketing aus Bewerbersicht: Nutzung und Bewertung. *Journal of Business and Media Psychology, 3,* 1–12.

Thierau-Brunner, H., Wottawa, H. & Stangel-Meseke, M. (2006). Evaluation von Personalentwicklungsmaßnahmen. In K. Sonntag (Hrsg.), *Personalentwicklung in Organisationen* (3. Aufl., S. 329–354). Göttingen: Hogrefe.

Thorndike, E.L. (1905). *The elements of psychology.* New York, NY: A.G. Seiler. https://doi.org/10.1037/10881-000

Thorndike, E.L. (1920). A constant error in psychological ratings. *Journal of Applied Psychology, 4,* 25–29. https://doi.org/10.1037/h0071663

Tippins, N.T., Oswald, F.L. & McPhail, S.M. (2021). Scientific, Legal, and Ethical Concerns about AI-Based Personnel Selection Tools: A Call to Action. *Personnel Assessment and Decisions, 7,* 1–22. https://doi.org/10.25035/pad.2021.02.001

Totalmobile. (2018, August 6). *An Introduction To NFC Tags And How They Are Used In The Facilities Management Industry.* Retrieved from https://www.totalmobile.co.uk/blog/an-introduction-to-nfc-tags-and-how-they-are-used-in-the-facilities-management-industry/

Turnbull, D., Chugh, R. & Luck, J. (2019). Learning management systems: An overview. In A. Tatnall (Ed.), *Encyclopedia of education and information technologies* (pp. 1–7). Cham, CH: Springer.

Tursunbayeva, A., Di Lauro, S. & Pagliari, C. (2018). People analytics – A scoping review of conceptual boundaries and value propositions. *International Journal of Information Management, 43,* 224–247. https://doi.org/10.1016/j.ijinfomgt.2018.08.002

Ullah, Z., Ahmad, N., Scholz, M., Ahmed, B., Ahmad, I. & Usman, M. (2021). Perceived Accuracy of Electronic Performance Appraisal Systems: The Case of a Non-for-Profit Organization from an Emerging Economy. *Sustainability, 13,* 2109. https://doi.org/10.3390/su13042109

Ulrich, D., Brockbank, W., Ulrich, M. & Kryscynski, D. (2015). Toward a Synthesis of HR Competency Models: The Common HR „Food Groups". *People and Strategy, 28,* 56–65.

Ulrich, D., Kryscynski, D., Ulrich, M. & Brockbank, W. (2017). Competencies for HR Professionals Who Deliver Outcomes. *Employment Relations Today, 44,* 37–44. https://doi.org/10.1002/ert.21623

Ulrich, D., Younger, J., Brockbank, W. & Ulrich, M. (2012). HR talent and the new HR competencies. *Strategic HR Review, 11,* 217–222. https://doi.org/10.1108/14754391211234940

University College London (UCL). (2016, April 13). *Why we should take artificial intelligence in education more seriously.* Retrieved from https://www.ucl.ac.uk/ioe/news/2016/apr/why-we-should-take-artificial-intelligence-education-more-seriously

Valamis Group. (2022). *Häufig gestellte Fragen – FAQ über die Valamis-Learning Experience Plattform.* Verfügbar unter https://www.valamis.com/de/loesungen/faq

Valluru, S. (2018). Turnover Analytics & Forecasting Hiring Demand: HR Domain. *International Journal of Business Insights and Transformation, 21,* 3–5.

Van den Heuvel, S. & Bondarouk, T. (2017). The rise (and fall?) of HR analytics: A study into the future application, value, structure, and system support. *Journal of Organizational Effectiveness: People and Performance, 4,* 157–178. https://doi.org/10.1108/JOEPP-03-2017-0022

Van der Laken, P.A. (2018). *Data-driven human resource management. The rise of people analytics and its application to expatriate management.* Ridderkerk, NL: Ridderprint.

Van der Togt, J. & Rasmussen, T.H. (2017). Toward evidence-based HR. *Journal of Organizational Effectiveness: People and Performance, 4,* 127–132. https://doi.org/10.1108/JOEPP-02-2017-0013

van Dijk, R. & Rothweiler, H. (2016). *Organising for HR analytics success. Results of the 2016 HR reporting & analytics study.* Retrieved from https://www.brightcompany.nl/cache/2456_2456/2456.pdf

Vande Griek, O.H., Clauson, M.G. & Eby, L.T. (2020). Organizational Career Growth and Proactivity: A Typology for Individual Career Development. *Journal of Career Development, 47,* 344–357. https://doi.org/10.1177/0894845318771216

Vandenberghe, C. & Bentein, K. (2009). A closer look at the relationship between affective commitment to supervisors and organizations and turnover. *Journal of Occupational and Organizational Psychology, 82,* 331–348. https://doi.org/10.1348/096317908X312641

ver.di. (2004, 10. Dezember). *Schwarz-Buch Lidl 2004*. Verfügbar unter https://www.verdi.de/presse/aktuelle-themen/archiv/++co++b4e26d7e-350b-11e5-b350-52540059119e

Verhoeven, T. (Hrsg.). (2020). *Digitalisierung im Recruiting. Wie sich Recruiting durch künstliche Intelligenz, Algorithmen und Bots verändert*. Wiesbaden: Springer Gabler. https://doi.org/10.1007/978-3-658-25885-6

Wakibi, S. (2008). *Data Quality Considerations in Human Resources Information Systems (HRIS) Strengthening* (Capacity Project, Technical Brief 10). Retrieved from https://www.capacityproject.org/images/stories/files/techbrief_10.pdf

Walker, D.H., Bourne, L.M. & Shelley, A. (2008). Influence, stakeholder mapping and visualization. *Construction Management and Economics, 26,* 645–658. https://doi.org/10.1080/01446190701882390

Walter, B. von & Kremmel, D. (2016). *Employer Brand Management. Arbeitgebermarken aufbauen und steuern*. Wiesbaden: Springer Gabler. https://doi.org/10.1007/978-3-658-06938-4

Waters, S.D., Streets, V.N., McFarlane, L. & Johnson-Murray, R. (2018). *The practical guide to HR analytics: Using data to inform, transform, and empower HR decisions*. Alexandria: Society for Human Resource Management.

Weibel, A., Schafheitle, S. & Ebert, I. (2019). Goldgräberstimmung im Personalmanagement? Wie Datafizierungs-Technologien die Personalsteuerung verändern. *OrganisationsEntwicklung, 3,* 23–29.

Welbourne, T.M. (2015). Data-Driven Storytelling: The Missing Link in HR Data Analytics. *Employment Relations Today, 41,* 27–33. https://doi.org/10.1002/ert.21471

Welbourne, T.M. (2016). The Potential of Pulse Surveys: Transforming Surveys into Leadership Tools. *Employment Relations Today, 43,* 33–39. https://doi.org/10.1002/ert.21548

Wells, D.L., Moorman, R.H. & Werner, J.M. (2007). The impact of the perceived purpose of electronic performance monitoring on an array of attitudinal variables. *Human Resource Development Quarterly, 18,* 121–138. https://doi.org/10.1002/hrdq.1194

Wesche, J.S. & Sonderegger, A. (2021). Repelled at first sight? Expectations and intentions of job-seekers reading about AI selection in job advertisements. *Computers in Human Behavior, 125,* 106931. https://doi.org/10.1016/j.chb.2021.106931

Wickham, H. (2022). *Httr: Tools for Working with URLs and HTTP* (R Package Version 1.4.4) [Computer software]

Willis, G., Cave, S. & Kunc, M. (2018). Strategic Workforce Planning in Healthcare: A multi-methodology approach. *European Journal of Operational Research, 267,* 250–263. https://doi.org/10.1016/j.ejor.2017.11.008

Winkler, K. & Saur, C. (2019). Employee Retention Management: Long-term retention of employees – a comparison of generations. *Journal of Applied Leadership and Management, 7,* 96–111.

Wirges, F., Ahlbrecht, M. & Neyer, A.-K. (2020). *HR-Analytics. Was HR-Verantwortliche und Führungskräfte wissen und können müssen*. Wiesbaden: Springer Gabler. https://doi.org/10.1007/978-3-658-27793-2

Wirojanagud, P., Gel, E.S., Fowler, J.W. & Cardy, R. (2007). Modelling inherent worker differences for workforce planning. *International Journal of Production Research, 45,* 525–553. https://doi.org/10.1080/00207540600792242

Wolfangel, E. (2018, 19. Juni). Programmierter Rassismus. *Zeit Online*. Verfügbar unter https://www.zeit.de/digital/internet/2018-05/algorithmen-rassismus-diskriminierung-daten-vorurteile-alltagsrassismus/komplettansicht

Wolpers, M., Najjar, J., Verbert, K. & Duval, E. (2007). Tracking actual usage: The attention metadata approach. *Journal of Educational Technology & Society, 10,* 106–121.

Woods, S.A., Ahmed, S., Nikolaou, I., Costa, A.C. & Anderson, N.R. (2020). Personnel selection in the digital age: A review of validity and applicant reactions, and future research challenges. *European Journal of Work and Organizational Psychology, 29,* 64–77. https://doi.org/10.1080/1359432X.2019.1681401

Wottawa, H. & Thierau, H. (1990). *Lehrbuch Evaluation*. Bern: Huber.

Wright, P.M. & McMahan, G.C. (1992). Theoretical perspectives for strategic human resource management. *Journal of Management, 18,* 295–320. https://doi.org/10.1177/014920639201800205

Yarger, L., Cobb Payton, F. & Neupane, B. (2020). Algorithmic equity in the hiring of underrepresented IT job candidates. *Online Information Review, 44,* 383–395. https://doi.org/10.1108/OIR-10-2018-0334

Yarkoni, T. & Westfall, J. (2017). Choosing Prediction Over Explanation in Psychology: Lessons From Machine Learning. *Perspectives on Psychological Science, 12,* 1100–1122. https://doi.org/10.1177/1745691617693393

Younas, M. & Bari, M.W. (2020). The relationship between talent management practices and retention of generation 'Y' employees: Mediating role of competency development. *Economic Research-Ekonomska Istraživanja, 33,* 1330–1353. https://doi.org/10.1080/1331677X.2020.1748510

Zax, D. (2013, January 3). *Brown Down: UPS Drivers vs. The UPS Algorithm.* Retrieved from https://www.fastcompany.com/3004319/brown-down-ups-drivers-vs-ups-algorithm

Zerfaß, A. (2014). Unternehmenskommunikation und Kommunikationsmanagement: Grundlagen, Wertschöpfung, Integration. In M. Piwinger & A. Zerfaß (Hrsg.), *Handbuch Unternehmenskommunikation* (S. 21–70). Wiesbaden: Springer Gabler.

Zhang, C. & Lu, Y. (2021). Study on artificial intelligence: The state of the art and future prospects. *Journal of Industrial Information Integration, 23,* 100224. https://doi.org/10.1016/j.jii.2021.100224

Zhao, Y., Hryniewicki, M.K., Cheng, F., Fu, B. & Zhu, X. (2019). Employee Turnover Prediction with Machine Learning: A Reliable Approach. In K. Arai, S. Kapoor & R. Bhatia (Eds.), *Intelligent Systems and Applications* (Advances in Intelligent Systems and Computing, Vol. 869, pp. 737–758). Cham, CH: Springer International Publishing. https://doi.org/10.1007/978-3-030-01057-7_56

Zweig, D. & Webster, J. (2003). Personality as a moderator of monitoring acceptance. *Computers in Human Behavior, 19,* 479–493. https://doi.org/10.1016/S0747-5632(02)00075-4

Leitfaden zur Durchführung von HR-Analytics-Projekten (insbesondere in mittelständischen Unternehmen)

Jonas Galemann

1 Rahmensetzung
1.1 Bestandsaufnahme mit Blick auf bisherige Ansätze datenbasierter Entscheidungsfindung in der Organisation durchführen
1.2 Zielsetzung des geplanten HR-Analytics-Projekts definieren
1.3 Entscheidungsträger:innen von der Idee des HR-Analytics-Projekts überzeugen
1.4 Rechtliche und ethische Einschränkungen vorab bewerten
1.4.1 Grundsätzliche Vereinbarkeit der Projektabsicht mit bestehenden Datenschutzregelungen bewerten
1.4.2 Austausch mit Vertretung der betrieblichen Mitbestimmung suchen
1.4.3 Ggf. Betriebsvereinbarung anfertigen
1.4.4 Informationen zur datenschutzkonformen Datenverarbeitung vorbereiten
1.5 Zielsetzung transparent an relevante Stakeholder kommunizieren
1.6 Person/en mit relevanten Kompetenzen als Projektverantwortliche und -mitglieder benennen
1.7 Notwendige Arbeitsmittel bereitstellen und Datensicherheit gewährleisten
Informationssammlung auch parallel/vorab zur Problemdefinition möglich, aber gefundene Muster nur zur Generierung von Fragestellungen nutzen!
2 Problemdefinition
2.1 Strategische Ziele des Unternehmens identifizieren
2.2 Kritische Meilensteine zur Erreichung dieser Ziele ableiten
2.3 HR-Beitrag zur Erreichung der Meilensteine identifizieren
2.4 Zentrale Fragestellung für das HR-Analytics-Projekt ableiten
2.5 Rechtlich-ethische Bewertung (1.4) der konkreten Fragestellung vornehmen, ggf. zurück zu 2.4
2.6 Evaluationsgrundlage bestimmen
3 Informationssammlung
3.1 Unternehmenserfahrungsbasiert, z. B. mittels Interviews und Dokumentenanalysen
3.2 Literaturbasiert, z. B. mittels wissenschaftlicher Studien und Anwendungsbeispielen
3.3 Datenbasiert, mittels explorativer Datenanalyse
3.3.1 Schritte aus Datenplanung (5) und Datenzusammenstellung (7) ausführen
3.3.2 Muster in zusammengestellten Daten identifizieren
3.4 Informationen zur Problemdefinition (2) bzw. Hypothesenbildung (4) aufbereiten
4 Hypothesenbildung
4.1 HR-Analytics als geeignete Methode für die konkrete Fragestellung hinterfragen (ggf. zurück zu 2.4)
4.2 Konkrete Hypothesen formulieren
4.3 Hypothesen mit Entscheidungsträger:innen besprechen
4.4 Umgang mit Ergebnissen festlegen
5 Datenplanung
5.1 Datenbedarfsanalyse: notwendige Daten identifizieren
5.2 Datenbestands- und Datenverfügbarkeitsanalyse durchführen
5.2.1 Existierende HR-Datenquellen identifizieren
5.2.2 Existierende Business-interne Datenquellen identifizieren und Zugriffsmöglichkeiten abstimmen
5.2.3 Relevante externe Datenquellen identifizieren, ggf. Erwerbsoptionen abstimmen
5.3 Erforderlichkeit zusätzlicher Datenerhebung klären
nicht erforderlich
erforderlich
6 Datenerhebung
6.1 Konkrete Zielsetzung für die Datenerhebung spezifizieren
6.2 Genehmigung der Datenerhebung durch betriebliche Mitbestimmung einholen
6.3 Datenerhebung an alle Betroffenen kommunizieren
6.4 Datenerhebung durchführen, dabei Freiwilligkeit der Teilnahme gewährleisten
5.4 Güte (Objektivität, Reliabilität, Validität) der zu verwendenden Daten überprüfen, ggf. zurück zu 5.3
5.5 Personenbezug in den zu verwendenden Daten prüfen

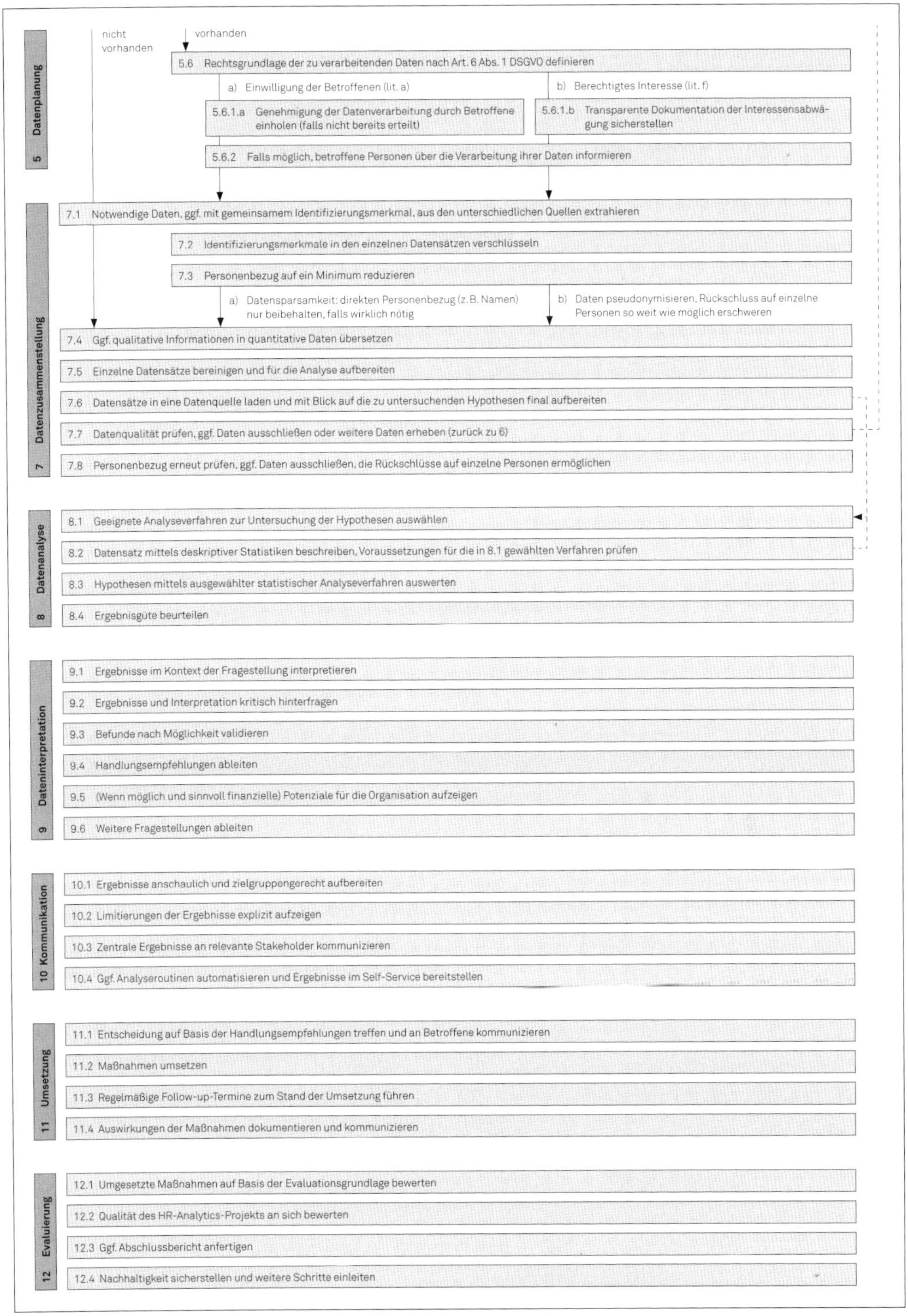
5 Datenplanung
nicht vorhanden
vorhanden
5.6 Rechtsgrundlage der zu verarbeitenden Daten nach Art. 6 Abs. 1 DSGVO definieren
a) Einwilligung der Betroffenen (lit. a)
b) Berechtigtes Interesse (lit. f)
5.6.1.a Genehmigung der Datenverarbeitung durch Betroffene einholen (falls nicht bereits erteilt)
5.6.1.b Transparente Dokumentation der Interessensabwägung sicherstellen
5.6.2 Falls möglich, betroffene Personen über die Verarbeitung ihrer Daten informieren
7 Datenzusammenstellung
7.1 Notwendige Daten, ggf. mit gemeinsamem Identifizierungsmerkmal, aus den unterschiedlichen Quellen extrahieren
7.2 Identifizierungsmerkmale in den einzelnen Datensätzen verschlüsseln
7.3 Personenbezug auf ein Minimum reduzieren
a) Datensparsamkeit: direkten Personenbezug (z.B. Namen) nur beibehalten, falls wirklich nötig
b) Daten pseudonymisieren, Rückschluss auf einzelne Personen so weit wie möglich erschweren
7.4 Ggf. qualitative Informationen in quantitative Daten übersetzen
7.5 Einzelne Datensätze bereinigen und für die Analyse aufbereiten
7.6 Datensätze in eine Datenquelle laden und mit Blick auf die zu untersuchenden Hypothesen final aufbereiten
7.7 Datenqualität prüfen, ggf. Daten ausschließen oder weitere Daten erheben (zurück zu 6)
7.8 Personenbezug erneut prüfen, ggf. Daten ausschließen, die Rückschlüsse auf einzelne Personen ermöglichen
8 Datenanalyse
8.1 Geeignete Analyseverfahren zur Untersuchung der Hypothesen auswählen
8.2 Datensatz mittels deskriptiver Statistiken beschreiben, Voraussetzungen für die in 8.1 gewählten Verfahren prüfen
8.3 Hypothesen mittels ausgewählter statistischer Analyseverfahren auswerten
8.4 Ergebnisgüte beurteilen
9 Dateninterpretation
9.1 Ergebnisse im Kontext der Fragestellung interpretieren
9.2 Ergebnisse und Interpretation kritisch hinterfragen
9.3 Befunde nach Möglichkeit validieren
9.4 Handlungsempfehlungen ableiten
9.5 (Wenn möglich und sinnvoll finanzielle) Potenziale für die Organisation aufzeigen
9.6 Weitere Fragestellungen ableiten
10 Kommunikation
10.1 Ergebnisse anschaulich und zielgruppengerecht aufbereiten
10.2 Limitierungen der Ergebnisse explizit aufzeigen
10.3 Zentrale Ergebnisse an relevante Stakeholder kommunizieren
10.4 Ggf. Analyseroutinen automatisieren und Ergebnisse im Self-Service bereitstellen
11 Umsetzung
11.1 Entscheidung auf Basis der Handlungsempfehlungen treffen und an Betroffene kommunizieren
11.2 Maßnahmen umsetzen
11.3 Regelmäßige Follow-up-Termine zum Stand der Umsetzung führen
11.4 Auswirkungen der Maßnahmen dokumentieren und kommunizieren
12 Evaluierung
12.1 Umgesetzte Maßnahmen auf Basis der Evaluationsgrundlage bewerten
12.2 Qualität des HR-Analytics-Projekts an sich bewerten
12.3 Ggf. Abschlussbericht anfertigen
12.4 Nachhaltigkeit sicherstellen und weitere Schritte einleiten

Hinweise zu den Online-Materialien

Sie können die in diesem Buch erwähnten Online-Materialien über unsere Internetseite abrufen und ausdrucken. Nutzen Sie dazu bitte den Link www.hgf.io/download und melden Sie sich nach den dort beschriebenen Schritten an. Wenn Sie nach der Registrierung den Code **B-DYX3CJ** unter „Mein Konto → Zusatzmaterialien" im Eingabefeld einfügen, werden Sie automatisch in den Downloadbereich weitergeleitet und können die Online-Materialien zum Buch ausdrucken. Um die Materialien dauerhaft im direkten Zugriff zu haben, empfehlen wir Ihnen, sich die gesamten Materialien herunterzuladen und auf dem eigenen Rechner zu speichern.

Folgende Materialien stehen zum Download bereit:

- Leitfaden zur Durchführung von HR-Analytics-Projekten (zum Ausdrucken im DIN A4-Format)
- Leitfaden zur Durchführung von HR-Analytics-Projekten (zum Ausdrucken im DIN A3-Format)